变频器选型、调试与维修

杜增辉　孙克军　编著

机 械 工 业 出 版 社

本书系统地介绍了变频器的选型、调试与维修技术。内容包括：变频器基础知识、变频器的选型、常用变频器、典型变频器应用电路设计、变频器调试与维护、变频器的常见故障与对策、变频器维修实例。本书突出了内容的先进性与技术的综合性，对新型变频器的选型与维护、变频器应用电路的设计与调试及故障处理对策、多种类型变频器维修实例进行了介绍，具有较强的实用性、针对性和可操作性。

本书可供从事变频器维修、调试、使用的工程技术人员、工人参考，也可以作为相关专业在校师生的参考书。

图书在版编目（CIP）数据

变频器选型、调试与维修/杜增辉，孙克军编著. —北京：机械工业出版社，2017.12（2022.10 重印）

ISBN 978-7-111-59394-2

Ⅰ.①变… Ⅱ.①杜… ②孙… Ⅲ.①变频器-选型②变频器-安装③变频器-维修 Ⅳ.①TN773

中国版本图书馆 CIP 数据核字（2018）第 047855 号

机械工业出版社（北京市百万庄大街 22 号 邮政编码 100037）
策划编辑：陈保华 责任编辑：陈保华 张利萍
责任校对：刘雅娜 封面设计：马精明
责任印制：单爱军
北京虎彩文化传播有限公司印刷
2022 年 10 月第 1 版第 4 次印刷
169mm×239mm · 14 印张 · 265 千字
标准书号：ISBN 978-7-111-59394-2
定价：49.00 元

凡购本书，如有缺页、倒页、脱页，由本社发行部调换

电话服务	网络服务
服务咨询热线：010-88361066	机 工 官 网：www.cmpbook.com
读者购书热线：010-68326294	机 工 官 博：weibo.com/cmp1952
010-88379203	金 书 网：www.golden-book.com
策 划 编 辑：010-88379734	教育服务网：www.cmpedu.com

前　言

近年来，变频器已经广泛应用在工业的各个领域。随着技术的发展，变频器的性能越来越好。变频器结合专用的变频电动机使用，可以很方便地实现调速。对于很多应用变频器控制主轴变频电动机的经济型数控机床和普通机床来说，变频器与变频电动机的组合可以方便地得到加工各个环节所需的主轴速度，省去了很多机械换档变速环节。变频器和变频电动机的高可靠性可以大大减少机床的故障率及维修消耗和维修时间，迎合了机械部件越来越简单、电气越来越智能化的趋势。另外，变频器节能也是很多单位愿意进行改造的原因。变频器可以根据设备不同的工作状态调整出适合的输出频率和速度。变频器的使用需要合适的环境温度和湿度，变频器在有粉尘以及含腐蚀性气体或者含有油污等其他恶劣环境中工作，必须做好相应的防护工作，要及时维护保养，以保障其安全正常运行。

本书针对变频器的选型、电路设计及调试、维护及维修技术所写，主要内容包括：变频器基础知识、变频器的选型、常用变频器、典型变频器应用电路设计、变频器调试与维护、变频器的常见故障与对策和变频器维修实例，尤其针对应用性相关的变频器选型、应用电路设计、调试、维护维修等重点内容做了详细的介绍，可参考性强，内容新颖，通俗易懂。本书突出了内容的先进性与技术的综合性，选用了许多新型变频器故障处理对策和多种类型变频器维修实例，以求针对性强和实用性强。

本书是刚刚从事变频器维修人员和有一定基础技术人员提高变频器应用技术的必备参考资料，既可供研究单位、企业从事变频器设计、维修、调试、培训的各类技术人员参考，也可以作为各类高等学校相关专业的参考教材。本书由石家庄椿凯动力传输机械有限公司的杜增辉和河北科技大学的孙克军编著，第1~3章由孙克军编写，第4~7章由杜增辉编写。全书由杜增辉统稿和定稿。

在编写过程中，作者参考了诸多著作、教材和安川变频器、艾默生变频器、西门子变频器、三菱变频器、台达变频器、超同步变频器、三垦变频器、博世力士乐等相关厂家的产品手册，在此表示衷心感谢。

由于作者水平有限，书中难免有不当之处，欢迎广大读者批评指正。

作　者

目　录

前　言

第1章 变频器基础知识

1.1 概述

1.1.1 变频器的用途与优点

变频器是一种静止的频率变换器，它利用电力半导体器件的通断作用，可以把电力配电网50Hz恒定频率的交流电，变换成频率、电压均可调节的交流电。

变频器是一种先进的交流电动机调速装置，其功能是将工频电源转换成设定频率的电源来驱动电动机运行。一般的电动机控制电路只能对电动机进行起动、停止、正转和反转等控制，一些调速控制电路也只能对电动机进行几档不连续的转速调节，而变频器除了具有前述一般控制电路对电动机的控制功能外，还具有一些智能控制功能（例如：变频器能使电动机实现软起动、软停车、无级调速及特殊要求的加、减速特性等；调速过程中有显著的节电效果，具有过电流、短路、过电压、欠电压、过载、接地等保护功能，具有各种预警、信息预报、故障诊断功能；具有通信接口，便于组网控制）。

交流电动机变频调速技术是当今节电、改善工艺流程以提高产品质量和改善环境、推动技术进步的一种主要手段。变频调速以其优异的调速和起/制动性能、高效率、高功率因数、良好的节电效果、广泛的适用范围等许多优点而被公认为最有发展前途的调速方式。

变频器不仅可以作为交流电动机的电源装置，实现变频调速，还可以用于中频电源加热器、不间断电源（UPS）、高频淬火机等。

变频器具有体积小、自重轻、精度高、工艺先进、功能丰富、保护齐全、可靠性高、操作简便、通用性强、易形成闭环控制等优点，综合性能优于以往的任何调速方式，如变极调速、调压调速、转差调速、串级调速等，因而深受钢铁、石油、化工、化纤、纺织、机械、电力、建材、煤炭、医药、造纸、城市供水及污水处理等行业的欢迎。

1.1.2 变频器的分类和特点

变频器的种类非常多，常用变频器的外形如图 1-1 所示。

a)

b)

图 1-1 常用变频器的外形

1. 变频器按变换频率的方法分类及各类别的特点

(1) 交-直-交变频器 交-直-交变频器又称间接变频器，它是先将工频交流电通过整流器变换成直流电，再经过逆变器将直流电变换成频率、电压均可控制的交流电，其基本原理如图 1-2 所示。

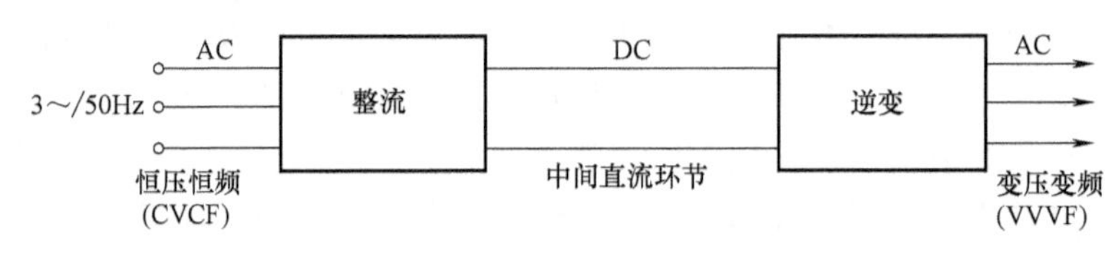

图 1-2 交-直-交变频器

(2) 交-交变频器 交-交变频器又称直接变频器，它可将工频交流电直接变换成频率、电压均可控制的交流电。交-交变频器的基本原理如图 1-3 所示，其整个系统由两组晶闸管整流装置反向并联组成，正、反向两组按一定周期相互切换，在负载上就可获得交变的输出电压 u_o。

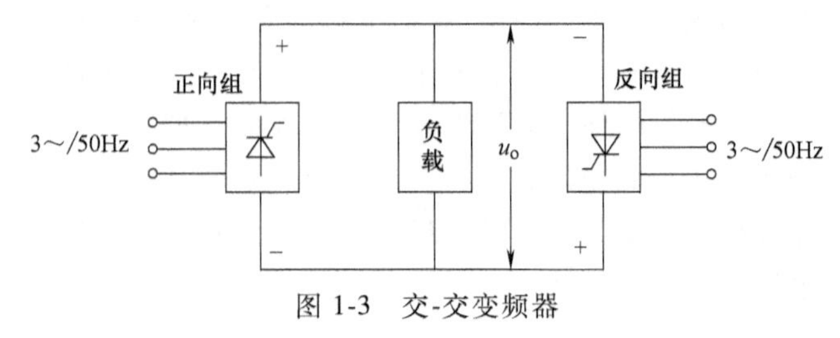

图 1-3 交-交变频器

交-交变频器与交-直-交变频器的主要特点比较见表 1-1，目前应用较多的是交-直-交变频器。

表 1-1 交-交变频器与交-直-交变频器的主要特点比较

项 目	交-交变频器(电压型)	交-直-交变频器
换能方式	一次换能,效率较高	二次换能,效率较高
换流方式	电源电压换流	强迫换流或负载换流
元件数量	较多	较少
元件利用率	较低	较高
调频范围	输出最高频率为电源频率的 1/3～1/2	频率调节范围宽
电源功率因数	较低	如用晶闸管整流桥调压,则低频低压时,功率因数较低;如用斩波器或 PWM 方式调压,则功率因数较高
适用场合	低速大功率传动	各种传动装置、稳频稳压电源和不间断电源

2. 变频器按主电路工作方式的分类及各类别的特点

(1) 电压型变频器 电压型变频器的主电路如图 1-4 所示。在电压型变频器中，整流电路产生逆变所需的直流电压，通过中间直流环节的电容进行滤波后输出。由于采用大电容滤波，故主电路直流电压波形比较平直，在理想情况下可看成一个内阻为零的电压源。电压型变频器输出的交流电压波形为矩形波或阶梯波，多用于不要求正反转或快速加减速的通用变频器中。

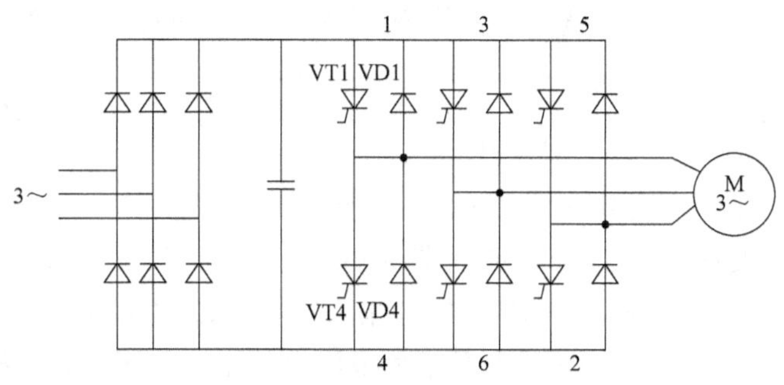

图 1-4 电压型变频器的主电路

(2) 电流型变频器 电流型变频器的主电路如图 1-5 所示，其特点是中间直流环节采用大电感滤波。由于电感的作用，直流电流波形比较平直，因而直流电源的内阻抗很大，近似于电流源。电流型变频器输出的交流电流波形为矩形波或阶梯波，其最大优点是可以进行四象限运行，将能量回馈给电源，且在出现负载短路等情况时容易处理，故该方式适用于频繁可逆运转的变频器和大容量变频器。

电流型变频器与电压型变频器主要特点的比较见表 1-2。

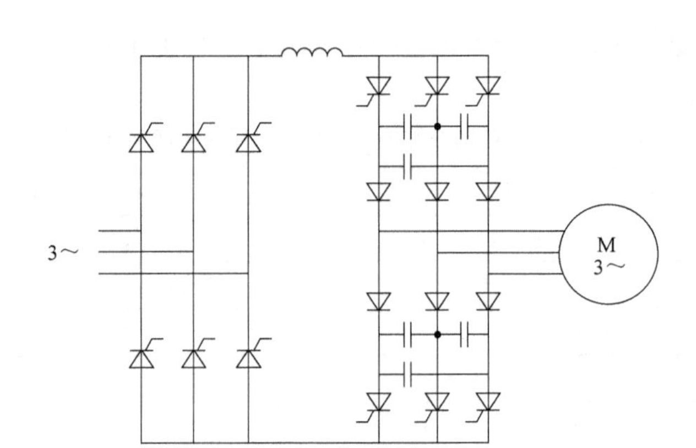

图 1-5　电流型变频器的主电路

表 1-2　电流型变频器与电压型变频器主要特点的比较

项　　目	电流型	电压型
直流回路滤波环节	电抗器	电容器
输出电压波形①	决定于负载，当负载为异步电动机时，近似为正弦波	矩形
输出电流波形①	矩形	决定于逆变器电压与电动机的电动势，有较大谐波分量
输出动态阻抗	大	小
再生制动（发电制动）	方便、不需附加设备	需要附加电源侧反并联逆变器
过电流及短路保护	容易	困难
动态特性	快	较慢，用 PWM 则快
对晶闸管要求	耐压高，对关断时间无严格要求	一般耐压较低，关断时间要求短
线路结构	较简单	较复杂
适用范围	单机，多机	多机，变频或稳频电源

① 指三相桥式变频器，既不采用脉冲宽度调制，也不进行多重叠加。

3．变频器按电压调节方式的分类及各类别的特点

（1）PAM 变频器　脉冲幅值调节（Pulse Amplitude Modulation，PAM）方式，是一种以改变电压源的电压 U_d 或电流源的电流 I_d 的幅值进行输出控制的方式。因此，在变频器中，逆变器只负责调节输出频率，整流部分则控制输出电压或电流。采用 PAM 方式调节电压时，变频器的输出电压波形如图 1-6 所示。PAM 控制的主电路原理图如图 1-6a 所示。

PAM 被用于中间电路电压可变的变频器，频率控制时，输出电压的频率通过逆变器改变工作周期来调节。在每一个工作周期内，功率开关器件都通断若干次。因为实施 PAM 的线路比较复杂，要同时控制整流和逆变两个部分，并且晶闸管整流后，直流电压的平均值并不和移相角成线性关系，从而使整流和逆变的协调变得相当困难，所以一般不采用这种调制方式。

（2）PWM 变频器和 SPWM 变频器　采用脉冲宽度调制（Pulse Width Modulation，PWM）方式时，在变频器输出波形的一个周期中产生多个脉冲，其等值电压近似为正弦波，波形平滑且谐波较少。PWM 控制的主电路原理图如图 1-6b 所示。脉冲宽度调制方式又分为等脉宽 PWM 法和正弦波 PWM 法（SPWM 法）等。

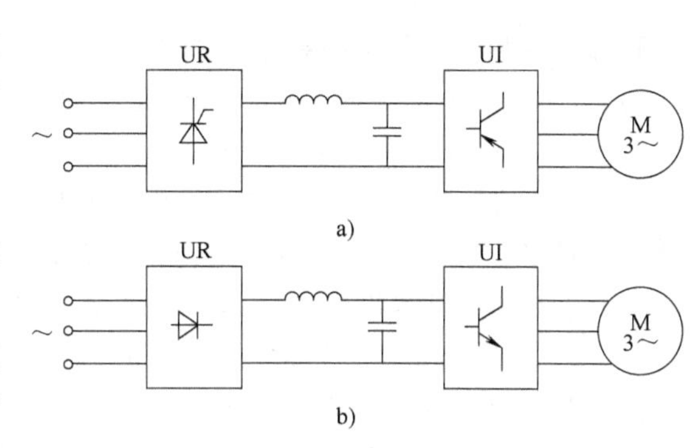

图 1-6　用 PAM 和 PWM 控制的主电路方式调压输出电压波形

a）PAM 控制的主电路　b）PWM 控制的主电路

等脉宽 PWM 法是最为简单的一种，它每一脉冲的宽度均相等，改变脉冲列的周期可以调频，改变脉冲的宽度或占空比可以调压，采用适当方法即可以使电压与频率协调变化。等脉宽 PWM 法的缺点是输出电压中除基波外，还包含较大的谐波分量。

SPWM（Sinusoidal Pulse Width Modulation，正弦波脉宽调制）法是为了克服等脉宽 PWM 法的缺点而发展来的，其具体方法如图 1-7 所示，是以一个正弦波作为基准波（称为调制波），用一列等幅的三角波（称为载波）与基准正弦波相交如图 1-7a 所示，由它们的交点确定逆变器的开关模式。当基准正弦波高于三角波时，使相应的开关器件导通；当基准正弦波低于三角波时，使开关器件截止。由此，使变频器输出电压波为图 1-7b 所示的脉冲列，其特点是在半个周期中等距、等幅（等高）、不等宽（可调），总是中间的脉冲宽，两边的脉冲窄，各脉冲面积与该区间正弦波下的面积成比例。这样，输出电压中的谐波分量显然可以大大减小。

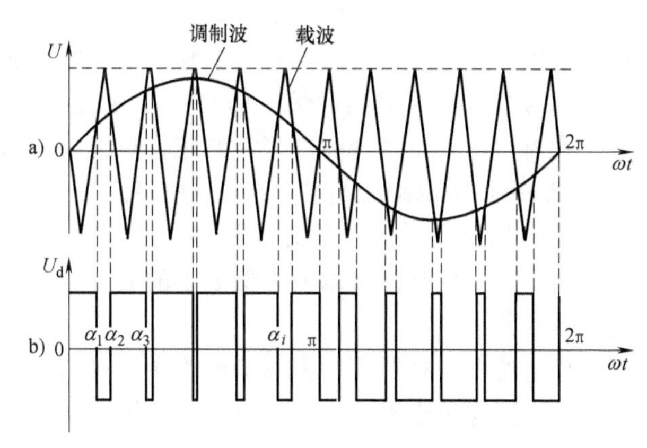

图 1-7　SPWM 变频器的调压原理

a）正弦波与三角波　b）变频器输出电压波形

4. 变频器按控制方式的分类及各类别的特点

异步电动机变频调速时，变频器可以根据电动机的特性对供电电压、电流、频率进行适当的控制，不同的控制方式所得到的调速性能、特性及用途是不同的。同理，变频器也可以按控制方式进行分类。

（1）U/f 控制变频器　U/f（电压 U 和频率 f 的比）控制方式，又称为 VVVF（Variable Voltage Variable Frequency）控制方式。它的基本特点是对变频器输出的电压和频率同时进行控制，通过使 U/f 的值保持一定而得到所需的转矩特性。基频以下可以实现恒转矩调速，基频以上则可以实现恒功率调速。采用 U/f 控制方式的变频器控制电路成本较低，多用于对精度要求不太高的通用变频器。

（2）转差频率控制变频器　转差频率控制方式是对 U/f 控制方式的一种改进。在采用转差频率控制方式的变频器中，变频器通过电动机、速度传感器构成速度反馈闭环调速系统。变频器的输出频率由电动机的实际转速与转差频率自动设定，从而达到在调速控制的同时也使输出转矩得到控制。该控制方式是闭环控制，故与 U/f 控制方式相比，在负载发生较大变化时，仍能达到较高的速度精度和具有较好的转矩特性。但是，由于采用这种控制方式时，需要在电动机上安装速度传感器，并需要根据电动机的特性调节转差，故通用性较差。

（3）矢量控制变频器　矢量控制的基本思想是将交流异步电动机的定子电流分解为产生磁场的电流分量（励磁电流）和与其垂直的产生转矩的电流分量（转矩电流），并分别加以控制。由于这种控制方式中必须同时控制电动机定子电流的幅值和相位，即控制定子电流矢量，所以这种控制方式被称为矢量控制。采用矢量控制方式的交流调速系统能够提高变频调速的动态性能，不仅在调速范围上可以与直流电动机相媲美，而且可以直接控制异步电动机产生的转矩。因此，矢量控制变频器已经在许多需要进行精密控制的领域得到了应用。

5. 变频器按用途的分类及各类别的特点

（1）通用变频器　通用变频器的特点是可以对普通的交流异步电动机进行调速控制。通用变频器可以分为低成本的简易型通用变频器和高性能多功能的通用变频器两种类型。

简易型通用变频器是一种以节能为主要目的而减少了一些系统功能的通用变频器。它主要应用于水泵、风机等对于系统的调速性能要求不高的场合，并具有体积小和价格低等优点。

高性能多功能通用变频器为了满足可能出现的各种需要，在系统硬件和软件方面都做了许多工作。在使用时，用户可以根据负载特性选择算法，并对变频器的各种参数进行设定。该变频器除了可以应用于简易型通用变频器的所有应用领域外，还广泛应用于传动带、升降装置，以及各种机床、电动车辆等对调速系统的性能和功能有较高要求的场合。

（2）高性能专用变频器　随着控制理论、交流调速理论和电力电子技术的发展，异步电动机的矢量控制方式得到了重视和发展。高性能专用变频器主要是采用矢量控制方式。采用矢量控制方式的高性能专用变频器和变频调速专用电动机所组成的调速系统，在性能上已达到和超过了直流调速系统。此外，高性能专用变频器往往是为了满足特定行业（如冶金行业、数控机床、电梯等）的需要，使变频器在工作中能发挥出最佳性价比而设计生产的。

（3）高频变频器　在超精密机械加工中常常用到高速电动机。为了满足其驱动的需要出现了高频变频器。

（4）单相变频器和三相变频器　与单相交流电动机和三相交流电动机相对应，变频器也分为单相变频器和三相变频器。两者的工作原理相同，但电路的结构不同。

1.2　变频器的基本结构与工作原理

1.2.1　通用变频器的基本结构

通用变频器是相对于专用变频器而言的，它的使用范围广泛，是所有中小型交流异步电动机都能使用的变频器。专用变频器的品种虽然很多，但多由通用变频器稍加功能“演变”而成，掌握了通用变频器，一通百通，其他变频器的安装、操作、使用和维护保养也就易如反掌了。

通用变频器一般由主电路和控制电路两大部分构成。中、小型通用变频器的主要型式是交-直-交型变频器，其典型结构框图如图 1-8 所示。

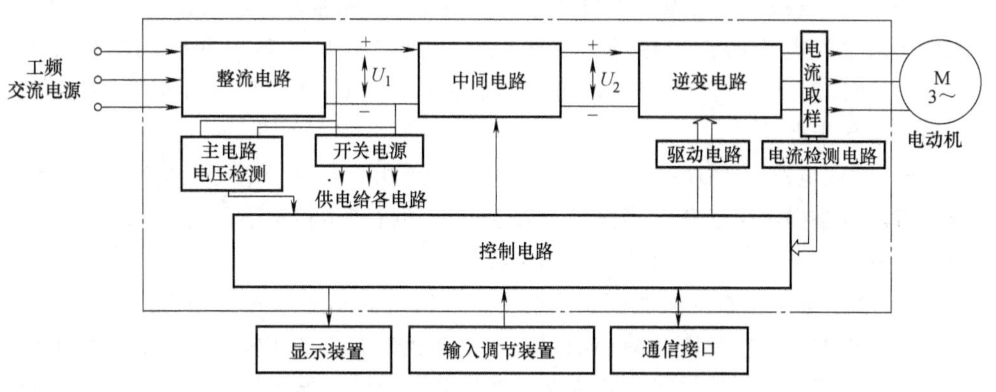

图 1-8　交-直-交型变频器的典型结构框图

（1）主电路　交-直-交通用型变频器的主电路如图 1-9 所示。

主电路是由电力电子器件构成的功率变换部分，通常由整流电路、滤波电路、限流电路、逆变电路、续流电路以及制动电路等组成。

1）整流电路的作用是把工频电源变换成直流电源。三相桥式整流电路又称为

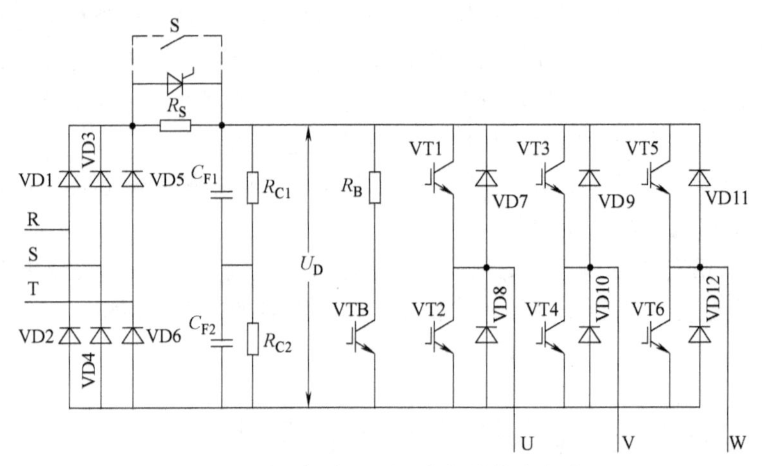

图 1-9　交-直-交通用型变频器的主电路

全波整流电路，在中小容量变频器中，通常采用此电路。VD1～VD6 通常采用电力整流二极管或整流模块。R、S、T（即 L1、L2、L3 或 A、B、C）为电源输入端。

2）滤波电路通常用若干只电容器并联成 C_{F1} 以增大容量后，再串联相同容量的电容器 C_{F2} 组合而成。R_{C1} 和 R_{C2} 是均压电阻器。

3）限流电路由电阻器 R_S 和开关 S 并联组成。在图 1-9 中，R_S 和 S 之间另外并联一只晶闸管，通常 S 由晶闸管充当。在容量较小的变频器中，S 则由继电器的常开触点充当。

4）逆变电路由电力电子器件 VT1～VT6 构成，常称为“逆变桥”。逆变电路的作用与整流电路的作用相反。逆变电路接受控制电路中 SPWM 调制信号的“命令”（控制），将直流电逆变成三相交流电，由 U、V、W 三个输出端输出，供给交流异步电动机。

5）续流电路由 VD7～VD12 构成，它们为三相交流异步电动机绕组无功电流返回直流电路提供了通路。当频率下降引起电动机同步转速下降时，VD7～VD12 为绕组的再生电能反馈至直流电路提供续流。

6）制动电路。在变频器调速系统中，电动机的降速和停机是通过逐渐减小频率来实现的。在频率刚刚减小的瞬间，电动机的同步转速随之下降，而由于机械惯性的作用，电动机转子转速未变。当同步转速低于转子转速时，转子电流的相位几乎改变 180°，电动机此时处于发电机状态；与此同时，电动机轴上的转矩变成了制动转矩，使电动机的转速迅速下降。因此，认为此时的电动机处于再生制动状态。用于消耗电动机再生电能的电路，就是能耗制动电路。R_B 是能耗制动电路中的重要元件，它把电动机的再生电能转换成热能而消耗掉。VTB 是电力功率管，用于接通或关断能耗电路。

（2）控制电路　变频器基本控制电路框图如图 1-10 所示。

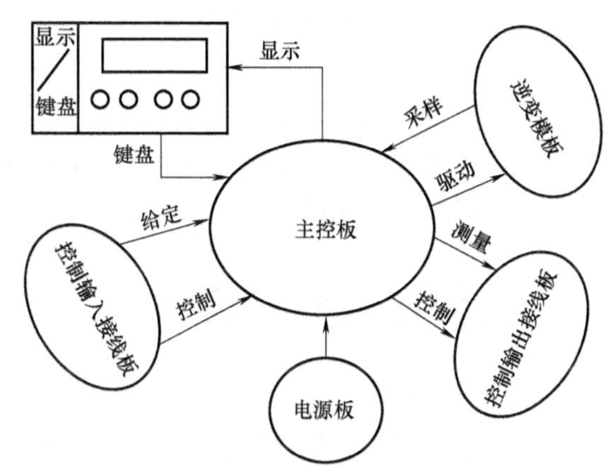

图 1-10　变频器基本控制电路框图

变频器控制电路主要由电源板、主控板、键盘及控制输入、输出接线板等组成。

1）电源板主要提供主板的电源和驱动电源，电源板还为外接控制电路提供稳定的直流电源。

2）主控板是变频器控制中心。主控板的主要功能是接收键盘输入的信号；接收外接控制电路输入的各种信息；处理主控板内部的采样信号（如主电路中的电压、电流采样信号，各部分温度的采样信号，各逆变管工作状态的采样信号等）。另外，主控板还负责 SPWM，并分配给各逆变管的驱动电路；还要发出显示信号，向显示板和显示屏发出各种显示信号；还要发出保护指令，根据各种采样信号，随时判断工作是否正常，一旦发现异常状况，立即发出保护指令进行保护；还得向外电路提供控制信号和显示信号，如正常运行信号、频率到达信号、故障信号等。

3）键盘是由使用人员向变频器主控板发出各种指令或信号的系统。

4）控制输入、输出接线板用于连接显示装置、输入调节装置和通信接口。变频器的显示装置一般采用显示屏和指示灯，显示屏显示主控板提供的各种数据。变频器的输入调节装置主要包括按钮、开关和旋钮等；通信接口用来与其他设备（如可编程序控制器）进行通信，接收它们发送过来的信息，同时还将变频器有关信息反馈给这些设备。

1.2.2　变频器的工作原理

下面对照图 1-8 所示的框图说明交-直-交型变频器的工作原理。

三相工频交流电源经整流电路转换成脉动的直流电，直流电再经中间环节进行滤波，以保证逆变电路和控制电源能够得到质量较高的直流电源。然后，再将滤波电路输出的直流电送到逆变电路，与此同时，控制系统会产生驱动脉冲，经驱动电路放大后送到逆变电路，在驱动脉冲的控制下，逆变电路将直流电转换成频率可变的交流电送给电动机，驱动电动机运转。改变逆变电路输出交流电的频率，电动机的转速就会发生相应的变化。

由于主电路工作在高低压大电流状态，为了保护主电路，变频器通常设有主电路电压检测和输出电流检测电路，当主电路电压过高或过低时，电压检测电路则将该情况反映给控制电路，控制电路获得该情况后，会根据设定的程序做出相应的控制，如让变频器主电路停止工作，并发出相应的报警指示。同理，当变频器输出电流过大（如电动机的负载过大）时，电流取样元件或电路会产生过电流信号，经电流检测电路处理后也送到控制电路，控制电路获得该信号后，会根据设定的程序给出相应的控制。

1.3　变频器的额定值

1. 输入侧的额定值

变频器输入侧额定值包括输入电源的相数、电压和频率。

（1）额定输入电压和相数　中小容量的变频器输入侧的额定值主要指电压和相数，在我国，输入电压的额定值（线电压）有以下三种：三相/380V、三相/220V（主要见于某些进口变频器）和单相/220V（主要用于家用电器中）。

（2）额定输入频率　变频器输入侧电源的额定频率一般规定为工频（50Hz）或60Hz。

2. 输出侧的额定值

（1）额定输出电压 U_{CN}　由于变频器在改变频率的同时也要改变电压，即变频器的输出电压并非常数，所以变频器输出电压的额定值是指输出电压的最大值。大多数情况下，变频器的额定输出电压就是输出频率等于电动机额定频率时的输出电压值。通常，输出电压的额定值总是与输入电压相等。

（2）额定输出电流 I_{CN}　变频器输出电流的额定值是指变频器允许长时间输出的最大电流，是用户在选择变频器时的主要依据。

（3）额定输出容量 S_{CN}　变频器的额定输出容量 S_{CN} 由额定输出电压 U_{CN} 和额定输出电流 I_{CN} 的乘积决定，即

$$S_{CN}=\sqrt{3}U_{CN}I_{CN}\times 10^{-3}$$

式中　S_{CN}——变频器的额定容量（kV·A）；

　　U_{CN}——变频器的额定电压（V）；

　　I_{CN}——变频器的额定电流（A）。

（4）适配电动机功率 P_{CN}　适配电动机功率 P_{CN} 是指变频器允许配用的最大电动机功率。对于变频器说明书中规定的适配电动机功率说明如下：

1）它是根据下式估算的结果，即

$$P_{CN}=S_{CN}\cos\varphi_M\eta_M$$

式中　P_{CN}——适配电动机的额定功率（kW）；

S_{CN}——变频器的额定输出容量（kV·A）；

$\cos\varphi_M$——电动机的功率因数；

η_M——电动机的效率。

由于电动机的功率标称值是一致的，但是 $\cos\varphi_M$ 和 η_M 值不一致，所以配用电动机功率相同的变频器，品牌不同，其额定输出容量 S_{CN} 常常也不相同。

2）由于在许多负载中，电动机是允许短时过载的，所以变频器说明书中的配用电动机功率仅对长期连续不变负载才是完全适用的。对于各类变动负载则不适用，因此配用电动机功率常常需要降低档次。

（5）输出频率范围　输出频率范围是指变频器输出频率的调节范围。

（6）过载能力　变频器的过载能力是指允许其输出电流超过额定电流的能力。大多数变频器都规定为 $150\% I_{CN}/1\text{min}$（表示在变频器的输出电流为 150% 额定输出电流条件下，持续时间 1min）。过载电流的允许时间也具有反时限性，也就是说，如果超过额定输出电流 I_{CN} 的倍数小于额定电流的 150%，则允许过载的时间可以适当延长。

1.4　变频器的主要功能

1.4.1　系统所具有的功能

（1）自动转矩补偿功能　由于三相异步电动机转子绕组中阻抗的作用，当采用 U/f 控制方式时，在电动机的低速区域将出现转矩不足的情况。因此，为了在电动机进行低速运行时对其输出转矩进行补偿，在变频器中采取了在低频区域提高 U/f 值的方法。变频器可以根据负载情况自动调节 U/f 值，对电动机的输出转矩进行必要的补偿。

（2）防失速功能　所谓的变频器防失速功能，就是让电动机的转速始终在可控的范围内，或者说在允许的范围内。

如果加速时间预置得过短，变频器的输出频率变化远远超过转速的变化，变频器将因过电流而跳闸。加速过程中的防失速功能的基本作用是，当由于电动机加速过快或负载过大等原因出现过电流现象时，变频器将自动适当放慢加速速率，以避免变频器因为电动机过电流而出现保护电路动作和停止工作的情况。其具体方法是，如果在加速过程中电流超过了预置的上限值（即加速电流的最大允许值），变频器的输出频率将不再增加，暂缓加速，待电流下降到上限值以下后再继续加速。

对于惯性较大的负载，如果减速时间预置得过短，会因拖动系统的动能释放得太快而引起直流回路的过电压。减速过程中的防失速功能的基本作用是，如果在减速过程中，直流电压超过了上限值（即直流电压允许最大值），变频器将暂时停止降低变频器的输出频率或减少输出频率的降低速率，暂缓减速，待直流电压下降到设定值以下后再继续减速。

（3）过转矩限定运行功能　过转矩限定运行功能的作用是对机械设备进行保护和保证运行的连续性。利用该功能可以对电动机的输出转矩极限值进行设定，使得当电动机的输出转矩达到该设定值时变频器停止工作并给出报警信号。

（4）无传感器简易速度控制功能　无传感器简易速度控制功能的作用是为了提高通用变频器的速度控制精度。当选用该功能时，变频器将通过检测电动机电流而得到负载转矩，并根据负载转矩进行必要的转差补偿，从而得到提高速度控制精度的目的。利用该功能通常可以使速度变动率得到 1/5～1/3 的改善。

在利用该功能时，为了能够正确地进行转差补偿，必须将电动机的空载电流和额定转差等参数事先输入变频器。因此，必须对每一台电动机分别进行设定。

（5）减少机械振动、降低冲击的功能　减少机械振动、降低冲击的功能主要用于机床、传送带和起重机等，其作用是为了达到减少机械振动、减小冲击、保护机械设备和提高产品质量的目的。

通用变频器减轻冲击和机械振动的方法有以下几种：对 U/f 进行调节；对转矩补偿值进行调节；选择 S 形加减速模式，并适当设定加减速时间；调节速度上下限；对电动机参数设定值进行调节；合理设定跳越频率等。

（6）运行状态检测显示功能　运行状态检测显示功能主要用于检测变频器的工作状态，根据工作状态设定机械运行的互锁，对机械进行保护并使操作者及时了解变频器的工作状态。

（7）出现异常后的再起动功能　出现异常后的再起动功能的作用是，当变频器检测到某些系统异常时将进行自我诊断和再试，并在这些异常消失后自动进行复位操作和起动，重新进入运行状态。具有这项功能的变频器在系统发生某些轻微异常时无需使系统本身停止工作，所以可以达到增加系统可靠性和提高系统运行效率的目的。通常用户可以根据需要设定 10 以内的再试次数。

由于在进行自我诊断的过程中变频器处于停止输出的状态，在此过程中电动机的转速将会有一定程度的降低。对于这种速度降低，变频器将通过自己的自寻速功能对电动机的实际转速进行检测后输出相应的频率，直至电动机恢复原有速度。

（8）三线顺序控制功能　三线顺序控制功能主要用于构成简单的顺序控制，可以通过自动复位型按键开关进行起/停和正/反转操作。

（9）通过外部信号对变频器进行停止控制功能　变频器通常都还具有通过外部信号强制性地使变频器停止工作的功能，包括以下两种：

1）外部基极遮断信号接点。通过外部基极遮断信号接点的外部信号可以强制性地关断变频器逆变电路的基极（门极）信号，使变频器停止工作。在这种情况下，电动机将自由减速停止。

2）外部异常停止信号接点。当被驱动的机械设备出现异常时，也可以利用外部异常停止信号接点的外部信号强制性地使变频器停止工作。在这种情况下可以将电动机的停止模式选为控制频率减速停止模式或自由减速停止模式。

1.4.2　频率设定功能

1. 变频器常用的频率

（1）给定频率　给定频率是指给变频器设定的运行频率，用 f_G 表示。给定频率可由操作面板给定，也可由外部方式给定。外部方式给定又分为电压给定和电流给定。

电压给定频率是指通过给变频器有关端子输入电压来设置给定频率，输入电压越高，设置的给定频率越高。电流给定频率是指通过给变频器有关端子输入电流来设置给定频率，输入电流越大，设置的给定频率越高。

（2）输出频率　变频器实际输出的频率称为输出频率，用 f_X 表示。在给变频器设置给定频率后，为了改善电动机的运行性能，变频器会根据一些参数自动对给定频率进行调整而得到输出频率，因此输出频率 f_X 不一定等于给定频率 f_G。

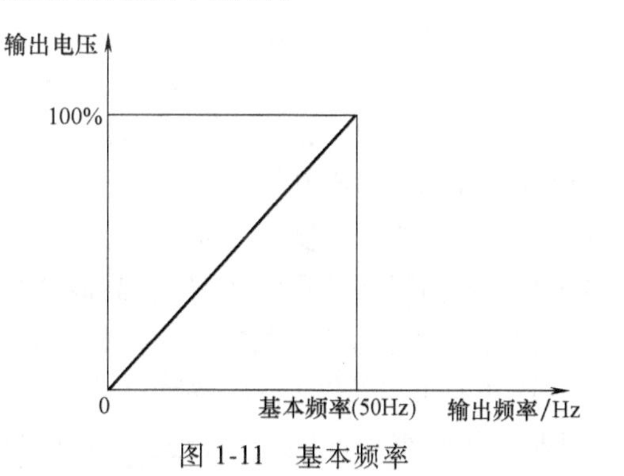

图 1-11　基本频率

（3）基本频率和最大频率　变频器最大输出电压所对应的频率称为基本频率，用 f_B 表示，如图 1-11 所示。基本频率一般与电动机的额定频率相等。最大频率是指变频器能设定的最大输出频率，用 f_{max} 表示。

（4）上限频率和下限频率　上限频率指不允许超过的最高输出频率（最大频率）。下限频率指不允许低于的最低频率。

（5）起动频率　用变频器控制电动机调速时，必须设定起动频率。变频器的工作频率为零时，电动机尚未起动，当工作频率达到起动频率时，电动机才开始起动。也就是说，电动机开始起动时的频率就是起动频率 f_S。这时，起动转矩较大，起动电流也较大。

设定起动频率是部分生产机械的实际需要。例如，在静止状态下静摩擦力较大，如果从零开始起动，起动电流和起动转矩较小，无法起动，因此从某一频率起动是必要的。设定起动频率的大小，需根据具体负载情况而定。

2. 与频率设定有关的功能

（1）多级转速设定功能　多级转速设定功能是为了使电动机能够以预定的速度按一定的程序运行。用户可以通过对多功能端子的组合选择记忆在内存中的频率指令。与用模拟信号设定输入频率相比，采用这种控制方式时可以达到对频率进行精确设定和避免噪声影响的目的。此外，该功能还为与 PLC 进行连接提供了方便的条件，并可以通过极限开关实现简易位置控制。

（2）频率上下限设定功能　频率上下限设定功能是为了限制电动机的转速，从而达到保护机械设备的目的而设置的。它通过设置频率指令的上下限，相对于输入信号的信号偏置值和信号增益完成，如图 1-12 所示。

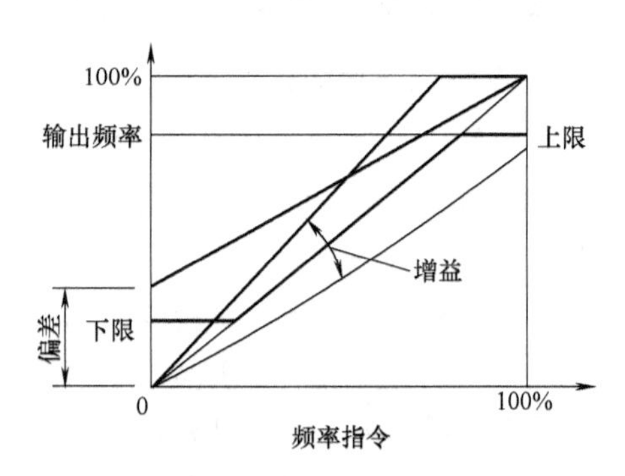

图 1-12　频率指令上下限、信号偏置值和信号增益设定功能

在设置上限频率时，一般不要超过变频器的最大频率，若超出最大频率，自动会以最大频率作为上限频率。

（3）特定频率设定禁止功能（频率跳越功能）　任何机械都有自己的固有频率（由机械结构、质量等因素决定），如果机械运行在某一转速时，所引起的振动频率与机械的固有振荡频率相同，将会引起机械共振，使机械振荡幅度增大，并可能导致损坏机械的严重后果。为了防止共振给机械带来的危害，应该设法避开这些共振频率。特定频率设定禁止功能（频率跳越功能）就是为了这个目的而设置的。

该功能可以给变频器设置禁止输出的频率，即设置回避频率 f_J，使拖动系统“回避”掉可能引起共振的转速，其回避的具体过程如图 1-13a 所示。

当给定信号从 0 逐渐增大至 X_J' 时，变频器的输出频率也从 0 逐渐增大至 f_{JL}；当给定信号从 X_J' 继续增大时，为了回避 f_J，频率将不再增大；当给定信号增大到 X_J'' 时，变频器的输出频率从 f_{JL} 跳变至 f_{JH}；当给定信号从 X_J'' 继续增大时，频率也继续增加。因为回避是通过频率跳跃的方式实现的，所以，回避频率也称为跳跃频率。

不同的变频器对回避频率的设置方法略有差异，大致有以下两种：

1）预置需要回避的中心频率 f_J 和回避宽度 Δf_J。

2）预置回避频率的上限 f_{JH} 和下限 f_{JL}。

大多数变频器都可以预置三个回避频率，如图 1-13b 所示。

（4）指令丢失时的自动运行功能　指令丢失时的自动运行功能的作用是，当模拟频率指令由于系统故障等原因急剧减少时，可以使变频器按照原设定频率的 80% 的频率继续运行，以保证整个系统正常工作。

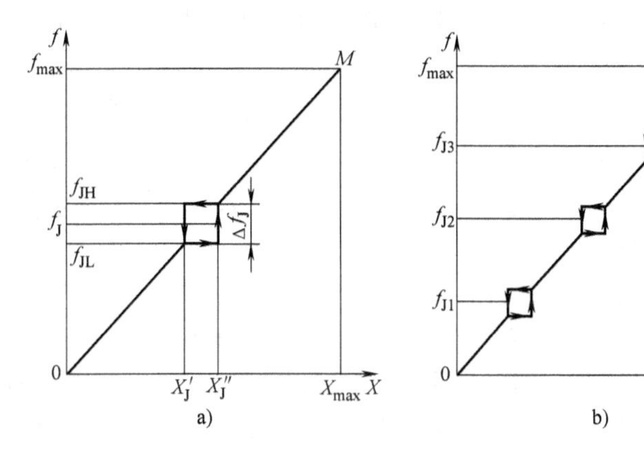

图 1-13　回避频率

a）决定回避频率的参数　b）三个回避频率

（5）频率指令特性的反转　为了和检测仪器等配合使用，某些变频器中还设置了将输入频率特性进行反转的功能，如图 1-14 所示。

（6）禁止加减速功能　为了提高变频器的可操作性，在加减速过程中可以通过外部信号使频率的上升/下降在短时间暂时保持不变，如图 1-15 所示。

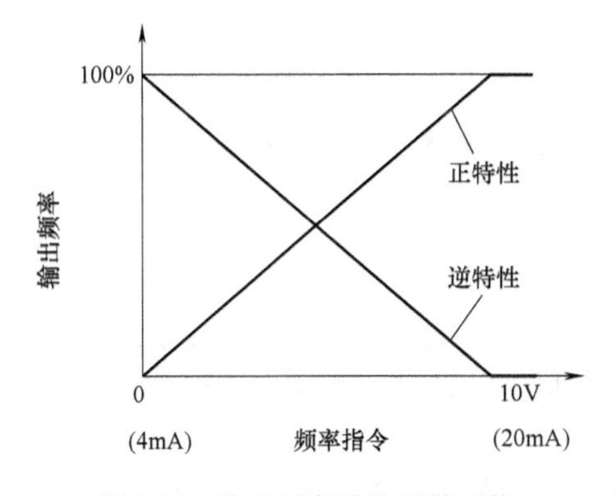

图 1-14　输入频率特性反转功能

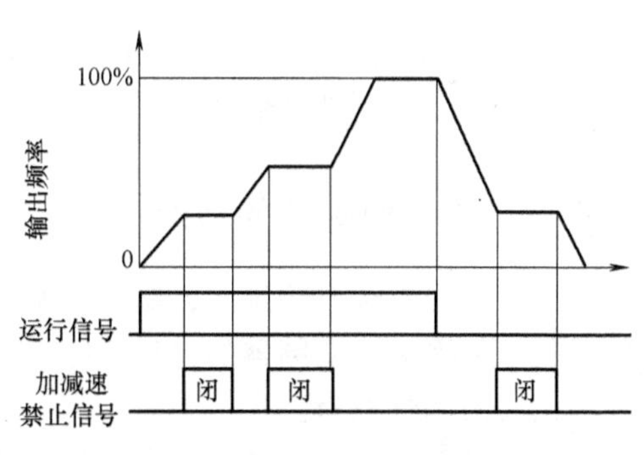

图 1-15　频率保持功能

（7）加减速时间切换功能　加减速时间切换功能的作用是利用外部信号对变频器的加减速时间进行切换。变频器的加减速时间通常可以分别设为两种，并通过外部信号进行选择。

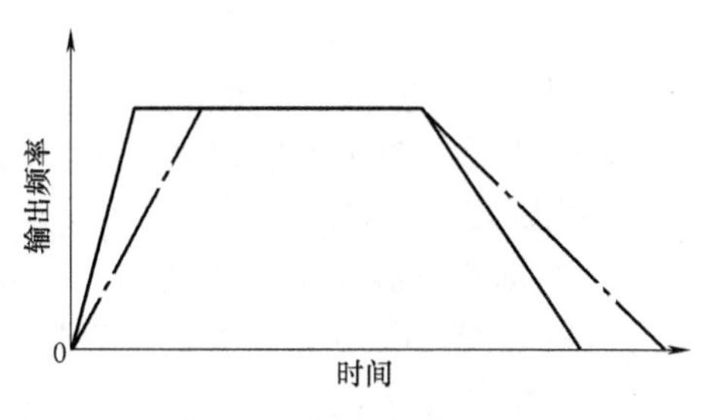

图 1-16　加减速时间切换

该功能主要用于机械设备的紧急停止，用一台变频器控制两台不同用途的电动机，或在调速控制过程中对加减速速率进行切换等用途，如图 1-16 所示。

(8) S 形加减速功能　S 形加减速功能的作用是为了使被驱动的机械设备能够进行无冲击的起/停和加减速运行。在选择了该功能时，变频器在收到控制指令后可以在加减速的起点和终点使频率输出的变化成为弧形，如图 1-17b 和图 1-17c所示，从而达到减轻冲击的目的。

图 1-17 为三种加减速方式。图 1-17a 为直线加减速方式，其加减速时间与输出频率成正比关系，大多数负载采用这种方式。图 1-17b 为 S 形加减速 A 方式，这种方式是开始和结束阶段，升速和降速比较缓慢，电梯、传送带等设备常采用该方式。图 1-17c 为 S 形加减速 B 方式，这种方式是在两个频率之间提供一个 S 形加减速 A 方式，该方式具有缓和振动的效果。

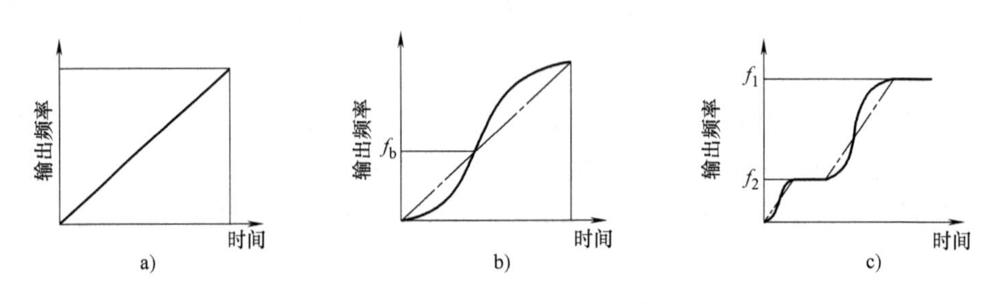

图 1-17　加减速方式

a）直线加减速方式　b）S 形加减速 A 方式　c）S 形加减速 B 方式

1.4.3　与保护有关的功能

由于在变频调速系统中，驱动对象往往相当重要，不允许发生故障，随着变频器技术的发展，变频器的保护功能也越来越强，以保证系统在遇到意外情况时也不出现破坏性故障。

在变频器的保护功能中，有些功能是通过变频器内部的软件和硬件直接完成的，而另外一些功能则与变频器的外部工作环境有密切关系。它们需要与外部信号配合完成，或者需要用户根据系统要求对其动作条件进行设定。前一类保护功能主要是对变频器本身的保护，而后一类保护功能则主要是对变频器所驱动的电动机的保护以及对系统的保护等内容。

1. 对电动机的保护

(1) 电动机过载保护　该功能的主要作用是通过根据温度模拟而得到的电子热继电器功能为电动机提供过载保护。当电动机电流（变频器输出电流）超过电子热保护功能所设定的保护值时，则电子热继电器动作，使变频器停止输出，从而达到对电动机进行保护的目的。

过载保护的特点是具有反时限性，即轻微过载时，允许电动机继续运行的时间可以长一些；严重过载时，必须尽早进行保护，如图 1-18a 所示。图中，横坐标是电动机电流的相对值 I_M^*，即

$$I_M^* = \frac{I_M}{I_{MN}} \times 100\%$$

式中　I_M^*——电流的相对值；

I_M——电动机的运行电流；

I_{MN}——电动机的额定电流。

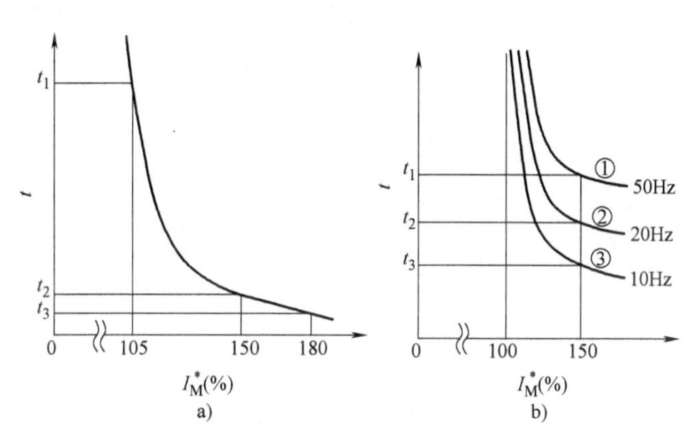

图 1-18　过载保护的反时限曲线

a）反时限保护曲线　b）保护曲线与频率的关系

应该注意的是，这种功能的保护对象主要是普通的四极三相异步电动机，而对其他类型的电动机有时则不能提供保护，因此必须注意研究对象电动机的特性。当用同一台变频器同时驱动数台电动机时，则应该另外接入热敏继电器。

（2）电动机失速保护　通过速度检测装置对电动机的速度进行检测，并在由于负载等原因使电动机发生失速时对电动机进行保护。

2. 对系统的保护

（1）过转矩检测功能　该功能是为了对被驱动的机械系统进行保护而设置的。当变频器的输出电流达到了事先设定的过转矩检测值时，保护功能动作，使变频器停止工作，并给出报警信号。

（2）外部报警输入功能　该功能是为了使变频器能够与各种周边设备配合构成稳定可靠的调速控制系统而设置的。例如，当把制动电阻等周边设备的报警信号接点连接在控制电路端子 THR 上时，则当这些周边设备发生故障并给出报警信号时变频器将停止工作，从而避免更大故障的发生。

（3）变频器过热预报功能　该功能主要是为了给变频器驱动的空调系统等

提供安全保障措施。该功能的作用是当变频器周围的温度接近危险温度时发出警报，以便采取相应的保护措施。在利用该功能时需要在变频器外部安装热敏开关。

（4）制动电路异常保护　该功能的作用是为了给系统提供安全保障措施。当检测到制动电路晶体管出现异常或者制动电阻过热时给出警报信号，并使变频器停止工作。

1.4.4　与运行方式有关的功能

（1）停止时直流制动　该功能的作用是为了在不使用机械制动器的条件下仍能使电动机保持停止状态。当变频器通过降低输出频率使电动机减速，并达到预先设定的频率时，变频器将给电动机加上直流电压，使电动机绕组中流过直流电流，从而达到进行直流制动的目的。

（2）运行前直流制动　对于泵、风机等机械设备来说，由于电动机本身有时能处于在外力的作用下进行自由运行的状态，而且其方向也处于不定状态，具有该功能的变频器在对电动机进行驱动时，将自动对电动机进行直流制动，并在使电动机停止后开始正常的调速控制。

（3）自寻速跟踪功能　对于风机、绕线机等惯性负载来说，当由于某种原因使变频器暂时停止输出，电动机进入自由运行状态时，具有这种自寻速跟踪功能的变频器可以在没有速度传感器的情况下自动寻找电动机的实际转速，并根据电动机转速自动进行加速，直至电动机转速达到所需转速，而不必等到电动机停止后再进行驱动。

（4）瞬时停电后自动再起动功能　该功能的作用是在发生瞬时停电时，使变频器仍然能够根据原定工作条件自动进入运行状态，从而避免进行复位、再起动等繁琐操作，保证整个系统的连续运行。

该功能的具体实现是在发生瞬时停电时利用变频器的自寻速跟踪功能，使电动机自动返回预先设定的速度。通常当瞬时停电时间在2s以内时，可以使用变频器的这个功能。

（5）电网电源/变频器切换运行功能　因为在用变频器进行调速控制时，变频器内部总是会有一些功率损失，所以在需要以电网电源频率（工频）进行较长时间的恒速驱动时，有必要将电动机由变频器驱动改为电网电源直接驱动，从而达到节能的目的。与此相反，当需要对电动机进行调速驱动时，又需要将电动机由电网电源直接驱动改为变频器驱动。而变频器的电网电源/变频器切换运行功能就是为了满足上述目的而设置的。

在需要将电动机由电网电源直接驱动改为变频器驱动时将要用到变频器的自寻速跟踪功能。

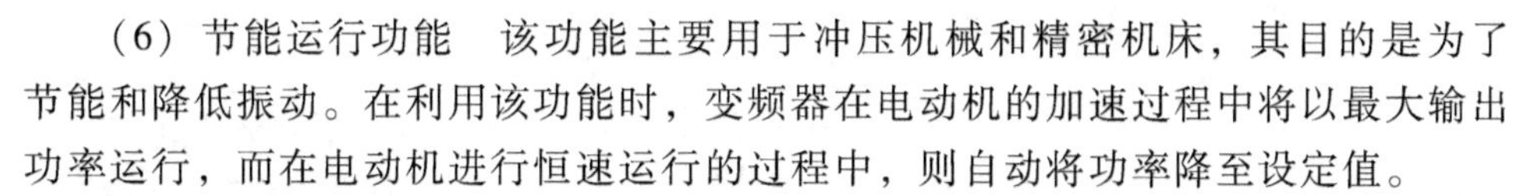

（6）节能运行功能　该功能主要用于冲压机械和精密机床，其目的是为了节能和降低振动。在利用该功能时，变频器在电动机的加速过程中将以最大输出功率运行，而在电动机进行恒速运行的过程中，则自动将功率降至设定值。

该功能对于实现精密机床的低振动化也很有效。

（7）多 U/f 选择功能　该功能的作用是用一台变频器分别驱动几台特性各异的电动机或用变频器驱动变极电动机以得到较宽的调速范围。利用变频器的这个功能，可以根据电动机的不同特性设定不同的 U/f 值，然后通过功能输入端子进行选择驱动。该功能可以用于机床的驱动等用途。

1.4.5　与状态监测有关的功能

（1）显示负载速度　变频器的数字操作盒除了可以显示变频器的输出频率之外，还可以显示电动机的转速、负载机械的转速、线速度和流量等内容。

（2）脉冲监测功能　变频器可以与脉冲计数器配合，准确地显示出变频器的输出频率。此外，在对输出频率进行显示时，还能以输出频率的 1、6、10、12、36 倍的方式进行显示。

（3）频率/电流计的刻度校正　该功能的作用是，当需要对接在模拟量监测端子上的输出频率计和输出电流计进行刻度校正时，可以不专门接入刻度校正用电阻，而是可以通过调节输出增益来达到刻度校正的目的。

（4）数字操作盒的监测功能　通过数字操作盒不但可以监测变频器的输出频率和电流，还可以监测输出电压、直流电压、输出功率、输入/输出端子的开闭状态、电动机电流以及故障内容等。此外，利用数字操作盒还可以很容易地检测机械设备的运行状态。

即使在断电的情况下，数字操作盒仍可以通过记忆功能保持已发生异常的内容和顺序。变频器的检测功能使操作者可以很容易地掌握变频器和系统的运行状态，并在系统发生故障时容易查找故障的原因和排除故障。

1.5　变频调速系统

1.5.1　变频调速系统的构成与特点

变频器可以作为交流电动机的电源装置实现变频调速。变频调速系统的构成如图 1-19 所示。

交流电动机变频调速是利用交流电动机的同步转速随电源频率变化的特点，通过改变交流电动机的供电频率进行调速的方法。

在异步电动机的诸多调速方法中，变频调速的性能最好，它调速范围大、稳

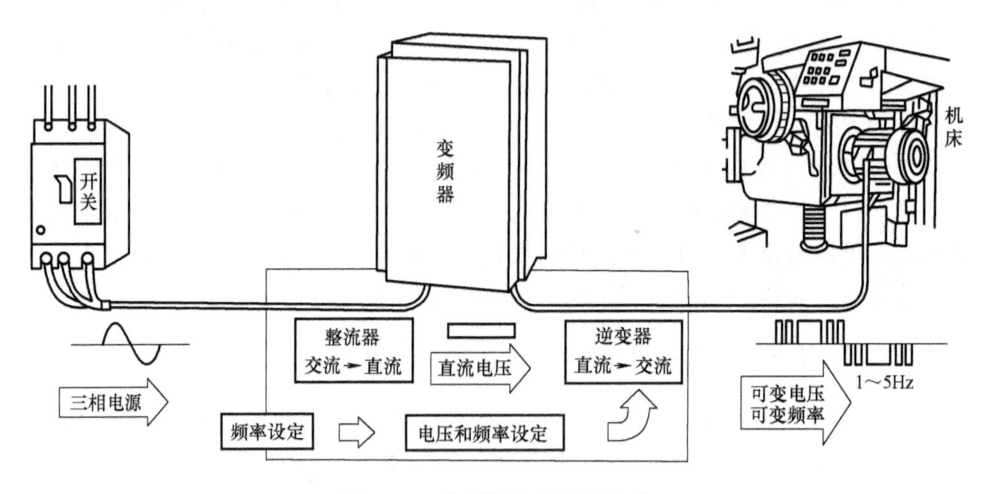

图 1-19　变频调速系统的构成

定性好、可靠性高、运行效率高、节电效果好，有着广泛的应用范围和可观的社会效益和经济效益。所以，变频调速已成为当今节电、改造传统工业、改善工艺流程、提高生产过程自动化水平、提高产品质量、推动技术进步的主要手段之一，也是国际上技术更新换代最快的领域之一。

1.5.2　交流调速系统的主要指标

1. 调速范围

调速范围（又称调速比）是衡量变频调速系统变速能力的指标。调速范围有两种表达方式：一种以调速系统实际可以达到的最低转速与最高转速之比表示，如 1∶100 等；另一种以最高转速与最低转速的比值（D 值）表示，如 $D=100$ 等，两者的本质相同。

需要注意的是，定义变频调速范围时，应以电动机能够带动额定负载运行的最高转速与最低转速作为计算调速范围的依据，它与变频器技术参数中的频率控制范围是完全不同的两个概念（调速范围要远小于频率控制范围）。因此，调速范围 D 应为变频器输出的最高可用频率 f_{max} 与最低可用频率 f_{min} 之比，或电动机的最高可用转速 n_{max} 与最低可用转速 n_{min} 之比，即

$$D=\frac{f_{max}}{f_{min}}=\frac{n_{max}}{n_{min}}$$

2. 调速精度

变频器和电动机组成的调速系统的理想空载转速 n_0 与额定转速 n_N 之差 Δn_N（$\Delta n_N=n_0-n_N$；Δn_N 称为额定负载下的转速降）与其理想空载转速的百分比，称

为调速精度（又称静差率），用 δ 表示，即

$$\delta=\frac{n_0-n_N}{n_0}\times100\%=\frac{\Delta n_N}{n_0}\times100\%$$

调速精度 δ 的意义：电动机从理想空载到带额定负载运行时，稳态转速下降的相对值。它反映了静态转速相对稳定的程度。δ 越小，当负载变化时引起的转速变化越小，转速的相对稳定性就越好；反之 δ 越大，静态转速波动就越大，相对稳定性就越差。

3. 最大输出频率

变频器的最大输出频率是决定调速系统调速范围与衡量高速性能的指标。对于同样极对数的电动机，频率越高，可以达到的最高转速也越高；当最低频率不变时，其调速范围也就越大。

4. 速度响应和频率响应

速度响应是指调速系统在负载惯量与电动机惯量相等的情况下，电动机可以完全跟踪给定变化的最大指令变化率。速度响应是衡量变频器对指令的跟随性能与灵敏度的重要指标。

速度响应可以用角速度或频率值表示。用角速度表示的“速度响应”值直接称为“速度响应”，单位为 rad/s；而将用频率表示的“速度响应”称为“频率响应”，单位为 Hz。“速度响应”与“频率响应”的实质相同，两者可以用 1Hz=2πrad/s 进行相互转换。

5. 调速效率

调速效率是衡量调速系统经济性的技术指标，它以调速系统的输出功率 P_2 与输入功率 P_1 之比进行表示，即

$$\eta=\frac{P_2}{P_1}\times100\%$$

需要注意的是，变频器技术参数中的输出容量与实际可以控制的电动机功率（输出功率）是两个完全不同的概念，后者要远小于前者。

1.5.3　变频调速的基本规律

由三相交流电动机同步转速的计算公式 $n_s=\frac{60f_1}{p}$ 可知，当三相异步电动机的极对数 p 不变时，其同步转速（即旋转磁场的转速）n_s 与电源频率 f_1 成正比。因此，若连续改变三相异步电动机电源的频率 f_1，就可以连续改变电动机的同步转速 n_s，从而可以平滑地改变电动机的转速 n，达到调速的目的。

变频调速的调速范围宽，精度高，效率也高，且能无级调速，但是需要有专用的变频电源，应用上受到一定的限制。近年来，随着电力电子技术的发展，变

频器的性能提高，价格降低，变频调速的应用越来越广泛。

在改变异步电动机电源频率 f_1 时，异步电动机的参数也在变化。三相异步电动机定子绕组的感应电动势 E_1 为

$$E_1 = 4.44 f_1 k_{W1} N_1 \Phi_m$$

式中 E_1——定子绕组的感应电动势（V）；

k_{W1}——电动机定子绕组的绕组系数；

N_1——电动机定子绕组每相串联匝数；

Φ_m——电动机气隙每极磁通（又称气隙磁通或主磁通）（Wb）。

如果忽略电动机定子绕组的阻抗压降，则电动机定子绕组的电源电压 U_1 近似等于定子绕组的感应电动势 E_1，即

$$U_1 \approx E_1 = 4.44 f_1 k_{W1} N_1 \Phi_m$$

因此，在变频调速时，若保持电源电压 U_1 不变，则气隙每极磁通 Φ_m 将随频率 f_1 的改变而成反比变化。一般电动机在额定频率下工作时磁路已经饱和，如果电源频率 f_1 低于额定频率，气隙每极磁通 Φ_m 将会增加，电动机的磁路将过饱和，以致引起励磁电流急剧增加，从而使电动机的铁损耗大大增加，并导致电动机的温度升高、功率因数和效率均下降，这是不允许的。如果电源频率 f_1 高于额定频率，气隙每极磁通 Φ_m 将会减小，因为电动机的电磁转矩与每极磁通和转子电流有功分量的乘积成正比，所以在负载转矩不变的条件下 Φ_m 的减小势必会导致转子电流增大，为了保证电动机的电流不超过允许值，则将会使电动机的最大转矩减小，过载能力下降。综上所述，变频调速时，通常希望气隙每极磁通 Φ_m 近似不变，这就要求频率 f_1 与电源电压 U_1 之间能协调控制。若要 Φ_m 近似不变，则应使

$$\frac{U_1}{f_1} \approx 4.44 k_{W1} N_1 \Phi_m = 常数$$

另一方面，也希望变频调速时，电动机的过载能力 $\lambda_m = \frac{T_{max}}{T_N}$ 保持不变。

由电动机理论分析可得，在变频调速时，若要电动机的过载能力不变，则电源电压、频率和额定转矩应保持的关系为

$$\frac{U_1'}{U_1} = \frac{f_1'}{f_1}\sqrt{\frac{T_N'}{T_N}}$$

式中 U_1、f_1、T_N——变频前的电源电压、频率和电动机的额定转矩；

U_1'、f_1'、T_N'——变频后的电源电压、频率和电动机的额定转矩。

1）对于恒转矩负载，变频调速时希望 $T_N' = T_N$，即 $\frac{T_N'}{T_N} = 1$，所以要求

$$\frac{U_1'}{U_1}=\frac{f_1'}{f_1}\sqrt{\frac{T_N'}{T_N}}=\frac{f_1'}{f_1}$$

也就是说，对于恒转矩负载，加到电动机上的电压必须随频率成正比变化，即$\frac{U_1}{f_1}$=常数，气隙每极磁通 Φ_m 也近似保持不变。这说明变频调速特别适合于恒转矩调速。

2）对于恒功率负载，$P_N=T_N\Omega=T_N\frac{2\pi n}{60}$=常数，由于 $n\propto f$，所以变频调速时希望$\frac{T_N'}{T_N}=\frac{n}{n'}=\frac{f_1}{f_1'}$，以使 $P_N=T_N\frac{2\pi n}{60}=T_N'\frac{2\pi n'}{60}$=常数。于是要求

$$\frac{U_1'}{U_1}=\frac{f_1'}{f_1}\sqrt{\frac{T_N'}{T_N}}=\frac{f_1'}{f_1}\sqrt{\frac{f_1}{f_1'}}=\sqrt{\frac{f_1'}{f_1}}$$

也就是说，对于恒功率负载，加到电动机上的电压必须随频率的二分之一次方成正比变化。

3）风机、泵类负载的特点是其转矩随转速的二次方成正比变化的负载，$T_N \propto n^2$，所以变频调速时希望$\frac{T_N'}{T_N}=\left(\frac{n'}{n}\right)^2=\left(\frac{f_1'}{f_1}\right)^2$，于是要求

$$\frac{U_1'}{U_1}=\frac{f_1'}{f_1}\sqrt{\frac{T_N'}{T_N}}=\frac{f_1'}{f_1}\sqrt{\left(\frac{f_1'}{f_1}\right)^2}=\left(\frac{f_1'}{f_1}\right)^2$$

也就是说，对于风机、泵类负载，加到电动机上的电压必须随频率的二次方成正比变化。

实际情况与上面分析的结果有些出入，主要因为电动机的铁心总是有一定程度的饱和，而且电动机的转速改变时，电动机的冷却条件也改变了。

三相异步电动机的额定频率称为基频，即电网频率 50Hz。变频调速时，可以从基频向上调，也可以从基频向下调。但是这两种情况下的控制方式是不同的。

1.5.4　变频调速时电动机的机械特性

在生产实践中，变频调速系统一般适用于恒转矩负载实现在额定频率以下的调速。因此，我们仅着重于分析恒转矩变频调速的机械特性。

变频调速时的机械特性如图 1-20 所示。如果忽略电动机的定子电阻 R_1，则在不同频率时，对应于最大转矩 T_{max} 的转速降落 Δn_m 不变。所以，恒转矩变频调速的机械特性基本上是一组平行特性曲线簇。

显然，变频调速的机械特性类同于他励直流电动机改变电枢电压时的机械

特性。

必须指出，当频率 f_1 很低时，由于 R_1 与（$X_{1\sigma}+X'_{2\sigma}$）相比已变得不可忽略，即使保持 $\frac{U_1}{f_1}$ = 常数，也不能维持 Φ_m 为常数，R_1 的作用相当于定子电路中串入一个降压电阻，使定子感应电动势降低，气隙磁通减小。频率 f_1 越低，R_1 的影响越大，T_{max} 下降越大。为了使低频时电动机的最大转矩不致下降太大，就必须适当地提高定子电压，以补偿 R_1 的压降，维持气隙磁通不变，如图 1-20 中虚线所示。但是，这又将使电动机的励磁电流增大，功率因数下降，所以下限频率调节是有一定限度的。

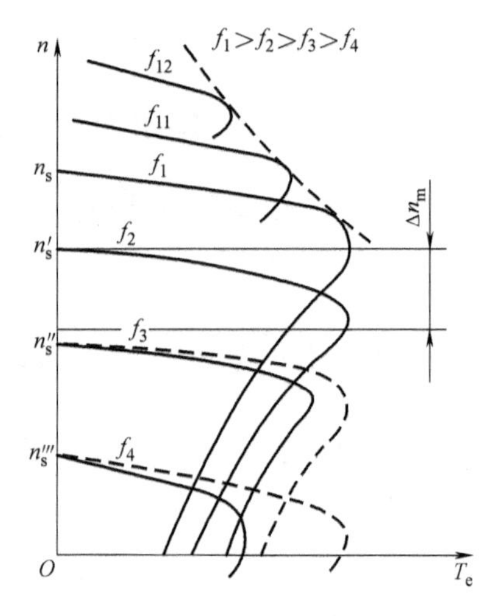

图 1-20　变频调速时的机械特性

对于恒功率变频调速，一般从基频向上调频，但此时又要保持电压 U_{1N} 不变，由以上分析可知，频率越高，磁通 Φ_m 越低，所以它可看作是一种降低磁通升速方法，同他励直流电动机的弱磁升速相似，其机械特性如图 1-20 中 f_{11}、f_{12} 所对应的特性。

1.5.5　从基频向下变频调速

当从基频向下变频调速时，为了保持气隙每极磁通 Φ_m 近似不变，要求降低电源频率 f_1 时必须同时降低电源电压 U_1。降低电源电压 U_1 有两种方法，现分述如下。

（1）保持 $\frac{E_1}{f_1}$ = 常数　当降低电源频率 f_1 调速时，若保持电动机定子绕组的感应电动势 E_1 与电源频率 f_1 之比等于常数，即 $\frac{E_1}{f_1}$ = 常数，则气隙每极磁通 Φ_m = 常数，是恒磁通控制方式。

保持 $\frac{E_1}{f_1}$ = 常数，即恒磁通变频调速时，电动机的机械特性如图 1-21 所示。

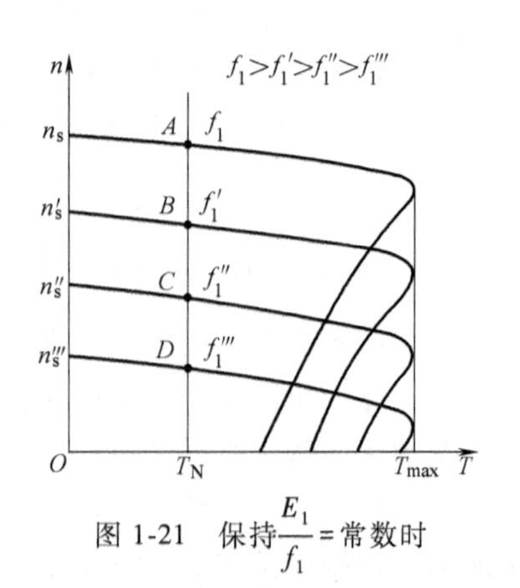

图 1-21　保持 $\frac{E_1}{f_1}$ = 常数时变频调速的机械特性

从图 1-21 中可以看出，电动机的最大转

矩 T_{max} = 常数，与频率 f_1 无关。观察图 1-21 中的各条曲线可知，其机械特性与他励直流电动机降低电枢电源电压调速时的机械特性相似，机械特性较硬，在一定转差率要求下调速范围宽，而且稳定性好。由于频率可以连续调节，因此变频调速为无级调速，调速的平滑性好。另外，电动机在各个速度段正常运行时转差率较小，因此转差功率较小，电动机的效率较高。

由图 1-21 还可以看出，保持 $\frac{E_1}{f_1}$ = 常数时，变频调速为恒转矩调速方式，适用于恒转矩负载。

（2）保持 $\frac{U_1}{f_1}$ = 常数　当降低电源频率 f_1 调速时，若保持 $\frac{U_1}{f_1}$ = 常数，则气隙每极磁通 $\Phi_m \approx$ 常数，这是三相异步电动机变频调速时常采用的一种控制方式。

保持 $\frac{U_1}{f_1}$ = 常数，即近似恒磁通变频调速时，电动机的机械特性如图 1-22 中的实线所示。

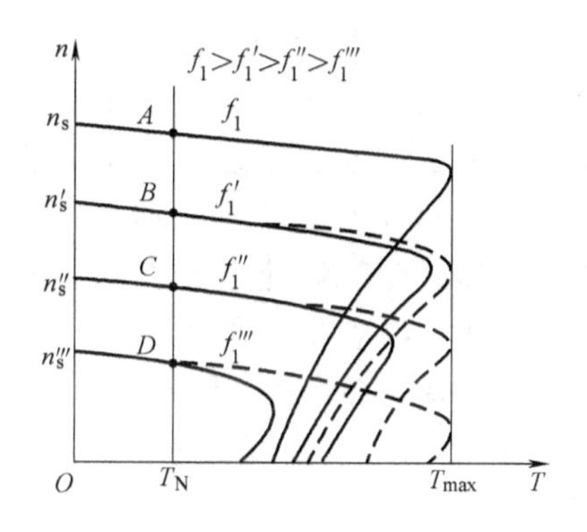

图 1-22　保持 $\frac{U_1}{f_1}$ = 常数时变频调速的机械特性

从图 1-22 中可以看出，当频率 f_1 减小时，电动机的最大转矩 T_{max} 也随之减小，最大转矩 T_{max} 不等于常数。图 1-22 中虚线部分是恒磁通调速时 T_{max} = 常数的机械特性。显然，保持 $\frac{U_1}{f_1}$ = 常数的机械特性与保持 $\frac{E_1}{f_1}$ = 常数的机械特性有所不同，特别是在低频低速运行时，前者的机械特性变坏，过载能力随频率下降而降低。

由于保持 $\frac{U_1}{f_1}$ = 常数变频调速时，气隙每极磁通近似不变，因此这种调速方法近似为恒转矩调速方式，适用于恒转矩负载。

1.5.6　从基频向上变频调速

在基频以上变频调速时，电源频率 f_1 大于电动机的额定频率 f_N，要保持气隙每极磁通 Φ_m 不变，定子绕组的电压 U_1 将高于电动机的额定电压 U_N，这是不允许的。因此，从基频向上变频调速，只能保持电压 U_1 为电动机的额定电压 U_N

不变。这样，随着频率 f_1 升高，气隙每极磁通 Φ_1 必然会减小，这是一种降低磁通升速的调速方法，类似于他励直流电动机弱磁升速的情况。

保持 $U_1=U_N=$ 常数，升频调速时电动机的机械特性如图 1-23 所示，从图 1-23中可以看出，电动机的最大转矩 T_{max} 与 f_1^2 成反比减小。这种调速方式可以近似认为属于恒功率调速方式。

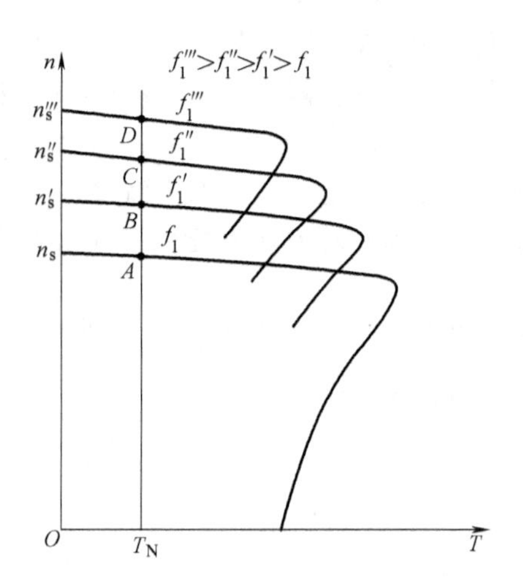

图 1-23 保持 $U_1=U_N$ 为常数的升频调速的机械特性

异步电动机变频调速的电源是一种能调压的变频装置，近年来多采用晶闸管器件或自关断的功率晶体管器件组成的变频器。变频调速已经在很多领域内获得应用，随着生产技术水平的不断提高，变频调速必将获得更大的发展。

例 1-1 一台笼型三相异步电动机，极数 $2p=4$，额定功率 $P_N=30\text{kW}$，额定电压 $U_N=380\text{V}$，额定频率 $f_N=50\text{Hz}$，额定电流 $I_N=56.8\text{A}$，额定转速 $n_N=1470\text{r/min}$，拖动 $T_L=0.8T_N$ 的恒转矩负载，若采用变频调速，保持 $\dfrac{U_1}{f_1}=$ 常数，试计算将此电动机转速调为 900r/min 时，变频电源输出的线电压 U_1' 和频率 f_1' 各为多少？

解：电动机的同步转速为

$$n_s=\frac{60f_1}{p}=\frac{60f_N}{p}=\frac{60\times50}{2}\text{r/min}=1500\text{r/min}$$

电动机在固有机械特性上的额定转差率为

$$s_N=\frac{n_s-n_N}{n_s}=\frac{1500-1470}{1500}=0.02$$

负载转矩 $T_L=0.8T_N$ 时，对应的转差率为

$$s=\frac{T_L}{T_N}s_N=0.8\times0.02=0.016$$

于是，$T_L=0.8T_N$ 时的转速降为

$$\Delta n=sn_s=0.016\times1500\text{r/min}=24\text{r/min}$$

因为电动机变频调速时的人为机械特性的斜率不变，即转速降落值 Δn 不变，所以变频以后电动机的同步转速为

$$n_s'=n'+\Delta n=900\text{r/min}+24\text{r/min}=924\text{r/min}$$

若使 $n'=900\text{r/min}$，则变频电源输出的频率和线电压分别为

$$f_1'=\frac{pn_s'}{60}=\frac{2\times924}{60}\text{Hz}=30.8\text{Hz}$$

$$U_1'=\frac{U_1}{f_1}f_1'=\frac{U_N}{f_N}f_1'=\frac{380}{50}\times30.8\text{V}=234.08\text{V}$$

1.6 关于交流低压变频器的几点补充说明

1）变频器的输出电压不是正弦波形，而是脉冲（PWM）波形，此三相PWM脉冲波形的电压，连接至三相异步电动机，可以在电动机的三相绕组中产生近乎正弦波的三相电流，使电动机旋转。

2）由于上述1）的原因，用于驱动三相异步电动机的变频器，不可以作为正弦波变频电源，用于校验多种表计，如频率表。由于同样的原因，普通变频器的输出端，不可以连接电容性负载，或单相交流电动机、三相/单相变压器。

3）负载为风机/水泵类的三相异步电动机，采用变频器驱动技术后，可以大大减少电能损耗，最佳可达30%，是国家重点推广的节能技术。

4）变频器的另外一个主要用途，是用于三相异步电动机的起动控制，采用变频器起动技术，可以大大减小起动电流，而且其起动过程中产生的谐波干扰，远远低于晶闸管起动器（软起动器）。

5）变频器的输入，一般采用三相交流电，但是有一些小功率（5kW）变频器，也可以采用单相交流220V电源输入，此时其输出所连接的三相异步电动机，额定电压应为三相交流220V。因此可以把绕组为星形联结、额定电压为380V的三相异步电动机，改为三角形联结。

第2章 变频器的选型

2.1 概述

1. 变频器的容量

大多数变频器的容量均以所适用的电动机的功率（单位用 kW 表示）、变频器输出的视在功率（单位用 kV·A 表示）和变频器的输出电流（单位用 A 表示）来表征。其中，最重要的是额定电流，它是指变频器连续运行时，允许输出的电流。额定容量是指额定输出电流与额定输出电压下的三相视在功率。

至于变频器所适用的电动机的功率，是以标准的 4 极电动机为对象，在变频器的额定输出电流限度内，可以拖动的电动机的功率。如果是 6 极以上的异步电动机，在同样的功率下，由于其功率因数比 4 极异步电动机的功率因数低，故其额定电流比 4 极异步电动机的额定电流大，所以，变频器的额定电流应该相应扩大，以使变频器的电流不超出其允许值。

另外，电网电压下降时，变频器输出电压会低于额定值，在保证变频器输出电流不超出其允许值的情况下，变频器的额定容量会随之减小。可见，变频器的容量很难确切表达变频器的负载能力。所以，变频器的额定容量只能作为变频器负载能力的一种辅助表达手段。

由此可见，选择变频器的容量时，变频器的额定输出电流是一个关键量。因此，采用 4 极以上电动机或者多台电动机并联时，必须以负载总电流不超过变频器的额定输出电流为原则。

2. 变频器的输出电压和输入电压

变频器的输出电压的等级是为适应异步电动机的电压等级而设计的。它通常等于电动机的工频额定电压。

变频器的输入电压一般是以适用电压范围给出，它是允许的输入电压变化范围。如果电源电压大幅上升超过变频器内部器件允许电压，则元（器）件会有被损坏的危险。相反，若电源电压大幅度下降，就有可能造成控制电源电压下降，引起 CPU 工作异常，逆变器驱动功率不足，管压降增加、损耗加大而造成

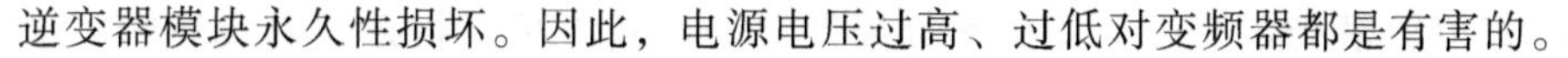

逆变器模块永久性损坏。因此，电源电压过高、过低对变频器都是有害的。

3. 变频器的输出频率

变频器的最高输出频率根据机种不同而有很大的差别，一般有 50Hz、60Hz、120Hz、240Hz 以及更高的输出频率。以在额定转速以下范围内进行调速运转为目的，大容量通用变频器几乎都具有 50Hz 或 60Hz 的输出频率。最高输出频率超过工频的变频器多为小容量，在 50Hz 或 60Hz 以上区域，由于输出电压不变，为恒功率特性，要注意在高速区转矩的减小，而且还要注意，不要超过电动机和负载容许的最高速度。

4. 变频器的瞬时过载能力

基于主电路半导体开关器件的过载能力，考虑到成本问题，通过变频器的电流瞬时过载能力常常设计为 150%额定电流、持续时间 1min 或 120%额定电流、持续时间 1min。与标准异步电动机（过载能力通常为 200%左右）相比较，变频器的过载能力较小，允许过载时间亦很短。因此，在变频器传动的情况下，异步电动机的过载能力常常得不到充分的发挥。此外，如果考虑到通用电动机的散热能力的变化，在不同转速下，电动机的过载能力还要有所变化。

2.2　变频器的选择

2.2.1　变频器类型的选择

根据控制功能，将通用变频器分为三种类型：普通功能型 U/f 控制变频器；具有转矩控制功能的高功能 U/f 控制变频器；矢量控制高性能型变频器。变频器类型的选择，要根据负载的要求来进行。

人们在实践中根据生产机械的特性将其分为恒转矩负载、恒功率负载和风机、泵类负载三种类型。选择变频器时自然应以负载的机械特性为基本依据。

（1）风机、泵类负载　风机、泵类负载又称为二次方转矩负载，风机、泵类负载的特点是负载转矩与转速的二次方成正比（$T_L \propto n^2$），低速下负载转矩较小，通常可以选择普通功能型 U/f 控制变频器。

（2）恒转矩负载　对于恒转矩负载，则有两种选用情况。采用普通功能型变频器的例子不少，为了实现恒转矩调速，常采用加大电动机和变频器容量的方法，以提高低速转矩；如果采用具有转矩控制功能的高功能型变频器，来实现恒转矩负载的调速运行，则是比较理想的。因为这种变频器低速转矩大、静态机械特性硬度大、不怕冲击性负载，具有挖土机特性。

对动态性能要求较高的轧钢、造纸、塑料薄膜生产线，可以采用精度高、响应快的矢量控制的高性能型通用变频器。

(3) 恒功率负载　对于恒功率负载特性是依靠 U/f 控制方式来实现的，没有恒功率特性的变频器，通常可以选择普通功能型 U/f 控制变频器。如卷绕控制、机械加工设备，可利用变频器弱磁点以上的近似恒功率特性来实现恒功率控制。

对于动态性能和精确度要求高的卷取机械，须采用有矢量控制功能的变频器。

2.2.2 变频器防护等级的选择

变频器的防护等级见表 2-1。

表 2-1　变频器的防护等级

防护等级	适用场所
IP00	用于电控室内
IP20	干燥、清洁、无尘的环境
IP40	防溅水、不防尘
IP54	有一定防尘功能,用于一般温热环境
IP65	用于较多尘埃,有较高温热且有腐蚀性气体的环境

变频器在运行时，内部产生较大的热量，考虑到散热的经济性，除小容量的变频器外，一般采用开启式或封闭式结构，即 IP00 或 IP20，根据要求也可选用 IP40、IP54 和 IP65 等。

2.2.3 变频器容量的选择

1. 变频器容量选择方法

变频器容量的选择由很多因素决定，例如电动机容量、电动机额定电流、电动机加速时间等。其中，最主要的是电动机额定电流。

(1) 一台变频器驱动一台电动机时　当连续恒载运转时，所需变频器的容量必须同时满足下列各项计算公式。

满足负载输出：

$$P_{CN} \geqslant \frac{kP_M}{\eta\cos\varphi} \tag{2-1}$$

满足电动机容量：

$$P_{CN} \geqslant \sqrt{3}kU_M I_M \times 10^{-3} \tag{2-2}$$

满足电动机电流：

$$I_{CN} \geqslant kI_M \tag{2-3}$$

式中　P_{CN}——变频器的额定容量 (kV·A)；

I_{CN}——变频器的额定电流（A）；
P_M——负载要求的电动机的轴输出功率（kW）；
U_M——电动机的额定电压（V）；
I_M——电动机的额定电流（A）；
η——电动机的效率，通常约为 0.85；
$\cos\varphi$——电动机的功率因数，通常约为 0.75；
k——电流波形的修正系数，对 PWM 控制方式的变频器，取 1.05~1.10。

（2）一台变频器驱动多台电动机时　当一台变频器同时驱动多台电动机，即成组驱动时，一定要保证变频器的额定输出电流大于所有电动机额定电流的总和。对于连续运行的变频器，当过载能力为150%、持续时间为1min时，必须同时满足下列两项计算公式。

1）满足驱动时容量，即

$$jP_{CN} \geqslant \frac{kP_M}{\eta\cos\varphi}[N_T + N_S(k_S - 1)] = P_{C1}\left[1 + \frac{N_S}{N_T}(k_S - 1)\right] \tag{2-4}$$

$$P_{C1} = \frac{kP_M N_T}{\eta\cos\varphi} \tag{2-5}$$

2）满足电动机电流，即

$$jI_{CN} \geqslant N_T I_M \left[1 + \frac{N_S}{N_T}(k_S - 1)\right] \tag{2-6}$$

式中　P_{CN}——变频器的额定容量（kV · A）；
I_{CN}——变频器的额定电流（A）；
P_M——负载要求的电动机的轴输出功率（kW）；
I_M——电动机的额定电流（A）；
η——电动机的效率，通常约为 0.85；
$\cos\varphi$——电动机的功率因数，通常约为 0.75；
N_T——电动机并联的台数；
N_S——电动机同时起动的台数；
k——电流波形的修正系数，对 PWM 控制方式的变频器，取 1.05~1.10；
k_S——电动机起动电流与电动机额定电流之比；
P_{C1}——连续容量（kV · A）；
j——系数，当电动机加速时间在 1min 以内时，$j = 1.5$；当电动机加速时间在 1min 以上时，$j = 1.0$。

（3）大惯性负载起动时

变频器的容量应满足

$$P_{CN} \geqslant \frac{kn_M}{9550\eta\cos\varphi}\left(T_L + \frac{GD^2 n_M}{375\ t_A}\right) \tag{2-7}$$

式中 P_{CN}——变频器的额定容量（kV·A）；

GD^2——换算到电动机轴上的总飞轮力矩（$N \cdot m^2$）；

T_L——负载转矩（N·m）；

η——电动机的效率，通常约为0.85；

$\cos\varphi$——电动机的功率因数，通常约为0.75；

t_A——电动机加速时间（s），根据负载要求确定；

k——电流波形的修正系数，对PWM控制方式的变频器，取1.05~1.10；

n_M——电动机的额定转速（r/min）。

2. 变频器容量选择实例

（1）按电动机的标称功率选择变频器的容量　按照电动机的标称功率选择变频器的容量只适合作为初步投资估算依据，一般在不清楚电动机额定电流时使用，比如电动机型号还没有最后确定的情况。

如果电动机拖动的是恒转矩负载，作为估算依据，一般可以按放大一个功率等级估算，例如，额定功率为45kW的电动机可以选择55kW的变频器。在需要按照过载能力选择时可以放大一倍来估算，例如，45kW的电动机可以选择90kW的变频器。

如果电动机拖动的是风机、泵类负载（即二次方转矩负载），一般可以直接按照标称功率作为最终选择依据，并且不必放大，例如，45kW的风机电动机就选择45kW变频器。这是因为二次方转矩负载的定子电流对于频率较敏感，当发现实际电动机电流超过变频器额定电流时，只要将频率上限限制小一点，例如，将输出频率上限由50Hz降低到49Hz，最大风量大约会降低2%，最大电流则降低大约4%。这样就不会造成保护动作，而最大风量的降低却很有限，对应用影响不大。

（2）按电动机的额定电流选择变频器容量　对于多数的恒转矩负载，可以按照下面公式选择变频器规格。

$$I_{CN} \geqslant k_1 I_M \tag{2-8}$$

式中 k_1——电流裕量系数，根据应用情况，可取为1.05~1.15。一般情况取较小值，在电动机持续负载率超过80%时则应该取较大值，因为多数变频器的额定电流都是以持续负载率不超过80%时来确定的。另外，起动、停止频繁的时候也应该考虑取大值，这是因为在起动和制动过程中，电动机的电流会短时超过其额定电流，频繁起动、停止则相当于增加了负载率。

例 2-1　一台三相异步电动机的额定功率为 110kW、额定电流为 212A，请按电动机的额定电流选择变频器容量。

解：取 k_1 为 1.05，按照上式计算，可得变频器额定电流 $I_{CN}=1.05\times212A=222.6A$，可选择某型号 110kW 的变频器，其额定电流为 224A。

这里的 k_1 主要是为防止电动机的功率选择偏低，实际运行时经常轻微超载而设置的。这种情况对于电动机而言是允许的，但若不考虑 k_1，则会造成变频器负担过重而影响其使用寿命。在变频器内部设定电动机额定电流时不应该考虑 k_1，否则，变频器对电动机的保护就不会有效了。例如，在例 2-1 中，在变频器上设定电动机额定电流时应该是 212A，而不是 222.6A。

多数情况下，按照上式计算的结果，变频器的功率与电动机的功率都是匹配的，不需要放大，因此在选择变频器时盲目把功率放大一级是不可取的，这样会造成不必要的浪费。

这里的裕量系数主要是为防止电动机的功率选择偏低，实际运行时经常轻微超载而设置的。这种情况对于电动机而言是允许的，但若不设置裕量系数，则会造成变频器负担过重而影响其使用寿命。在变频器内部设定电动机额定电流时不应该考虑裕量系数，否则，变频器对电动机的保护就不会有效了。例如，在例 2-1 中，在变频器上设定电动机额定电流时应该是 212A，而不是 222.6A。

（3）按电动机实际运行电流选择变频器容量　下面方式特别适用于技术改造工程，其计算公式为

$$I_{CN}\geqslant k_2 I_d \tag{2-9}$$

式中　k_2——裕量系数，考虑到测量误差，k_2 可取 1.1~1.2，在频繁起动、停止时应该取大值；

I_d——电动机实测运行电流，指的是稳态运行电流，不包括起动、停止和负载突变时的动态电流，实测时应该针对不同工况进行多次测量，取其中最大值。

按照式（2-9）计算时，变频器的标称功率可能小于电动机的额定功率。由于降低变频器容量不仅会降低稳定运行时的功率，也会降低最大过载转矩，电动机的转矩降低太多时可能导致起动困难，所以按照式（2-9）计算后，实际选择时用于驱动恒转矩负载的变频器标称功率不应小于电动机额定功率的 80%，用于驱动风机、泵类负载的变频器标称功率不应小于电动机额定功率的 65%。如果应用时对起动时间有要求，则通常不应该降低变频器的功率。

例 2-2　某风机电动机的额定功率为 90kW，额定电流为 158.2A，实测稳定运行电流在 86~98A 之间变化，起动时间没有特殊要求。请按电动机实际运行电流选择变频器容量。

解：取 $I_d=98A$，$k_2=1.1$，按照式（2-9）计算，则变频器额定电流为

$$I_{CN} \geqslant k_2 I_d = 1.1 \times 98A = 107.8A$$

因为变频器额定电流应不小于 107.8A，所以可选择某型号 55kW 的变频器，其额定电流为 112A。

由于该电动机驱动的是风机、泵类负载，但是，55/90=61.1%<65%，所以不能选择 55kW 的变频器。因此，实际选择该型号 75kW 的变频器，75/90=83.3%>65%，符合要求。

当变频器的标称功率选择小于电动机的额定功率时，不能按照电动机的额定电流进行保护，这时可不更改变频器内的电动机额定电流，直接使用默认值，变频器将会把电动机当作标称功率电动机进行保护。如例 2-2 中，变频器会把那台电动机当作 75kW 电动机来保护。

（4）按照转矩过载能力选择变频器容量　变频器的电流过载能力通常比电动机的转矩过载能力低，因此，如果按照常规方法为电动机配备变频器，则该电动机的转矩过载能力就不能充分发挥作用。

由于变频器能够控制在稳定过载转矩下持续加速直到全速运行，因此，平均加速度并不低于直接起动的情况，所以，对于一般负载而言，按照常规的方法选择变频器没有什么问题。但是，在大转动惯量情况下，同样电磁转矩的加速度较低，如果要求较快加速，则需要加大电动机的电磁转矩；另外，在正常的转动惯量情况下，电动机从零速加速到全速的时间通常需要 2~5s，如果应用时要求加速时间更短，也需要加大电动机的电磁转矩；而且对于转矩波动型或者冲击转矩负载，瞬间转矩可能达到额定转矩的 2 倍以上，为防止保护动作，也需要加大电动机的电磁转矩。在上述三种情况下充分发挥电动机的转矩过载能力是十分必要的，所以应该按照下式选择变频器。

$$I_{CN} \geqslant k_3 \frac{\lambda_d I_M}{\lambda_f} \tag{2-10}$$

式中　λ_d——电动机的转矩过载倍数；

λ_f——变频器的电流短时过载倍数；

k_3——电流/转矩系数。

电动机的转矩过载倍数可以从电动机产品样本查得，变频器的电流 1min 过载倍数为 150%时，最大瞬间过载电流倍数为 200%，可用的短时过载倍数可按 1.6~1.7 选取。由于电动机起动时，电动机的磁通衰减和转子功率因数降低，所以电动机最大转矩时的电流过载倍数要大于转矩过载倍数，因此电流/转矩系数 k_3 是应该大于 1 的，可以选择为 1.1~ 1.15。当采用变频器进行矢量控制和直接转矩控制时，磁通基本不会衰减，这时电动机实际转矩过载能力将大于产品样本值。

例 2-3 某轧钢机的飞剪机构，其电动机的额定功率为 110kW，额定电流 200.2A，转矩过载倍数为 2.8。在空刃位置时要求其低速运行以提高定尺精度，进入剪切位置前则要求其快速加速到线速度与钢材速度同步，请按照转矩过载能力选择变频器。

解： 取电流/转矩系数为 1.15，变频器短时过载倍数为 1.7，则变频器额定电流为

$$I_{CN} \geqslant k_3 \frac{\lambda_d I_M}{\lambda_f} = 1.15 \times \frac{2.5 \times 200.2}{1.7} A = 338.6A$$

因为变频器的额定电流应不小于 338.6A，所以选择某型号 200kW 变频器，额定电流为 377A。

由此可以看出，若按照转矩过载能力选择变频器，则系统投资将大幅度增加。如果获得的信息足够确认实际需要的转矩过载倍数，则可以用实际需要的过载倍数代替电动机转矩过载倍数代入式（2-10）计算，这样可以适当减小系统投资。如某冲击负载，已知最大冲击负载转矩为电动机额定转矩的 1.8 倍，则考虑安全系数后，以实际需要过载倍数为 2 代入式（2-10）计算，由于过载倍数不高，因此电流/转矩系数可以选择为 1.1，这样也可以适当减小系统投资。

按照转矩过载能力选择变频器是以动态加速情况及负载波动情况为考虑依据的，如果应在实际应用中需要这样选择，那么即使实测电动机的稳态运行电流很低，也应该按照式（2-10）的计算值来选择变频器。

（5）电动机直接起动时变频器容量的选择　通常，三相异步电动机直接用工频起动时，其起动电流为额定电流的 4～7 倍。对功率小于 10kW 的电动机直接起动，可按下式选取变频器。

$$I_{CN} \geqslant \frac{I_{st}}{K_g} \tag{2-11}$$

式中　I_{st}——在额定电压、额定频率下，电动机直接起动时的起动电流（又称堵转电流）（A）；

K_g——变频器的允许过载倍数，$K_g = 1.3 \sim 1.5$。

例 2-4 一台三相异步电动机的额定功率为 7.5kW，额定电流为 15.3A，起动电流倍数（又称堵转电流倍数）$k_{st} = 5.0$ 倍。该电动机直接用工频起动。请按照电动机直接起动选择变频器。

解： 1）电动机的起动电流为

$$I_{st} = k_{st} I_{MN} = 5.0 \times 15.3A = 76.5A$$

2）取变频器的允许过载倍数 $K_g = 1.4$，则变频器额定电流为

$$I_{CN} \geqslant \frac{I_{st}}{K_g} = \frac{76.5}{1.4} A = 54.6A$$

因为变频器的额定电流应不小于 54.6A，所以选择某型号 30kW 变频器，额定电流为 60A。

(6) 一台变频器驱动一台电动机时变频器容量的选择　由于变频器传给电动机的是脉冲电流，其脉动值比工频供电时电流要大，因此，须将变频器的容量留有适当的裕量。当电动机连续恒载运转时，变频器应同时满足式 (2-1) ~ 式 (2-3) 三个条件。

例 2-5　一台笼型三相异步电动机，极数为 4 极，额定功率为 5.5kW、额定电压 380 V、额定电流为 11.6A、额定频率为 50Hz、额定效率为 85.5%、额定功率因数为 0.84。试选择一台通用变频器（采用 PWM 控制方式）。

解：因为采用 PWM 控制方式的变频器，所以取电流波形的修正系数 $k=1.10$，根据已知条件可得

$$P_{CN} \geqslant \frac{kP_M}{\eta\cos\varphi} = \frac{1.10 \times 5.5}{0.855 \times 0.84} \text{kV} \cdot \text{A} = 8.424 \text{kV} \cdot \text{A}$$

$$P_{CN} \geqslant \sqrt{3} kU_M I_M \times 10^{-3} = \sqrt{3} \times 1.10 \times 380 \times 11.6 \times 10^{-3} \text{kV} \cdot \text{A} = 8.398 \text{kV} \cdot \text{A}$$

$$I_{CN} \geqslant kI_M = 1.10 \times 11.6 \text{A} = 12.76 \text{A}$$

根据日立 L100 系列小型通用变频器技术数据，故可选用 L100—055HFE 型或 L100—055HFU 型通用变频器，其额定容量 $P_{CN}=10.3\text{kV}\cdot\text{A}$，额定输出电流 $I_{CN}=13\text{A}$，可以满足上述要求。

例 2-6　一台笼型三相异步电动机，极数为 6 极、额定功率为 5.5kW、额定电源为 380V、额定电流为 12.6A、额定频率为 50Hz、额定效率为 85.3%、额定功率因数为 0.78。试选择一台通用变频器（采用 PWM 控制方式）。

解：因为采用 PWM 控制方式，所以取电流波形的修正系数 $k=1.10$，根据已知条件可得

$$P_{CN} \geqslant \frac{kP_M}{\eta\cos\varphi} = \frac{1.10 \times 5.5}{0.853 \times 0.78} \text{kV} \cdot \text{A} = 9.093 \text{kV} \cdot \text{A}$$

$$P_{CN} \geqslant \sqrt{3} kU_M I_M \times 10^{-3} = \sqrt{3} \times 1.10 \times 380 \times 12.6 \times 10^{-3} \text{kV} \cdot \text{A} = 9.122 \text{kV} \cdot \text{A}$$

$$I_{CN} \geqslant kI_M = 1.10 \times 12.6 \text{A} = 13.86 \text{A}$$

故可选用 L100—075HFE 型或 L100—075HFU 型通用变频器，其 $P_{CN}=12.7\text{kV}\cdot\text{A}$，$I_{CN}=16\text{A}$，可以满足上述要求。

(7) 指定加速时间时变频器容量的选择　如果变频器作为电动机的驱动电源，变频器的短时最大电流一般不超过额定电流的 200%。当实际电流超过额定值的 150%以上时，变频器就会进行过电流保护或防失速保护而停止加速，以保持转差率不要过大。由于防失速功能的作用，实际加速时间加长了。防失速功能作用下的加减速控制曲线如图 2-1 所示。

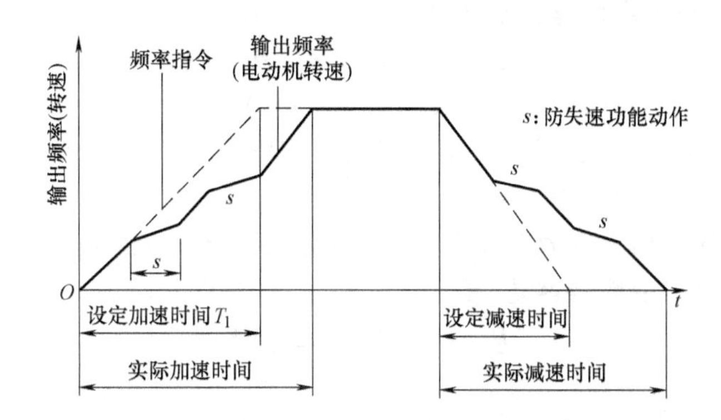

图 2-1 防失速功能作用下的加减速控制曲线

如果生产设备对加速时间有特殊要求，则必须先核算变频器的容量是否能够满足所要求的加速时间。如不能满足要求，则要加大一档变频器的容量。

在指定加速时间的情况下，变频器所必需的容量按下式计算，即

$$P_{CN} \geqslant \frac{kn}{937\eta\cos\varphi}T_L + \frac{GD^2 n_M}{375t_A} \tag{2-12}$$

式中 P_{CN}——变频器容量（kV · A）；

k——电流波形补偿系数，PWM 控制方式时，取 1.05~1.1；

n_M——电动机额定转速（r/min）；

T_L——负载转矩（N · m）；

η——电动机效率，通常约为 0.85；

$\cos\varphi$——电动机功率因数，通常约为 0.75；

GD^2——换算到的电动机轴上的飞轮力矩（N · m）；

t_A——电动机加速时间（s）。

（8）变频器与离心泵配合使用时变频器容量的选择　对于控制离心泵的变频器，可用下列公式确定变频器容量，即

$$P_{CN} = K_1(P_1 - K_2 Q\Delta H) \tag{2-13}$$

式中 P_{CN}——变频器测算容量（kW）；

K_1——考虑电动机和泵调速后的效率变化系数，一般取 1.1~1.2；

P_1——节流运行时电动机实测功率（kW）；

K_2——换算系数，$K_2 = 0.278$；

ΔH——泵出口压力与干线压力之差（MPa）；

Q——泵的实测流量（m^3/h）。

或者

$$P_{CN} = K_1 P_1(1 - \Delta H/H) \tag{2-14}$$

式中 P_{CN}——变频器测算容量（kW）；

K_1——考虑电动机和泵调速后的效率变化系数，一般取 1.1~1.2；

P_1——节流运行时电动机实测功率（kW）；

ΔH——泵出口压力与干线压力之差（MPa）；

H——泵出口压力（MPa）。

对于往复泵，由于它的多余能量消耗在打回流上，它的输出压力不变，所以可用下列公式确定变频器容量，即

$$P_{CN}=K_1(P_1-K_2\Delta QH) \tag{2-15}$$

或者

$$P_{CN}=K_1P_1(1-\Delta Q/Q) \tag{2-16}$$

式中 P_{CN}——变频器测算容量（kW）；

K_1——考虑电动机和泵调速后的效率变化系数，一般取 1.1~1.2；

P_1——节流运行时电动机实测功率（kW）；

ΔQ——泵打回流时的回流量（m^3/h）；

Q——泵的实测排量（m^3/h）；

K_2——换算系数，$K_2=0.278$；

H——泵出口压力（MPa）。

按上述公式计算出变频器容量后，若计算值在变频器两容量之间，应向大一级容量选择，以确保变频器的安全运行。

例 2-7 已知 6SH-6 型泵的测试结果为：配套电动机 55kW，额定电流 103A，泵扬程 89m，额定流量 $168m^3/h$，$P_1=51.1kW$，$Q=164.0m^3/h$，$\Delta H=0.57MPa$，求适用变频器的容量。

解：将上述参数代入式（2-13），得

$$P_{CN}=K_1(P_1-K_2Q\Delta H)=1.1\times(51.1-0.278\times164\times0.57)kW\approx27.624kW$$

则变频器应选容量为 27.624kW。考虑到变频器的可选容量，选用 30kW 的变频器。

2.2.4 通用变频器用于特种电动机时的注意事项

上述变频器类型、容量的选择方法，均适用于普通笼型三相异步电动机。但是，当通用变频器用于其他特种电动机时，还应注意以下几点：

1）通用变频器用于控制高速电动机时，由于高速电动机的电抗小，会产生较多的谐波，这些谐波会使变频器的输出电流值增加。因此，选择的变频器容量应比驱动普通电动机的变频器容量稍大一些。

2）通用变频器用于变极电动机时，应充分注意选择变频器的容量，使电动机的最大运行电流小于变频器的额定输出电流。另外，在运行中进行极数转换

时，应先停止电动机工作，否则会造成电动机空载加速，严重时会造成变频器损坏。

3）通用变频器用于控制防爆电动机时，由于变频器没有防爆性能，应考虑是否将变频器设置在危险场所之外。

4）通用变频器用于齿轮减速电动机时，使用范围受到齿轮传动部分润滑方式的制约。润滑油润滑时，在低速范围内没有限制；在超过额定转速以上的高速范围内，有可能发生润滑油欠供的情况。因此，要考虑最高转速允许值。

5）通用变频器用于绕线转子异步电动机时，应注意绕线转子异步电动机与普通异步电动机相比，绕线转子异步电动机绕组的阻抗小，因此容易发生由于谐波电流而引起的过电流跳闸现象，故应选择比通常容量稍大的变频器。一般绕线转子异步电动机多用于飞轮力矩（飞轮惯量）GD^2较大的场合，在设定加减速时间时应特别注意核对，必要时应经过计算。

6）通用变频器用于同步电动机时，与工频电源相比会降低输出容量 10% ~ 20%，变频器的连续输出电流要大于同步电动机的额定电流。

7）通用变频器用于压缩机、振动机等转矩波动大的负载及油压泵等有功率峰值的负载时，有时按照电动机的额定电流选择变频器，可能会发生峰值电流使过电流保护动作的情况。因此，应选择比其在工频运行下的最大电流更大的运行电流作为选择变频器容量的依据。

8）通用变频器用于潜水泵电动机时，因为潜水泵电动机的额定电流比普通电动机的额定电流大，所以选择变频器时，其额定电流要大于潜水泵电动机的额定电流。

总之，在选择和使用变频器前，应仔细阅读产品样本和使用说明书，有不当之处应及时调整，然后再依次进行选型、购买、安装、接线、设置参数、试车和投入运行。

值得一提的是，通用变频器的输出端允许连接的电缆长度是有限制的，若需要长电缆运行，或一台变频器控制多台电动机时，应采取措施抑制对地耦合电容的影响，并应放大一、二档选择变频器的容量或在变频器的输出端选择安装输出电抗器。另外，在此种情况下变频器的控制方式只能为 U/f 控制方式，并且变频器无法实现对电动机的保护，需在每台电动机上加装热继电器实现保护。

2.3　变频调速系统电动机的选择

2.3.1　电动机类型的选择

通用变频调速系统所配套的三相异步电动机一般有普通电动机、通用变频电动机与特殊高速电动机等三类。

1. 普通电动机

由于普通三相异步电动机结构简单、价格低廉、维修方便，所以普通三相异步电动机的使用非常广泛。但是，普通电动机在设计时并没有专门考虑到变频调速的要求，因此，在选用时必须注意以下几个方面。

1）普通电动机一般采用转子带风扇叶的“自扇冷”结构，因此，当电动机低速运行时，其散热能力将受到影响。

2）普通电动机是为工频、额定运行而设计的电动机，它没有考虑额定转速以上的运行要求，因此，当电动机高速运行时，将受到轴承、动平衡等因素的影响。

3）由于电动机的生产厂家众多，普通电动机的产品质量相差甚远，因此，在采用变频调速后，电动机的负载能力和过载性能都将比工频、额定运行有较大的下降。

在变频调速系统中选用普通电动机时，需要注意以下几点：

1）由于电动机结构的限制，最高运行频率原则上不应超过60Hz。

2）由于电动机散热条件的限制，最低运行频率原则上不应低于10Hz。

3）用于恒转矩调速时，应选择额定转矩是负载转矩2倍的电动机进行驱动。

2. 通用变频电动机

通用变频电动机同样具有结构简单、价格低廉、维修方便等优点。由于这类电动机在设计时已经考虑了变频调速的要求，所以其结构有以下几个特点：

1）变频电动机一般采用独立供电的冷却风机进行冷却，当变频电动机低速运行时，不会影响本身的散热能力，变频电动机的过载能力与起动性能都要优于普通电动机。

2）由于变频电动机已经考虑额定转速以上的运行要求，所以允许的最高转速大；另外，由于变频调速电动机具有独立的冷却风机进行散热，所以允许的最低转速小。因此，其调速范围比普通电动机的调速范围宽。

3）由于变频电动机的产品性能相对统一，输出特性得到了改善，因此，其负载能力和过载性能比普通电动机要好。

在变频调速系统中选用通用变频电动机时，需要注意以下几点：

1）变频电动机的高速性能好，电动机的最高运行频率通常可以达到100～300Hz（取决于电动机）。

2）由于散热条件的改善，变频电动机可以在较低的频率下运行，并且有相应的负载能力和过载性能。

3）虽然变频电动机的调速范围大，但它并不能解决变频调速的固有问题。

因此，在恒转矩调速时，仍然应选择额定转矩是负载转矩 1.5~2 倍的电动机进行驱动。

3. 特殊高速电动机

特殊高速电动机是指在正常情况下需要工作在高频的特殊电动机，如内圆磨床用的电动机等。高速电动机的结构与普通电动机的结构有很大的差别，高速电动机有以下几个特点：

1）高速电动机的外观各异，结构不固定，且无冷却风机，电动机的散热条件恶劣，在设计时必须考虑采用强制冷却措施，防止电动机的温度超过允许范围。

2）高速电动机设计时主要考虑的是高速、高频运行要求，因此，电动机允许的最高转速高，轴承选择、结构动平衡措施完善。但是结构刚性较差，不能承受较大的轴向载荷与轴向冲击，也不宜用于低速。

3）高速电动机的绕组设计紧凑，起动电流大；同时，由于电动机的转速高（通常在 20000r/min 以上），因此，虽然其输出功率大，但输出转矩一般较小。

在变频调速系统中选用高速电动机时，需要注意以下几点：

1）高速电动机适用于高速运行，它可以在电动机的最高频率下（通常可达 300~600Hz）工作，但是低速性能较差。

2）由于散热条件恶劣，高速电动机原则上不可以过载运行，电动机和变频器必须留有足够大的余量。

3）由于高速大大降低参数变化范围，所以矢量控制往往难以实现，因此，一般只能在 U/f 控制下使用。

4）高速电动机的性能参数特殊，起动电流与额定工作电流之间的差距大，变频器的选用与参数设定必须正确、合理，有时需要通过反复试验，才能确定正确的变频器参数。

2.3.2　电动机功率的选择

1. 注意事项

在用变频器构成变频调速系统时，有时需要利用原有电动机，有时需要增加新电动机，但无论哪种情况，不仅要核算所必需的电动机的功率，在选择电动机的功率时还必须注意以下几点：

1）注意变频调速与传统机械调速方式之间的区别。在采用机械变速时，电动机始终工作在额定状态，电动机经减速机减速后的输出转矩可以随着转速的下降同比例增加。例如，对于额定输出转矩为 40N · m 的电动机，经过 2 : 1 减速后，输出转矩可以达到 80N · m。但是，采用变频调速时，在转速降低时不但不能增加转矩，而且还会导致输出转矩的下降（对于额定频率为 50Hz 的电动机，在25Hz工作时的实际输出转矩只有额定转矩的85%左右）。因此，在变频调速系统必须按照低速运行时的最大负载转矩与最大转矩时可能出现的最高转速来确定电动机的额定转矩与功率。

2）注意电动机的温升。采用变频调速后，电动机在不同频率下的损耗将大于额定频率时的损耗，电动机的温升也将比额定频率时的温升高，因此，即使是同功率的负载，采用变频调速时的电动机也应比在额定频率下工作的电动机增加15%～20%的功率。

3）当变频调速系统需要长时间低速工作时，必须采用独立供电的风机等冷却措施。

2. 选择方法

由于普通电动机的铭牌中一般只标出额定功率、额定电压、额定频率、额定电流和额定转速，但是选择电动机时则需要额定转矩。功率 P 与转矩 T 两者可以根据下式进行换算，即

$$P=T\Omega=T\frac{2\pi}{60}n=\frac{1}{9.55}Tn \tag{2-17}$$

式中，功率 P 的单位为W，转矩 T 的单位为N·m，角速度的单位为rad/s，转速 n 的单位为r/min。

由于电动机的功率通常用kW表示，所以式（2-17）可以改为

$$P=\frac{1}{9550}Tn \tag{2-18}$$

式中，功率 P 的单位为kW，转矩 T 的单位为N·m，转速 n 的单位为r/min。

选择电动机的功率 P 时式（2-17）和式（2-18）中的转矩 T 应取大于负载的最大转矩，转速 n 一般应为最高转速。式（2-17）和式（2-18）计算出的功率称为电动机的理论功率。

在考虑变频调速损耗与安全余量后，作为简单的方法，电动机的额定功率可以按照下式进行选择，即

$$P_{MN}\geqslant(1.5\sim2.0)P \tag{2-19}$$

此外，电动机的功率还可以根据实际的变频调速输出特性曲线，通过最低频率时的实际输出转矩，在考虑各方面的损耗与余量后确定。

由于电动机由通用变频器供电，其机械特性与直接电网供电时有所不同，所以电动机的功率需要按通用变频器供电的条件选择，否则难以达到预期的目的，甚至造成不必要的经济损失。下面以最常用的普通异步电动机为例，说明采用通用变频器构成变频调速系统时，如何选择或确定电动机的功率及一般需要考虑的因素。

1）所确定的电动机功率应大于负载所需要的功率，应以正常运行速度时所

需的最大输出功率为依据，当环境较差时宜留一定的裕量。

2）应使所选择的电动机的最大转矩与负载所需要的起动转矩相比有足够的裕量。

3）所选择的电动机在整个运行范围内，均应有足够的输出转矩。当需要拆除原有的减速箱时，应按原来的减速比考虑增大电动机的功率。

4）应考虑低速运行时电动机的温升能够在规定的温升范围内，确保电动机的寿命周期。

5）针对被拖动机械负载的性质，确定合适的电动机运行方式。

考虑以上条件，实际的电动机容量可根据“电动机的功率=被驱动负载所需的功率+将负载加速或减速到所需速度的功率”的原则来定。

2.3.3 电动机转速的选择

选择电动机的额定转速时，主要应考虑电动机在变频工作时的最高转速要求，系统所要求的最低转速需通过变频器的调速范围保证，当两者不能兼顾时，应增加机械变速装置或采取其他措施（如变极调速等）。

实践证明，对于额定频率为50Hz的普通三相异步电动机，允许正常工作的频率为60Hz，因此，对于采用普通电动机的变频调速系统，如系统要求的电动机最高转速为n_{max}，则电动机额定转速n_{MN}应保证

$$n_{MN} \geqslant \frac{n_{max}}{1.2}$$

而对于变频电动机与特殊高速电动机，则应根据电动机最高工作频率与额定转速进行计算。

例2-8 已知某输送设备利用同步带进行传动，输送装置配套有速比$i=4$的机械减速器，要求减速器输出转速范围为80~360r/min，调速精度为±1%；驱动输送带所需要的转矩为$T_L=310N \cdot m$（存在短时200%过载）。拟采用变频器进行调速，试确定驱动电动机的主要参数。

（1）确定电动机的额定转速n_{MN}　根据实际转速与速比i可以直接计算出本输送带驱动电动机的实际工作转速范围为320~1440r/min，因此，可以选择电动机的同步转速为1500r/min（极对数为2，额定转速n_{MN}在1450r/min左右）。

（2）电动机的功率估算法　变频器的机械减速器装置$i=4$；负载转矩经过减速器后折算到电动机侧的转矩为

$$T=\frac{T_L}{i}=310N \cdot m/4=77.5N \cdot m$$

在不考虑变频调速影响时，从理论上说，电动机的理论功率为

$$P=\frac{1}{9550}Tn=\frac{77.5\times1440}{9550}\text{kW}=11.69\text{kW}$$

若考虑变频调速损耗，按照式（2-19）进行估算，电动机的额定功率应为

$$P_{MN}=(1.5\sim2)P=(1.5\sim2)\times11.69\text{kW}=17.54\sim23.38\text{kW}$$

为此，可以选择 18.5kW 或 22kW 的普通三相异步电动机。

所以，本例可以选择 18.5kW 的异步电动机，电动机参考型号为 Y180M—4；电动机参数为 $P_{MN}=18.5\text{kW}$、$n_{MN}=1470\text{r/min}$、$f_N=50\text{Hz}$、$I_{MN}=35.9\text{A}$。

2.4 变频器外围设备的选择

在组建变频调速系统时，首先要根据负载选择变频器。在选定了变频器以后，下一步的工作就是根据需要选择与变频器配合工作的各种配套设备（又称外围设备）。选择变频器的外围设备主要有以下几个目的：

1）保证变频器驱动系统能够正常工作。

2）提供对变频器和电动机的保护。

3）减少对其他设备的影响。

变频器的外围设备在变频器工作中起着举足轻重的作用。例如，变频器主电路设备直接接触高电压大电流，主电路外围设备选用不当，轻则变频器不能正常工作，重则会损坏变频器。为了让变频调速系统正常可靠地工作，正确选用变频器的外围设备非常重要。

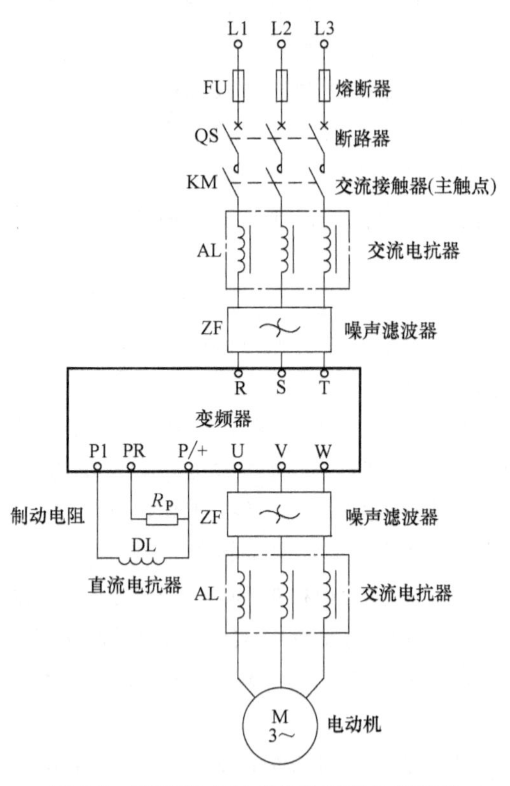

图 2-2　变频器主电路的外围设备和接线

变频器主电路的外围设备有熔断器、断路器、交流接触器（主触点）、交流电抗器、噪声滤波器、制动电阻、直接电抗器和热继电器（发热元件）等。变频器主电路的外围设备和接线如图 2-2 所示，这是一个较齐全的

主电路接线图。外围设备可根据需要选择，在实际中有些设备可不采用，但是，断路器、电动机等一般是必备的。

2.4.1 熔断器和断路器的选择

1. 熔断器的选择

熔断器的基本结构主要由熔体、安装熔体的熔管（或盖、座）、触点和绝缘底板等组成。其中，熔体是指当电流大于规定值并超过规定时间后融化的熔断体部件，它是熔断器的核心部件，它既是感测元件又是执行元件，一般用金属材料制成，熔体材料具有相对熔点低、特性稳定、易于熔断等特点。

熔断器的工作原理实际上是一种利用热效应原理工作的保护电器，它通常串联在被保护的电路中，并应接在电源相线输入端。当电路为正常负载电流时，熔体的温度较低；而当电路中发生短路或过载故障时，通过熔体的电流随之增大，熔体开始发热。当电流达到或超过某一定值时，熔体温度将升高到熔点，便自行熔断，分断故障电路，从而达到保护电路和电气设备、防止故障扩大的目的。熔体的保护作用是一次性的，一旦熔断即失去作用，应在故障排除后，更换新的相同规格的熔体。

熔断器结构简单、使用方便、价格低廉，广泛应用于低压配电系统和控制电路中，主要作为短路保护元件，也常作为单台电气设备的过载保护（又称过电流保护）元件。

熔断器按结构形式可分为半封闭插入式熔断器、无填料封闭管式熔断器、有填料封闭管式熔断器、快速熔断器和自复熔断器五类。

熔断器选择的一般原则如下：

1）应根据使用条件确定熔断器的类型。

2）选择熔断器的规格时，应首先选定熔体的规格，然后再根据熔体去选择熔断器的规格。

3）在配电系统中，各级熔断器应相互匹配，一般上一级熔体的额定电流要比下一级熔体的额定电流大 2~3 倍。

4）熔断器的额定电流应不小于熔体的额定电流；额定分断能力应大于电路中可能出现的最大短路电流。

5）熔断器的额定电压应等于或大于所在电路的额定电压。

熔断器用来对变频器进行过电流保护时，熔体的额定电流 I_{UN} 可根据下式选择：

$$I_{UN}>(1.1\sim2.0)I_{MN}$$

式中 I_{UN}——熔体的额定电流（A）；

I_{MN}——电动机的额定电流（A）。

2. 断路器的选择

断路器俗称自动空气开关，是指能接通、承载以及分断正常电路条件下的电流，也能在规定的非正常电路条件（例如短路）下接通、承载一定时间和分断电流的一种机械开关电器。按规定条件，对配电电路、电动机或其他用电设备实行通断操作并起保护作用，即当电路内出现过载、短路或欠电压等情况时能自动分断电路的开关电器。

断路器按结构形式，可分为万能式（曾称框架式）和塑料外壳式（曾称装置式）。

断路器的主要作用是保护交、直流电路内的电气设备，也可以不频繁地操作电路。断路器具有动作值可调整、兼具过载和保护两种功能、安装方便、分断能力强，特别是在分断故障电流后一般不需要更换零部件等特点，因此应用非常广泛。

在这里断路器除了为变频器接通电源外，还有如下作用：

（1）隔离　当变频器需要检查或修理时，断开断路器，使变频器与电源隔离。

（2）保护　当变频器电路发生过电流、欠电压等故障时，可以快速切断变频器的电源，防止变频器及其线路故障导致电源故障。

由于断路器具有过电流自动掉闸保护功能，为了防止产生误动作，正确选择断路器的额定电流非常重要。断路器的额定电流 I_{QN} 选择分下面两种情况：

1）一般情况下，I_{QN} 可根据下式选择：

$$I_{QN}>(1.3\sim1.4)I_{CN}$$

式中　I_{CN}——变频器的额定电流（A）。

2）在工频和变频切换电路中，I_{QN} 可根据下式选择：

$$I_{QN}>2.5\ I_{MN}$$

式中　I_{MN}——电动机的额定电流（A）。

3. 选择断路器和快速熔断器的注意事项

选用空气断路器和快速熔断器时，需要注意以下几点：

1）变频器接通电源时，有较大的充电电流。对于容量较小的变频器，有可能使断路器或快速熔断器误动作。

2）在变频器的输入电流内，包含大量的谐波成分。因此，电流的峰值有可能比基波分量的幅值大很多，可能导致断路器和快速熔断器误动作。

3）变频器本身具有150%、1min的过载能力。如果断路器和快速熔断器的动作电流过小，将使变频器的过载能力不能发挥作用。

所以，在选择断路器和快速熔断器时，必须注意其“断路电流”的大小，即注意断路器和快速熔断器的保护电流的大小。

2.4.2　接触器的选择

接触器是指仅有一个起始位置，能接通、承载和分断正常电路条件（包括过载运行条件）下的电流的一种非手动操作的机械开关电器。它可用于远距离频繁地接通和分断交、直流主电路和大容量控制电路，具有动作快、控制容量大、使用安全方便、能频繁操作和远距离操作等优点，主要用于控制交、直流电动机，也可用于控制小型发电机、电热装置、电焊机和电容器组等电气设备，是电力拖动自动控制电路中使用最广泛的一种低压电器元件。

接触器能接通和断开负载电流，但不能切断短路电流，因此接触器常与熔断器和热继电器等配合使用。

交流接触器的通用型很强，在这里主要用于变频器出现故障时，自动切断主电源。根据安装位置不同，交流接触器可分为输入侧交流接触器和输出侧交流接触器。

1. 接触器主触点额定电流的选择

（1）输入侧交流接触器　输入侧交流接触器安装在变频器的输入端，它既可以远距离接通和分断三相交流电源，在变频器出现故障时还可以及时切断输入电源。

输入侧交流接触器的主触点接在变频器的输入侧，因为接触器本身并无保护功能，故不考虑误动作的问题。只要其主触点的额定电流大于变频器的额定电流就可以了，所以输出侧交流接触器的主触点额定电流 I_{KN} 可根据下式选择：

$$I_{KN} \geqslant I_{CN}$$

式中　I_{CN}——变频器的额定电流（A）。

（2）输出侧交流接触器　当变频器用于工频/变频切换时，变频器输出端需接输出侧交流接触器。

由于变频器输出电流中含有较多的谐波成分，其电流有效值略大于工频运行的有效值，故输出侧交流接触器的主触点的额定电流应略大于电动机的额定电流，所以输出侧交流接触器的主触点额定电流 I_{KN} 可根据下式选择：

$$I_{KN} > 1.1 I_{MN}$$

式中　I_{MN}——电动机的额定电流（A）。

2. 选择注意事项

由于接触器的安装场所与控制的负载不同，其操作条件与工作的繁重程度也不同。因此，必须对控制负载的工作情况以及接触器本身的性能有一个较全面的了解，力求经济合理、正确地选用接触器。也就是说，在选用接触器时，不仅考虑接触器的铭牌数据，因铭牌上只规定了某一条件下的电流、电压、控制功率等参数，而具体的条件又是多种多样的，因此，在选择接触器时还应注意以下几点：

1）接触器的类型应根据电路中负载电流的种类来选择。也就是说，交流负载应使用交流接触器，直流负载应使用直流接触器。若整个控制系统中主要是交流负载，而直流负载的容量较小，也可全部使用交流接触器，但触点的额定电流应适当大些。

2）选择接触器主触点的额定电流应大于或等于被控电路的额定电流。

若被控电路的负载是电动机，其额定电流，可按下式推算，即

$$I_{MN}=\frac{P_{MN}\times10^3}{\sqrt{3}U_{MN}\cos\varphi_M\eta_M}$$

式中 I_{MN}——电动机的额定电流（A）；

U_{MN}——电动机的额定电压（V）；

P_{MN}——电动机的额定功率（kW）；

$\cos\varphi_M$——电动机的功率因数；

η_M——电动机的效率。

3）接触器主触点的额定工作电压应不小于被控电路的最大工作电压。

4）接触器的额定通断能力应大于通断时电路中的实际电流值；耐受过载电流能力应大于电路中最大工作过载电流值。

5）应根据系统控制要求确定主触点和辅助触点的数量和类型，同时要注意其通断能力和其他额定参数。

2.4.3 电抗器的作用与选择方法

1. 电抗器的分类

具有一定电感值的电器，通称为电抗器。即从本质上讲，电抗器就是一种电感元件，用于电网、电路中，起限流、稳流、无功补偿、移相等作用。

电抗器分为空心电抗器和铁心电抗器两大类。

（1）空心电抗器　空心电抗器只有绕组而中间无铁心，是一个空心的电感线圈。空心电抗器主要用作限流、滤波、阻波等元件，如限流电抗器、分裂电抗器、断路器、低压开关和接触器等型式试验用的试验电抗器等。

（2）铁心电抗器　铁心电抗器结构上与变压器相似，有铁心和绕组。在整体结构上，铁心式并联电抗器与变压器相似，有铁心、绕组、器身绝缘、变压器油、油箱等部件，所不同的是电抗器铁心有气隙，每相只有一个绕组。

2. 交流电抗器的作用与选择方法

（1）交流电抗器的作用　交流电抗器的作用如下：

1）抑制谐波电流，提高变频器的电能利用效率（可将功率因数提高至0.85以上）。

2）由于电抗器对突变电流有一定的阻碍作用，故在接通变频器瞬间，可降低浪涌电流，减小电流对变频器的冲击。

3）可减小三相电源不平衡的影响。

交流电抗器的作用是消除电网中的电流尖峰脉冲与谐波干扰。由于通用变频器一般都采用电压控制型逆变方式，这种逆变方式首先需要将交流电网电压经过整流、电容滤波转变成平稳的直流电压，而大容量的电容充、放电将导致输入端出现尖峰脉冲，对电网产生谐波干扰，影响其他设备的正常运行。从另一方面看，如果电网本身存在尖峰脉冲与谐波干扰，同样也会给变频器上的整流元件与滤波电容带来冲击，并造成元器件的损坏。总之，通过交流电抗器消除尖峰脉冲的干扰，无论对电网还是对变频器都是有利的。

（2）交流电抗器的应用场合　交流电抗器不是变频器必用外部设备，可根据实际情况考虑使用。当遇到下面的情况之一时，可考虑给变频器安装交流电抗器：

1）电源的容量很大，供电电源的变压器容量大于变频器容量 10 倍以上时，应安装交流电抗器。

2）若在同一供电电源中接有容量较大的晶闸管整流设备，或者电源中接有补偿电容（提高功率因数）时，应安装交流电抗器。

3）向变频器供电的三相供电电源不平衡度超过 3%时，应安装交流电抗器。

4）变频器功率大于 30kW 时，应安装交流电抗器。

5）变频器供电电源中含有较多谐波成分时，应考虑安装交流电抗器。

另外，当遇到以下两种情况之一时，变频器的输出侧一般需要考虑接入输出电抗器：

1）电动机与变频器之间的距离较远时，应考虑接入输出电抗器。因为变频器的输出电压是按载波频率变化的高频电压，输出电流中也存在着高频谐波电流。当电动机和变频器之间的距离较远（大于 30m）时，传输线路中，分布电感和分布电容的作用将不可小视。可能使电动机侧电压升高、电动机发生振动等。接入输出电抗器后，可以削减电压和电流中的谐波成分，从而缓解上述现象。

2）轻载的大电动机配用容量较小的变频器时，应考虑接入输出电抗器。例如，一台电动机的额定功率是 75kW，而实际运行功率只有 40kW。这时，可以配用一台 55kW 的变频器。但是必须注意，75kW 电动机的等效电感比 55kW 电动机的等效电感小，故其电流的峰值较大，有可能损坏 55kW 的变频器。接入输出电抗器后，可以削减输出电流的峰值，从而保护变频器。

（3）电抗器的选择　当交流电抗器用于谐波抑制时，如果电抗器所产生的压降能够达到供电电压（相电压）的 3%，就可以使得谐波电流分量降低到原来的 44%，因此一般情况下，变频器配套的交流电抗器的电感量以所产生的压降为供电电压的 2%～4%进行选择，即电感量可以通过下式进行计算：

$$L=(0.02\sim0.04)\frac{U_1}{\sqrt{3}}\frac{1}{2\pi fI_{C1}}$$

式中　U_1——电源线电压（V）；

I_{C1}——变频器的输入电流（A）；

L——电抗器电感（H）。

当已知变频器的输入容量 S_{C1} 时，根据三相交流容量计算公式 $S_{C1}=\sqrt{3}U_1I_{C1}$ 可以得到

$$L=(0.02\sim0.04)\frac{1}{2\pi f}\frac{U_1^2}{S_{C1}} \tag{2-20}$$

式中　U_1——电源线电压（V）；

S_{C1}——变频器的输入容量（kV·A）；

L——电抗器电感（mH）。

对于三相 380V/50Hz 供电的场合，式（2-20）可以简化为

$$L=(9.2\sim18.4)\frac{1}{S_{C1}} \tag{2-21}$$

3. 直流电抗器的选择

直流电抗器的作用是削弱变频器开机瞬间电容充电形成的浪涌电流，同时提高功率因数。与交流电抗器相比，直流电抗器不但体积小，而且结构简单，提高功率因数更有效。若两者同时使用，可使功率因数达到 0.95，大大提高了变频器的电能利用率，变频器对电源容量要求可以降低 20%～30%。因此，在大功率的变频器（大于 22kW）上，一般需要加入直流电抗器。

直流电抗器的电感量的计算方法与交流电抗器类似，由于三相整流、电容滤波后的直流电压为输入相电压的 2.34 倍，因此，电感量也可以按照同容量交流电抗器的 2.34 倍进行选择，即

$$L=(0.05\sim0.10)\frac{1}{2\pi f}\frac{U_1^2}{S_{C1}}$$

2.4.4　噪声滤波器的作用与选择方法

变频器由于采用了 PWM 方式，变频器工作时，会在电流、电压中包含很多谐波成分，这些谐波中有部分已经在射频范围，即变频器在工作时将向外部发射无线电干扰信号。同时，来自电网的无线电干扰信号也可能引起变频器内部电磁敏感部分的误动作。因此，在环境要求高的场合，需要通过噪声滤波器（又称

电磁滤波器）来消除这些干扰。

在变频器输入侧安装噪声滤波器可以防止谐波干扰信号窜入电网，干扰电网中其他的设备，也可阻止电网中的干扰信号窜入变频器。在变频器输出侧的噪声滤波器可以防止干扰信号窜入电动机，影响电动机正常工作。一般情况下，变频器可不安装噪声滤波器，若需要安装，建议安装变频器专用的噪声滤波器。变频器专用噪声滤波器的外形和结构如图 2-3 所示。

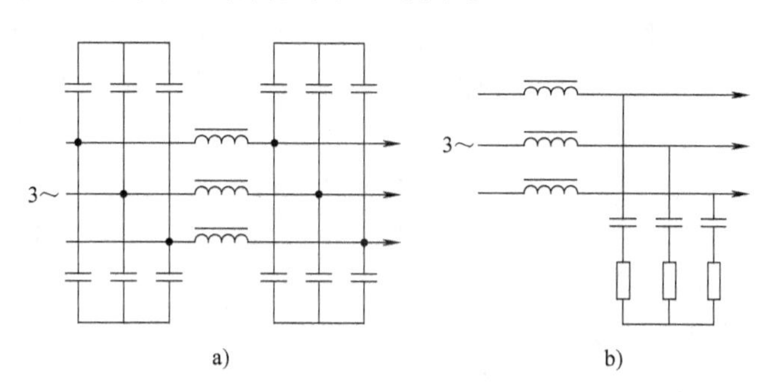

图 2-3　噪声滤波器的结构
a）输入侧滤波器　b）输出侧滤波器

由于变频器所产生的电磁干扰一般在 10MHz 以下的频段，噪声滤波器除了可以与变频器配套进行采购外，也可以直接将电源线通过在环形磁心（也称零相电抗器）上同方向绕制若干匝（一般 3～4 匝）后制成小电感，以抑制干扰。变频器的输出（电动机）侧也可以进行同样的处理，如图 2-4 所示。

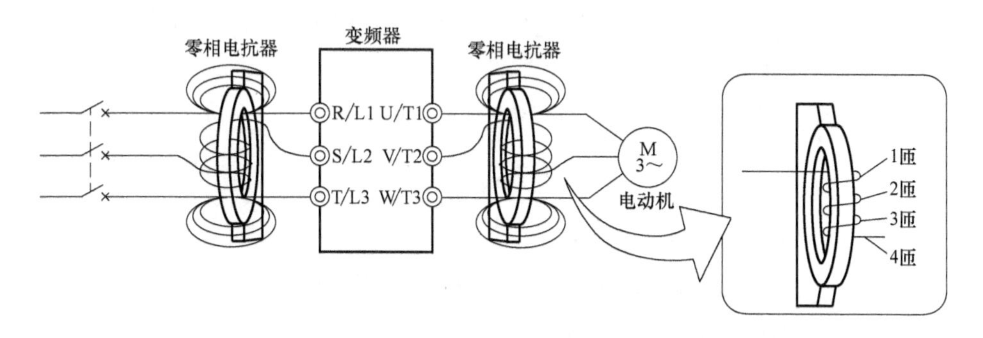

图 2-4　噪声滤波器的安装

2.4.5　制动电阻的作用与理论选择方法

1. 制动电阻的作用

变频调速系统在制动时，电动机侧的机械能转换为电能。从电动机再生出来的电能将通过续流二极管返回到直流母线上，引起直流母线电压的升高，如果不采取措施，变频器将过电压跳闸。为此，在变频器上都需要安装用于消耗制动能量的制动单元与制动电阻。制动电阻的作用是在电动机减速或制动时消耗惯性运转产生的电能，使电动机能迅速减速或制动。

小功率的变频器内部都配置有标准的制动电阻，但是内置电阻的功率通常很小，在频繁制动或制动强烈时，往往会由于功率的不足导致变频器报警，此时需要通过外接制动电阻来增加制动力。

对于大功率变频器，由于其制动能量大，不但制动电阻需要外接，而且还需要安装用于制动电阻通/断控制的开关功率管与电压比较电路（称为“制动单元”）。

制动电阻的选择有一定的要求，阻值过大将达不到所需的制动效果；阻值过小，则容易造成制动开关管的损坏，为此，应尽可能选择变频器生产厂家所配套提供的制动电阻与制动单元。

2. 制动电阻理论的选择

为了使制动达到理想效果且避免制动电阻烧坏，选用制动电阻时需要计算阻值和功率。

（1）阻值的计算　精确计算制动电阻的阻值要涉及很多参数，且计算复杂，一般情况下可按下式粗略估算：

$$R_B = \frac{U_{DB}}{I_{MN}} \sim \frac{2U_{DB}}{I_{MN}}$$

式中　R_B——制动电阻的阻值（Ω）；

U_{DB}——直流回路允许的上限电压值（V），我国规定 $U_{DB}=600V$；

I_{MN}——电动机的额定电流（A）。

（2）功率的计算　制动电阻的功率可按下式计算：

$$P_B = \alpha_B \frac{U_{DB}^2}{R_B}$$

式中　P_B——制动电阻的功率（W）；

U_{DB}——直流电路允许的上限电压值（V）；

R_B——制动电阻的阻值（Ω）；

α_B——修正系数。

α_B 可按下面的规律取值：

在不反复制动时，若制动时间小于 10s，取 $\alpha_B=7$；若制动时间超过 100s，取 $\alpha_B=1$；若制动时间在 10～100s，α_B 可按比例选取 1～7 之间的值。

在反复制动时，若$\frac{t_B}{t_C}<0.01$（t_B为每次制动所需的时间，t_C为每次制动周期

所需的时间)，取 $\alpha_B=7$；若 $\frac{t_B}{t_C}>0.15$，取 $\alpha_B=1$；若 $0.01<\frac{t_B}{t_C}<0.15$，$\alpha_B$ 可按比例选取 1～7 之间的值。

3. 选用制动电阻的注意事项

选用电阻器时，应满足下列要求：

1）电阻器的额定电压应大于电路的工作电压。

2）电阻器功率应大于计算功率。一般地，功率与电流较小而电阻值大时可选用管形电阻；而功率与电流大时，则可选用板形等电阻；如需功率、电流与电阻都大时，则可采用多个电阻串、并联或混联。

3）当电阻器的电阻值需进行调整时，可选用可调或带有抽头的电阻器，如需在正常运行中随时调整的，则可选用变阻器。

4）若电阻器的安装尺寸有一定限制，则需根据允许的安装尺寸选用电阻器型号。

第3章

常用变频器

3.1 安川变频器

3.1.1 安川 VARISPPD-616G5 多功能全数字式变频器（200V）技术参数

安川 VARISPPD-616G5 多功能全数字式变频器（200V）技术参数见表3-1。

3.1.2 安川 VARISPPD-616G5 多功能全数字式变频器（400V）技术参数

安川 VARISPPD-616G5 多功能全数字式变频器（400V）技术参数见表3-2。

3.2 三垦变频器

3.2.1 SAMCO-VM05 系列高性能多功能静音式变频器（400V 级 SHF 系列）技术参数

SHF 系列变频器适用于恒转矩负载，SAMCO-VM05 系列高性能多功能静音式变频器（400V 级 SHF 系列）技术参数见表 3-3 和表 3-4。

3.2.2 SAMCO-VM05 系列高性能多功能静音式变频器（400V 级 SPF 系列）技术参数

SPF 系列变频器适用于风机、水泵负载，SAMCO-VM05 系列高性能多功能静音式变频器（400V 级 SPF 系列）技术参数见表 3-5 和表 3-6。

表 3-1　安川 VARISPPD-616G5 多功能全数字式变频器（200V）技术参数

型号		CIMR-G5A-20P4	CIMR-G5A-20P7	CIMR-G5A-21P5	CIMR-G5A-22P2	CIMR-G5A-23P7	CIMR-G5A-25P5	CIMR-G5A-27P5	CIMR-G5A-2011	CIMR-G5A-2015	CIMR-G5A-2018	CIMR-G5A-2022	CIMR-G5A-2030	CIMR-G5A-2037	CIMR-G5A-2045	CIMR-G5A-2055	CIMR-G5A-2075
最大适用电动机功率[1]/kW		0.4	0.75	1.5	2.2	3.7	5.5	7.5	11	15	18.5	22	30	37	45	55	75
额定输出	输出功率/kV · A	1.2	2.3	3.0	4.2	6.7	9.5	13	19	24	30	37	50	61	70	85	110
	额定输出电流/A	3.2	6	8	11	17.5	25	33	49	64	80	96	130	160	183	224	300
	最大输出电压	三相 200V/208V/220V/230V（对应输入电压）															
	额定输出频率	由参数设定最高 400Hz 可对应															
电源	电压、频率	三相 200V/208V/220V，50Hz 200V/208V/220V/230V，60Hz															
	允许电压波动	+10%，-15%															
	允许频率波动	±5%															
控制特性	控制方式	正弦波 PWM															
	起动转矩	150%/1Hz（有 PG 情况，150%/0r/min）[2]															
	速度控制范围	1 : 100（有 PG 情况，1 : 1000）[2]															
	速度控制精度	±0.2%（25℃±10℃）（有 PG 情况，±0.02%）[2]															
	速度应答	5Hz（有 PG 情况，30Hz）[2]															
	转矩极限	有（用参数设定，可在四象限切换）															
	转矩精度	±5%															
	频率控制范围	0.1～400Hz															
	频率精度（温度波动）	数字量指令±0.01%（-10～+40℃） 模拟量指令±0.01%（25℃±10℃）															
	频率设定分辨率	数字式指令 0.01Hz；模拟量指令 0.03Hz/60Hz（11bit+符号）															
	输出频率分辨率（演算分辨率）	0.001Hz															

（续）

<table>
<tr><th colspan="2">型号</th><th>CIMR-G5A-20P4</th><th>CIMR-G5A-20P7</th><th>CIMR-G5A-21P5</th><th>CIMR-G5A-22P2</th><th>CIMR-G5A-23P7</th><th>CIMR-G5A-25P5</th><th>CIMR-G5A-27P5</th><th>CIMR-G5A-2011</th><th>CIMR-G5A-2015</th><th>CIMR-G5A-2018</th><th>CIMR-G5A-2022</th><th>CIMR-G5A-2030</th><th>CIMR-G5A-2037</th><th>CIMR-G5A-2045</th><th>CIMR-G5A-2055</th><th>CIMR-G5A-2075</th></tr>
<tr><td rowspan="4">控制特性</td><td>过负载能力</td><td colspan="16">额定输出电流的 150%，1min</td></tr>
<tr><td>频率设定信号</td><td colspan="16">-10~10V，0~10V，4~20mA</td></tr>
<tr><td>加减速时间</td><td colspan="16">0.01~6000.0s（加减速个别设定…… 4 种切换）</td></tr>
<tr><td>制动转矩</td><td colspan="16">≈20%</td></tr>
<tr><td rowspan="11">保护功能</td><td>电动机保护</td><td colspan="16">电子热保护</td></tr>
<tr><td>瞬时过电流</td><td colspan="16">额定输出电流约 200% 以上</td></tr>
<tr><td>熔丝熔断保护</td><td colspan="16">用熔丝熔断方式停止</td></tr>
<tr><td>过负载</td><td colspan="16">额定输出电流的 150%，1min</td></tr>
<tr><td>过电压</td><td colspan="16">主电路电压 410V 以上时停止</td></tr>
<tr><td>不足电压</td><td colspan="16">主电路电压 190V 以下时停止</td></tr>
<tr><td>瞬时停电补偿</td><td colspan="16">15ms 以上时停止（出厂设定）；由运行方式选择，约 2s 内的停电恢复时，继续运行</td></tr>
<tr><td>散热片过热</td><td colspan="16">由热敏电阻保护</td></tr>
<tr><td>失速防止</td><td colspan="16">加减速中运行中失速防止</td></tr>
<tr><td>接地保护</td><td colspan="16">由电子电路保护（过电流级别）</td></tr>
<tr><td>充电中表示</td><td colspan="16">主电路直流电压降到 50V 以下表示</td></tr>
<tr><td rowspan="6">环境</td><td>周围温度</td><td colspan="16">-10~+40℃（封闭壁挂型）；-10~+45℃（柜内安装型）</td></tr>
<tr><td>湿度</td><td colspan="16">90%RH 以下</td></tr>
<tr><td>保存温度</td><td colspan="16">-20~+60℃</td></tr>
<tr><td>使用场所</td><td colspan="16">室内（无腐蚀性气体、尘埃的地方）</td></tr>
<tr><td>海拔</td><td colspan="16">1000m 以下</td></tr>
<tr><td>振动</td><td colspan="16">10~20V 未满 9.8m/s²（1g），20~50Hz 2m/s²（0.2g）</td></tr>
</table>

① 最大适用电动机功率，以安川机电有限公司制造的 4 极标准电动机表示。更加严格的选定方法是选择变频器额定电流必须大于电动机额定电流。
② 也有必要调整的情况。

表 3-2 安川 VARISPPD-616G5 多功能全数字式变频器（400V）技术参数

型号		CIMR-G5A-40P4	CIMR-G5A-40P7	CIMR-G5A-41P5	CIMR-G5A-42P2	CIMR-G5A-43P7	CIMR-G5A-45P5	CIMR-G5A-47P5	CIMR-G5A-4011	CIMR-G5A-4015	CIMR-G5A-4018	CIMR-G5A-4022	CIMR-G5A-4030	CIMR-G5A-4037	CIMR-G5A-4045	CIMR-G5A-4055	CIMR-G5A-4075	CIMR-G5A-4110	CIMR-G5A-4160	CIMR-G5A-4185	CIMR-G5A-4220	CIMR-G5A-4300
最大适用电动机功率[1]/kW		0. 4	0. 75	1. 5	2. 2	3. 7	5. 5	7. 5	11	15	18. 5	22	30	37	45	55	75	110	160	185	220	300
额定输出	输出功率/kV · A	1. 4	2. 6	3. 7	4. 7	6. 1	11	14	21	26	31	37	50	61	73	98	130	170	230	260	340	460
	额定输出电流/A	1. 8	3. 4	4. 8	6. 2	8	14	18	27	34	41	48	65	80	96	128	165	224	302	340	450	605
	最大输出电压	三相 380V/400V/415V/440V/460V(对应输入电压)																				
	额定输出频率	由参数设定最高 400Hz 可对应																				
电源	电压、频率	三相 380V/400V/415V/440V/460V,50Hz/60Hz																				
	允许电压波动	+10%,-15%																				
	允许频率波动	±5%																				
控制特性	控制方式	正弦波 PWM																				
	起动转矩	150%/1Hz(有 PG 情况,150%/0r/min)[2]																				
	速度控制范围	1 : 100(有 PG 情况,1 : 1000)[2]																				
	速度控制精度	(有 PG 情况,±0. 02%30)[2]																				
	速度应答	5Hz(有 PG 情况,30Hz)[2]																				
	转矩极限	有(用参数设定,可在四象限切换)																				
	转矩精度	±5%																				
	频率控制范围	0. 1~400Hz																				
	频率精度（温度波动）	数字式指令±0. 01%(-10~+40℃)																				
		模拟量指令±0. 01%(25℃±10℃)																				
	频率设定分辨率	数字式指令 0. 01Hz																				
		模拟量指令 0. 03Hz/60Hz(11bit+符号)																				

（续）

型号		CIMR-G5A-40P4	CIMR-G5A-40P7	CIMR-G5A-41P5	CIMR-G5A-42P2	CIMR-G5A-43P7	CIMR-G5A-45P5	CIMR-G5A-47P5	CIMR-G5A-4011	CIMR-G5A-4015	CIMR-G5A-4018	CIMR-G5A-4022	CIMR-G5A-4030	CIMR-G5A-4037	CIMR-G5A-4045	CIMR-G5A-4055	CIMR-G5A-4075	CIMR-G5A-4110	CIMR-G5A-4160	CIMR-G5A-4185	CIMR-G5A-4220	CIMR-G5A-4300
控制特性	输出频率分辨率（演算分辨率）	0.01Hz																				
	过负载能力	额定输出电流的150%，1min																				
	频率设定信号	−10～10V，0～10V，4～20mA																				
	加减速时间	0.01～6000.0s（加减速个别设定…… 4种切换）																				
	制动转矩	≈20%																				
保护功能	电动机保护	电子热保护																				
	瞬时过电流	额定输出电流约200%以上																				
	熔丝熔断保护	用熔丝熔断方式停止																				
	过负载	额定输出电流的150%，1min																				
	过电压	主电路电压820V以上时停止																				
	不足电压	主电路电压380V以下时停止																				
	瞬时停电补偿	15ms以上时停止（出厂设定）；由运行方式选择，约2s内的停电恢复时，继续运行																				
	散热片过热	由热敏电阻保护																				
	失速防止	加减速中运行中失速防止																				
	接地保护	由电子电路保护（过电流级别）																				
	充电中表示	主电路直流电压降到50V以下表示																				
环境	周围温度	−10～+40℃（封闭壁挂型）；−10～+45℃（柜内安装型）																				
	湿度	90%RH以下																				
	保存温度	−20～+60℃																				
	使用场所	室内（无腐蚀性气体、尘埃的地方）																				
	海拔	1000m以下																				
	振动	10～20V未满 $9.8m/s^2(1g)$，20～50Hz $2m/s^2(0.2g)$																				

① 最大适用电动机功率，以安川机电有限公司制造的4极标准电动机表示。更加严格的选定方法是选择变频器额定电流必须大于电动机额定电流。

② 也有必要调整的情况。

表 3-3 SAMCO-VM05 系列高性能多功能静音式变频器
［400V 级 SHF 系列（1.5～30kW）］技术参数

型号			SHF-1.5K	SHF-2.2K	SHF-4.0K	SHF-5.5K	SHF-7.5K	SHF-11K	SHF-15K	SHF-18.5K	SHF-22K	SHF-30K
标准适用电动机功率/kW			1.5	2.2	4.0	5.5	7.5	11	15	18.5	22	30
输出	额定容量①/kV·A		2.8	4.2	6.2	8.7	11.8	17.3	22.2	26.3	31.9	42.3
	额定电流②/A		4	6	9	12.6	17	25	32	38	46	61
	额定过载电流		150%，1min									
	额定输出电压		三相 380V/50Hz，400V/50Hz，460V/60Hz									
输入	额定电压、频率		三相 380～460V，50Hz/60Hz									
	变动允许值		电压：-15%～10%；频率：±5%；电压不平衡率：3%以内									
	电源阻抗		1%以上（未满 1%时，使用选购电抗器）									
保护结构			封闭型（IP20）									
冷却方式			强制风冷									
质量/kg			4		4.5	6.5		7	10	12	15	20
控制功能	控制方式		*U/f* 控制或无速度传感器矢量控制									
	高频载波频率		正弦波 PWM（载波频率 1～14kHz）③									
	输出频率范围		0.05～600Hz（起动频率 0.05～20Hz 可变）④									
	频率设定分辨率	数字设定	0.01Hz（0.05～600Hz）									
		模拟设定	0.1%（10bit 0～10V，4～20mA），0.2%（9bit 0～5V），对于最大输出频率									
	频率精度	数字设定	输出频率的±0.01%（-10～40℃）									
		模拟设定	最大输出频率的±0.2%（25℃±10℃）⑤									
	直流制动		开始频率（0.2～20Hz）、动作时间（0.1～10s）、制动力（1～10 步进）									
	附属功能		瞬停再起动、转速跟踪起动、多档速运转、频率跳跃、报警自动恢复、PID 控制、图形运转、节能运转、转矩限制（仅限无速度传感器矢量控制模式时）									
运转功能	运转/停止设定		操作面板、串行通信（RS485，RS232C）、控制电路端子									
	频率指令设定	数字设定	操作面板、串行通信（RS485，RS232C）、端子台步进									
		模拟设定	2 路、0～5V、0～10V、4～20mA、电位器（5kΩ、0.3W 以上）									
	输入信号		频率指令、正转指令、反转指令、加减速时间设定、空转停止/警报解除、紧急停止、JOG 选择、步进频率设定、运转信号保持、转矩限制（仅限无速度传感器矢量控制模式时）、（数字输入：8 路可任意设定分配）、（模拟输入：电压 1 路，电流、电压兼用 1 路）									
	输出信号	接点输出	报警总括以及多功能接点输出（1C 接点、AC 250V、0.3A）									
		监视信号	运转中、频率一致、过载预报、欠电压、频率到达（集电极开路输出 3 路可任意设定分配、模拟输出 2 路）									
	LED 显示		频率、输出电流、同步转速、负载率、输出电压、压力、线速度（无单位）、运转中、报警									

（续）

	型号	SHF-1.5K	SHF-2.2K	SHF-4.0K	SHF-5.5K	SHF-7.5K	SHF-11K	SHF-15K	SHF-18.5K	SHF-22K	SHF-30K
	串行通信 I/F	RS485,RS232C									
	功能扩张	多种选购件									
	外部电源输出	DC 24V、150mA(控制端子台)									
	保护功能	电流限制、过电流切断、电动机过负载、外部热敏器、欠电压、过电压、瞬时停电、散热片过热、输入输出断相保护									
	警告功能	过电压放置中、加减速中电流限制动作、制动电阻过热警告、过载警告、散热片过热警告									
环境	周围温度	-10~50℃(但是,40℃以上时,拆掉上部通风盖)									
	保存温度	-20~65℃⑥									
	周围湿度	90%以下(无水珠凝结现象)									
	使用环境	海拔 1000m 以下、屋内(避免阳光直射、无腐蚀性气体、无易燃性气体、无油雾及尘埃)									

① 额定容量为输出电压是 400V 时的容量。

② 当输入电压为 AC 400V 以上时，将根据输出功率降低额定电流。

③ 载波频率的最大值根据变频器容量及运转状态而变化。

④ 无速度传感器模式的频率设定范围是用 4 极电动机时为 1~130Hz（根据极数而不同）。

⑤ 最大输出频率是指为 5V、10V、20mA 时的频率。

⑥可适用输送等短期间的温度。

表 3-4 SAMCO-VM05 系列高性能多功能静音式变频器［400V 级 SHF 系列（37~250kW）］技术参数

	型号	SHF-37K	SHF-45K	SHF-55K	SHF-75K	SHF-90K	SHF-110K	SHF-132K	SHF-160K	SHF-200K	SHF-220K	SHF-250K
	标准适用电动机功率/kW	37	45	55	75	90	110	132	160	200	220	250
输出	额定容量①/kV·A	51.3	62.4	76.2	102	120	146	180	211	252	295	327
	额定电流②/A	74	90	110	146	173	211	260	304	330	426	472
	额定过载电流	150%,1min										
	额定输出电压	三相 380V/50Hz,400V/50Hz,460V/60Hz										
输入	额定电压、频率	三相 380~460V,50Hz/60Hz⑦										
	变动允许值	电压:-15%~10%;频率:±5%;电压不平衡率:3%以内										
	电源阻抗	1%以上(未满 1%时,使用选购电抗器)										
	保护结构	封闭型(IP20)										
	冷却方式	强制风冷										
	质量/kg	25	32	33	70	90	105	150	160	275	280	
控制功能	控制方式	U/f 控制或无速度传感器矢量控制										
	高频载波频率	正弦波 PWM(载波频率 1~14kHz)③										
	输出频率范围	0.05~600Hz(起动频率 0.05~20Hz 可变)④										

（续）

<table>
<tr><td colspan="3">型号</td><td>SHF-37K</td><td>SHF-45K</td><td>SHF-55K</td><td>SHF-75K</td><td>SHF-90K</td><td>SHF-110K</td><td>SHF-132K</td><td>SHF-160K</td><td>SHF-200K</td><td>SHF-220K</td><td>SHF-250K</td></tr>
<tr><td rowspan="6">控制功能</td><td rowspan="2">频率设定分辨率</td><td>数字设定</td><td colspan="11">0.01Hz(0.05~600Hz)</td></tr>
<tr><td>模拟设定</td><td colspan="11">0.1%(10bit 0~10V,4~20mA),0.2%(9bit 0~5V),对于最大输出频率</td></tr>
<tr><td rowspan="2">频率精度</td><td>数字设定</td><td colspan="11">输出频率的±0.01%(-10~40℃)</td></tr>
<tr><td>模拟设定</td><td colspan="11">最大输出频率的±0.2%(25℃±10℃)⑤</td></tr>
<tr><td colspan="2">直流制动</td><td colspan="11">开始频率(0.2~20Hz)、动作时间(0.1~10s)、制动力(1~10 步进)</td></tr>
<tr><td colspan="2">附属功能</td><td colspan="11">瞬停再起动、转速跟踪起动、多档速运转、频率跳跃、报警自动恢复、PID 控制、图形运转、节能运转、转矩限制(仅限无速度传感器矢量控制模式时)</td></tr>
<tr><td rowspan="7">运转功能</td><td colspan="2">运转/停止设定</td><td colspan="11">操作面板、串行通信(RS485,RS232C)、控制电路端子</td></tr>
<tr><td rowspan="2">频率指令设定</td><td>数字设定</td><td colspan="11">操作面板、串行通信(RS485,RS232C)、端子台步进</td></tr>
<tr><td>模拟设定</td><td colspan="11">2 路、0~5V、0~10V、4~20mA、电位器(5kΩ、0.3W 以上)</td></tr>
<tr><td colspan="2">输入信号</td><td colspan="11">频率指令、正转指令、反转指令、加减速时间设定、空转停止/警报解除、紧急停止、JOG 选择、步进频率设定、运转信号保持、转矩限制(仅限无速度传感器矢量控制模式时)、(数字输入:8 路可任意设定分配)、(模拟输入:电压 1 路,电流、电压兼用 1 路)</td></tr>
<tr><td rowspan="2">输出信号</td><td>接点输出</td><td colspan="11">报警总括以及多功能接点输出(1C 接点、AC 250V、0.3A)</td></tr>
<tr><td>监视信号</td><td colspan="11">运转中、频率一致、过载预报、欠电压、频率到达(集电极开路输出 3 路可任意设定分配、模拟输出 2 路)</td></tr>
<tr><td colspan="2">LED 显示</td><td colspan="11">频率、输出电流、同步转速、负载率、输出电压、压力、线速度(无单位)、运转中、报警</td></tr>
<tr><td colspan="3">串行通信 I/F</td><td colspan="11">RS485,RS232C</td></tr>
<tr><td colspan="3">功能扩张</td><td colspan="11">多种选购件</td></tr>
<tr><td colspan="3">外部电源输出</td><td colspan="11">DC 24V、150mA(控制端子台)</td></tr>
<tr><td colspan="3">保护功能</td><td colspan="11">电流限制、过电流切断、电动机过负载、外部热敏器、欠电压、过电压、瞬时停电、散热片过热、输入输出断相保护</td></tr>
<tr><td colspan="3">警告功能</td><td colspan="11">过电压放置中、加减速中电流限制动作、制动电阻过热警告、过载警告、散热片过热警告</td></tr>
<tr><td rowspan="4">环境</td><td colspan="2">周围温度</td><td colspan="11">-10~50℃(但是,40℃以上时,拆掉上部通风盖)</td></tr>
<tr><td colspan="2">保存温度</td><td colspan="11">-20~65℃⑥</td></tr>
<tr><td colspan="2">周围湿度</td><td colspan="11">90%以下(无水珠凝结现象)</td></tr>
<tr><td colspan="2">使用环境</td><td colspan="11">海拔 1000m 以下、屋内(避免阳光直射、无腐蚀性气体、无易燃性气体、无油雾及尘埃)</td></tr>
</table>

① 额定容量为输出电压是 400V 时的容量。

② 当输入电压为 AC 400V 以上时，将根据输出功率降低额定电流。

③ 载波频率的最大值根据变频器容量及运转状态而变化。

④ 无速度传感器模式的频率设定范围是用 4 极电动机时为 1~130Hz（根据极数而不同）。

⑤ 最大输出频率是指为 5V、10V、20mA 时的频率。

⑥ 可适用输送等短期间的温度。

⑦ 若使用 SPF-45K~SPF-315K 的变频器，根据输入范围的变化，变换分接头（TAP1 或 TAP2）。

表 3-5 SAMCO-VM05 系列高性能多功能静音式变频器
[400V 级 SPF 系列（2.2~37kW）] 技术参数

型号			SPF-2.2K	SPF-4.0K	SPF-5.5K	SPF-7.5K	SPF-11K	SPF-15K	SPF-18.5K	SPF-22K	SPF-30K	SPF-37K
标准适用电动机功率/kW			2.2	4.0	5.5	7.5	11	15	18.5	22	30	37
输出	额定容量①/kV·A		3.8	6.2	8.7	11.4	16.6	22.2	26.3	31.2	40.9	51.3
输出	额定电流②/A		5.5	8.9	12.6	16.4	24	32	38	45	59	74
输出	额定过载电流		120%，1min									
输出	额定输出电压		三相 380V/50Hz，400V/50Hz，460V/60Hz									
输入	额定电压、频率		三相 380~460V，50Hz/60Hz									
输入	变动允许值		电压：-15%~10%，频率：±5%，电压不平衡率：3%以内									
输入	电源阻抗		1%以上（未满 1%时，使用选购电抗器）									
保护结构			封闭型（IP20）									
冷却方式			强制风冷									
质量/kg			4		4.5	6.5		7	10	12	15	20
控制功能	控制方式		U/f 控制或无速度传感器矢量控制									
控制功能	高频载波频率		正弦波 PWM（载波频率 1~14kHz）③									
控制功能	输出频率范围		0.05~200Hz（起动频率 0.05~20Hz 可变）④									
控制功能	频率设定分辨率	数字设定	0.01Hz（0.05~200Hz）									
控制功能	频率设定分辨率	模拟设定	0.1%（10bit 0~10V，4~20mA），0.2%（9bit 0~5V），对于最大输出频率									
控制功能	频率精度	数字设定	输出频率的±0.01%（-10~40℃）									
控制功能	频率精度	模拟设定	最大输出频率的±0.2%（25℃±10℃）⑤									
控制功能	直流制动		开始频率（0.2~20Hz）、动作时间（0.1~10s）、制动力（1~10 步进）									
控制功能	附属功能		瞬停再起动、转速跟踪起动、多档速运转、频率跳跃、报警自动恢复、PID 控制、图形运转、节能运转、转矩限制（仅限无速度传感器矢量控制模式时）									
运转功能	运转/停止设定		操作面板、串行通信（RS485，RS232C）、控制电路端子									
运转功能	频率指令设定	数字设定	操作面板、串行通信（RS485，RS232C）、端子台步进									
运转功能	频率指令设定	模拟设定	2 路，0~5V、0~10V、4~20mA、电位器（5kΩ、0.3W 以上）									
运转功能	输入信号		频率指令、正转指令、反转指令、加减速时间设定、空转停止/警报解除、紧急停止、JOG 选择、步进频率设定、运转信号保持、转矩限制（仅限无速度传感器矢量控制模式时）、（数字输入：8 路可任意设定分配）、（模拟输入：电压 1 路，电流、电压兼用 1 路）									
运转功能	输出信号	接点输出	报警总括以及多功能接点输出（1C 接点、AC 250V、0.3A）									
运转功能	输出信号	监视信号	运转中、频率一致、过载预报、欠电压、频率到达（集电极开路输出 3 路可任意设定分配、模拟输出 2 路）									
运转功能	LED 显示		频率、输出电流、同步转速、负载率、输出电压、压力、线速度（无单位）、运转中、报警									
串行通信 I/F			RS485，RS232C									
功能扩张			多种选购件									

（续）

型号		SPF-2.2K	SPF-4.0K	SPF-5.5K	SPF-7.5K	SPF-11K	SPF-15K	SPF-18.5K	SPF-22K	SPF-30K	SPF-37K
外部电源输出		DC 24V、150mA(控制端子台)									
保护功能		电流限制、过电流切断、电动机过负载、外部热敏器、欠电压、过电压、瞬时停电、散热片过热、输入输出断相保护									
警告功能		过电压放置中、加减速中电流限制动作、制动电阻过热警告、过载警告、散热片过热警告									
环境	周围温度	-10~50℃(但是,SPF-5.5K 以下 30℃以上时,拆掉上部通风盖)									
	保存温度	-20~65℃⑥									
	周围湿度	90%以下(无水珠凝结现象)									
	使用环境	海拔 1000m 以下、屋内(避免阳光直射、无腐蚀性气体、无易燃性气体、无油雾及尘埃)									

① 额定容量为输出电压是 400V 时的容量。

② 当输入电压为 AC 400V 以上时，将根据输出功率降低额定电流。

③ 载波频率的最大值根据变频器容量及运转状态而变化。

④ 无速度传感器模式的频率设定范围是用 4 极电动机时为 1~130Hz（根据极数而不同）。

⑤ 最大输出频率是指为 5V、10V、20mA 时的频率。

⑥ 可适用输送等短期间的温度。

表 3-6 SAMCO-VM05 系列高性能多功能静音式变频器
[400V 级 SPF 系列（45~315kW）] 技术参数

型号			SPF-45K	SPF-55K	SPF-75K	SPF-90K	SPF-110K	SPF-132K	SPF-160K	SPF-200K	SPF-220K	SPF-250K	SPF-280K	SPF-315K
标准适用电动机功率/kW			45	55	75	90	110	132	160	200	220	250	280	315
输出	额定容量①/kV·A		62.4	76.2	98.4	120	146	180	211	267	295	327	374	409
	额定电流②/A		90	110	142	173	211	260	304	386	426	472	540	590
	额定过载电流		120%,1min											
	额定输出电压		三相 380V/50Hz,400V/50Hz,460V/60Hz											
输入	额定电压、频率		三相 380~460V,50Hz/60Hz⑦											
	变动允许值		电压:-15%~10%;频率:±5%;电压不平衡率:3%以内											
	电源阻抗		1%以上(未满 1%时,使用选购电抗器)											
保护结构			封闭型(IP20)											
冷却方式			强制风冷											
质量/kg			25	32	33	70	95	105	150	160		275	280	
控制功能	控制方式		*U/f* 控制或无速度传感器矢量控制											
	高频载波频率		正弦波 PWM(载波频率 1~14kHz)③											
	输出频率范围		0.05~200Hz(起动频率 0.05~20Hz 可变)④											
	频率设定分辨率	数字设定	0.01Hz(0.05~200Hz)											
		模拟设定	0.1%(10bit 0~10V,4~20mA),0.2%(9bit 0~5V),对于最大输出频率											

（续）

<table>
<tr><td colspan="3">型号</td><td>SPF-45K</td><td>SPF-55K</td><td>SPF-75K</td><td>SPF-90K</td><td>SPF-110K</td><td>SPF-132K</td><td>SPF-160K</td><td>SPF-200K</td><td>SPF-220K</td><td>SPF-250K</td><td>SPF-280K</td><td>SPF-315K</td></tr>
<tr><td rowspan="4">控制功能</td><td rowspan="2">频率精度</td><td>数字设定</td><td colspan="12">输出频率的±0.01%(-10~40℃)</td></tr>
<tr><td>模拟设定</td><td colspan="12">最大输出频率的±0.2%(25℃±10℃)⑤</td></tr>
<tr><td colspan="2">直流制动</td><td colspan="12">开始频率(0.2~20Hz)、动作时间(0.1~10s)、制动力(1~10步进)</td></tr>
<tr><td colspan="2">附属功能</td><td colspan="12">瞬停再起动、转速跟踪起动、多档速运转、频率跳跃、报警自动恢复、PID控制、图形运转、节能运转、转矩限制(仅限无速度传感器矢量控制模式时)</td></tr>
<tr><td rowspan="7">运转功能</td><td colspan="2">运转/停止设定</td><td colspan="12">操作面板、串行通信(RS485,RS232C)、控制电路端子</td></tr>
<tr><td rowspan="2">频率指令设定</td><td>数字设定</td><td colspan="12">操作面板、串行通信(RS485,RS232C)、端子台步进</td></tr>
<tr><td>模拟设定</td><td colspan="12">2路、0~5V、0~10V、4~20mA、电位器(5kΩ、0.3W以上)</td></tr>
<tr><td colspan="2">输入信号</td><td colspan="12">频率指令、正转指令、反转指令、加减速时间设定、空转停止/警报解除、紧急停止、JOG选择、步进频率设定、运转信号保持、转矩限制(仅限无速度传感器矢量控制模式时)、(数字输入:8路可任意设定分配)、(模拟输入:电压1路,电流,电压兼用1路)</td></tr>
<tr><td rowspan="2">输出信号</td><td>接点输出</td><td colspan="12">报警总括以及多功能接点输出(1C接点、AC 250V、0.3A)</td></tr>
<tr><td>监视信号</td><td colspan="12">运转中、频率一致、过载预报、欠电压、频率到达(集电极开路输出3路可任意设定分配、模拟输出2路)</td></tr>
<tr><td colspan="2">LED显示</td><td colspan="12">频率、输出电流、同步转速、负载率、输出电压、压力、线速度(无单位)、运转中、报警</td></tr>
<tr><td colspan="3">串行通信I/F</td><td colspan="12">RS485,RS232C</td></tr>
<tr><td colspan="3">功能扩张</td><td colspan="12">多种选购件</td></tr>
<tr><td colspan="3">外部电源输出</td><td colspan="12">DC 24V、150mA(控制端子台)</td></tr>
<tr><td colspan="3">保护功能</td><td colspan="12">电流限制、过电流切断、电动机过负载、外部热敏器、欠电压、过电压、瞬时停电、散热片过热、输入输出断相保护</td></tr>
<tr><td colspan="3">警告功能</td><td colspan="12">过电压放置中、加减速中电流限制动作、制动电阻过热警告、过载警告、散热片过热警告</td></tr>
<tr><td rowspan="4">环境</td><td colspan="2">周围温度</td><td colspan="12">-10~50℃(但是,SPF-5.5K以下30℃以上时,拆掉上部通风盖)</td></tr>
<tr><td colspan="2">保存温度</td><td colspan="12">-20~65℃⑥</td></tr>
<tr><td colspan="2">周围湿度</td><td colspan="12">90%以下(无水珠凝结现象)</td></tr>
<tr><td colspan="2">使用环境</td><td colspan="12">海拔1000m以下、屋内(避免阳光直射、无腐蚀性气体、无易燃性气体、无油雾及尘埃)</td></tr>
</table>

① 额定容量为输出电压是400V时的容量。
② 当输入电压为AC 400V以上时，将根据输出功率降低额定电流。
③ 载波频率的最大值根据变频器容量及运转状态而变化。
④ 无速度传感器模式的频率设定范围是用4极电动机时为1~130Hz（根据极数而不同）。
⑤ 最大输出频率是指为5V、10V、20mA时的频率。
⑥可适用输送等短期间的温度。
⑦ 若使用SPF-45K~SPF-315K的变频器，根据输入范围的变化，变换分接头（TAP1或TAP2）。

3.3 森兰变频器

3.3.1 森兰 SB20 系列变频器基本规格和主要技术参数

森兰 SB20 系列变频器基本规格和主要技术参数见表 3-7~表 3-9。

表 3-7 SB20S 系列变频器基本规格和主要技术参数

SB20S		0.4	0.75	1.1	1.5	2.2
电动机容量/kW		0.4	0.75	1.1	1.5	2.2
额定输出	额定容量/kV·A	1.2	2	3	3.2	4.4
	额定电流/A	3	5	6	8	11
	额定过载电流	额定电流的 120%显示过载提醒				
	电压/V	三相,0~220V				
输入电源	相数/电压/频率	单相,220V,50Hz/60Hz				
	容许波动	电压:-15%~+10%;频率:-5%~+5%				
制动		外接制动电阻				

表 3-8 SB20T 系列变频器基本规格和主要技术参数

SB20T		0.75	1.5	2.2
电动机容量/kW		0.75	1.5	2.2
额定输出	额定容量/kV·A	1.6	2.4	3.6
	额定电流/A	2.5	3.7	5.5
	额定过载电流	额定电流的 120%显示过载提醒		
	电压/V	三相,0~380V		
输入电源	相数/电压/频率	三相,380V,50Hz/60Hz		
	容许波动	电压:-15%~+10%;频率:-5%~+5%		
制动		外接制动电阻		

表 3-9 SB20 系列变频器公共技术规范

项目			规范
控制特性	控制方式		正弦波 PWM 方式(载波频率为 3.2kHz)
	输出频率解析度		100Hz 以下为 0.01Hz,100Hz 及以上为 0.1Hz
	转矩特性		转矩补偿、转差补偿
	加减速时间		0.1~99.9s
	V/F 曲线		任意 V/F 曲线设定
运转特性	频率设定	控制板操作	∧/∨键,电位器
		外部信号	DC 0~5V,DC 0~10V,4~20mA,多功能输入选择 1~7 段速,点动频率选择,外部通信,多功能输入端的 UP/DOWN

（续）

项目			规范
运转特性	运转操作	控制板操作	由 RUN、STOP 键控制
		外部信号	X0~ X7 设定为 FWD、REV、EF 和 JOG 运行
	多功能输入信号		FWD、REV 和 JOG，中断（常闭）输入，REST，多段速指令一、二、三，频率下降、上升指令，第一、二加减速时间切换，EF，DIS
	多功能输出信号		停止，运行，故障，任意频率到达，外部中断指示
	多功能模拟输出（DC 4~20mA）		输出频率，输出电流，输出电压，同步转速，线速度，负载率
显示	数字显示器（LED）		输出频率，输出电流，输出电压，同步转速，线速度，负载率，状态提醒及保护信息
	灯指示（LED）		运行指示，编程指示，单位指示
其他功能			异常记录检查，正反转锁定，调试功能，输出自动稳压
保护功能			过电流、短路、过电压失速防止、过电流失速防止、过电压、欠电压、过载、过热、电动机过载、外部报警
外壳防护等级			IP20
冷却方式			强制风冷
环境	使用场所		室内，海拔 1000m 以下（无腐蚀气体或多尘垢的地方）
	环境温度/湿度		-10~40℃/20%~ 90%RH 不结露
	振动		$<5.9\text{m/s}^2$(0.6g)
	保存温度		-20~60℃

3.3.2 森兰 SB200 系列变频器基本规格和主要技术参数

森兰 SB200 系列变频器基本规格和主要技术参数见表 3-10 和表 3-11。

表 3-10 SB200 系列变频器基本规格

型号	额定容量	额定输出电流/A	适配电动机功率/kW	型号	额定容量	额定输出电流/A	适配电动机功率/kW
SB200-1.5T4	2.4	3.7	1.5	SB200-75T4	99	150	75
SB200-2.2T4	3.6	5.5	2.2	SB200-90T4	116	176	90
SB200-4T4	6.4	9.7	4	SB200-110T4	138	210	110
SB200-5.5T4	8.5	13	5.5	SB200-132T4	167	253	132
SB200-7.5T4	12	18	7.5	SB200-160T4	200	304	160
SB200-11T4	16	24	11	SB200-200T4	248	377	200
SB200-15T4	20	30	15	SB200-220T4	273	415	220
SB200-18.5T4	25	38	18.5	SB200-250T4	310	475	250
SB200-22T4	30	45	22	SB200-280T4	342	520	280
SB200-30T4	40	60	30	SB200-315T4	389	590	315
SB200-37T4	49	75	37	SB200-375T4	460	705	375
SB200-45T4	60	91	45	SB200-400T4	490	760	400
SB200-55T4	74	112	55	—	—	—	—

表 3-11 SB200 系列变频器主要技术参数

项 目		项目描述
输入	额定电压(频率)	三相 380V (50Hz/60Hz)
	允许范围	电压为 320~420V,电压不平衡度小于 3%;频率为 47~ 63Hz
输出	输出电压	三相,0V~ 输入电压,误差小于 5%
	输出频率范围	V/F 控制,0.00~650.00Hz
	过载能力	110%额定电流,1min
	频率分辨率	数字给定时为 0.01Hz,模拟给定时为 0.1%最大频率
	输出频率精度	模拟给定时为±0.2%最大频率[(25±10)℃],数字给定时为 0.01Hz(-10~ 40℃)
	运行命令通道	操作面板给定、控制端子给定、通信给定、可通过端子切换
	频率给定通道	操作面板、通信、UP/DOWN 调节值、AI1、AI2、AI3、PFI、算术单元
	辅助频率给定	实现灵活的辅助频率微调、给定频率合成
	转矩提升	自动转矩提升,手动转矩提升
	V/F 曲线	用户自定义 V/F 曲线、线性 V/F 曲线和 5 种降转矩特性曲线
	点动	点动频率范围为 0.10~50.00Hz,点动加减速时间为 0.1~60.0s
	自动节能运行	根据负载情况,自动优化 V/F 曲线,实现自动节能运行
	自动电压调整(AVR)	当电网电压在一定范围内变化时,能自动保持输出电压恒定
	自动载波调整	可根据负载特性和环境温度,自动调整载波频率
	随机 PWM	调节电动机运行时的音色
	瞬停处理	瞬时掉电时,通过母线电压控制,实现不间断运行
	能耗制动能力	22kW 及以下功率等级内置制动单元,22kW 以上使用外置制动电阻
	直流制动能力	制动时间为 0.0~60.0s,制动电流为 0.0~100.0%额定电流
	PFI	最高输入频率为 50kHz
	PFO	0~50kHz 的集电极开路型脉冲方波信号输出,可编程
	模拟输入	3 路模拟信号输入,电压型电流型均可选,可正负输入
	模拟输出	2 路模拟信号输出,分别可选 0/4~20mA 或 0/2~10V,可编程
	数字输入	8 路可选多功能数字输入
	数字输出	2 路可选多功能数字输出;5 路多功能继电器输出
	通信	内置 RS485 通信接口,支持 MODBUS 协议、USS 指令
特色功能	过程 PID	两套 PID 参数,多种修正模式,具有自由 PID 功能
	多段速方式	7 段多段频率选择
	用户自定义菜单	可定义 30 个用户参数
	更改参数显示	支持与出厂值不同的参数显示
	供水功能	多种供水模式,包括消防控制、注水功能、清水池检测、污水池检测及污水泵控制、休眠运行、定时换泵、水泵检修等

（续）

项　目		项目描述
特色功能	保护功能	过电流、过电压、欠电压、输入输出断相、输出短路、过热、电动机过载、外部故障、模拟输入掉线、失速防止等
	选配件	制动组件、远程控制盒、数字 I/O 扩展板、液晶显示屏、模拟输入扩展板、带参数复制功能或电位器的操作面板、操作面板安装盒、操作面板延长线、输入输出电抗器、电磁干扰滤波器、PROFIBUS-DP 模块等
环境	使用场所	海拔低于 1000m，室内，不受阳光直晒，无尘埃、腐蚀性气体、可燃性气体、油雾、水蒸气、滴水、盐雾等场合
	工作环境温度/湿度	-10～40℃/20%～90%RH，无水珠凝结
	储存温度	-20～60℃
	振动	<5.9m/s^2(0.6g)
结构	防护等级	IP20
	冷却方式	强制风冷，带风扇控制

3.4 艾默生变频器

3.4.1 EV1000 系列通用变频器基本规格和主要技术参数

EV1000 系列通用变频器基本规格和主要技术参数见表 3-12 和表 3-13。

表 3-12　EV1000 系列变频器参数规格

型号		EV1000-2S0004G	EV1000-2S0007G	EV1000-2S0015G	EV1000-2S0022G	EV1000-4T0007G	EV1000-4T0015G	EV1000-4T0022G	EV1000-4T0037G/37P	EV1000-4T0055G/55P
适配电动机功率/kW		0.4	0.75	1.5	2.2	0.75	1.5	2.2	3.7	5.5
额定容量/kV·A		1.0	1.5	3.0	4.0	1.5	3.0	4.0	5.9	8.9
输出规格	额定输出电流/A	2.5	4.0	7.5	10.0	2.3	3.7	5.0	8.8	13.0
	输出频率/Hz	0～650								
	过载能力	150%额定电流，1min；180%额定电流，1s				G 型：150%额定电流，1min；180%额定电流，3s				
						P 型：120%额定电流，1min				
输入电源	相数、电压、频率	单相，200V/240V；50Hz/60Hz				三相，380V/440V；50Hz/60Hz				
	允许电压波动	-15%～+10%								
	允许频率波动	±5%								
起动转矩		1Hz 时 150%额定转矩								

表 3-13 EV1000 系列变频器通用技术规格

项 目		项目描述
输入	额定电压;频率	EV1000-4Txxxxx:380~440V;50Hz/60Hz
		EV1000-2Sxxxxx:200~240V;50Hz/60Hz
	允许电压波动范围	电压持续波动不超过±10%,短暂波动不超过-15%~+10%;电压失衡率<3%;频率波动范围±5%
输出	额定电压	EV1000-4Txxxxx:0~380V/440V
		EV1000-2Sxxxxx:0~200V/240V
	频率	0~650Hz
	过载能力	G 型:150%额定电流,1min;180%额定电流,3s/1s(380V/220V 系列)
		P 型:120%额定电流,1min
主要控制性能	调制方式	磁通矢量 PWM
	调速范围	1 : 50
	起动转矩	1Hz 时 150%额定转矩
	运行转速稳态精度	≤±1%额定同步转速
	频率精度	数字设定:最高频率×(±0.01%)
		模拟设定:最高频率×(±0.2%)
	频率分辨率	数字设定:0.01Hz
		模拟设定:最高频率×0.1%
	转矩提升	自动转矩提升,手动转矩提升 0.0~30.0%
	V/F 曲线	四种方式:一种用户设定 V/F 曲线方式和三种降转矩特性曲线方式(2.0 次幂、1.7 次幂、1.2 次幂)
	加减速曲线	三种方式:直线加减速、S 曲线加减速及自动加减速方式;四种加减速时间,时间单位(min/s)可选,最长 60h
	直流制动	直流制动开始频率:0.00~60.00Hz;制动时间:0.1~60.0s;制动动作电流值:G 型机为 0.0~150.0%;P 型机为 0.0~130.0%
	点动	点动频率范围:0.10~50.00Hz;点动加减速时间:0.1~60.0s 可设,点动间隔时间可设
	多段速运行	通过内置 PLC 或控制端子实现多段速运行,7 段频率可设定
	内置 PI	可方便地构成闭环控制系统
	自动节能运行	根据负载情况,自动优化 V/F 曲线,实现节能运行
	自动电压调制(AVR)	当电网电压变化时,能自动保持输出电压恒定
	自动限流	对运行期间电流自动限制,防止频繁过电流故障跳闸
	自动载波调整	根据负载特性,自动调整载波频率;可选

（续）

项　　目		项目描述
客户化功能	纺织摆频	纺织摆频控制，可实现中心频率可调的摆频功能
	定长控制	到达设定长度后变频器停机
	下垂控制	适用于多台变频器驱动同一负载的场合
	音调调节	调节电动机运行时的音调
	瞬停不停机控制	瞬时掉电时，通过母线电压控制，实现不间断运行
	捆绑功能	运行命令通道与频率给定通道可以任意捆绑，同步切换
运行功能	运行命令通道	LED键盘显示单元给定、控制端子给定、串行口给定，可通过多种方式切换
	频率给定通道	数字给定、模拟电压给定、模拟电流给定、脉冲给定、串行口给定，可通过多种方式随时切换
	辅助频率给定	实现灵活的辅助频率微调、频率合成
	脉冲输出端子	0~50kHz的脉冲方波信号输出，可实现设定频率、输出频率等物理量的输出
	模拟输出端子	2路模拟信号输出，分别可选0/4~20mA或0~10V，可实现设定频率、输出频率等物理量的输出
显示单元	LED显示	可显示设定频率、输出频率、输出电压、输出电流等21种参数
	按键锁定和功能选择	实现按键的部分或全部锁定，定义部分按键的作用范围，以防止误操作
保护功能		断相保护（可选）、过电流保护、过电压保护、欠电压保护、过热保护、过载保护等
选配件		远程控制盒、远程电缆、通信总线适配器等
环境	使用场所	室内，不受阳光直晒，无尘埃、无腐蚀性、可燃性气体、无油雾、水蒸气、滴水或盐雾等
	海拔	低于1000m
	环境温度	-10~40℃，空气温度变化<0.5℃/min；40℃以上必须降额使用，每超过1℃输出电流降额2%，最高温度50℃
	湿度	<95%RH，无水珠凝结
	振动	$<5.9\mathrm{m/s^2}(0.6g)$
	存储温度	-40~70℃
结构	防护等级	IP20
	冷却方式	风扇冷却，自然冷却
安装方式		柜内安装

3.4.2 EV3000系列高性能矢量控制变频器基本规格和主要技术参数

EV3000系列高性能矢量控制变频器基本规格和主要技术参数见表3-14和表3-15。

表 3-14　EV3000-4T 系列变频器参数规格

型号		EV3000-4T-0022G	EV3000-4T-0037G	EV3000-4T-0055G	EV3000-4T-0075G	EV3000-4T-0110G	EV3000-4T-0150G	EV3000-4T-0185G	EV3000-4T-0220G	EV3000-4T-0300G	EV3000-4T-0370G	EV3000-4T-0450G	EV3000-4T-0550G	EV3000-4T-0750G	EV3000-4T-0900G	EV3000-4T-1100G	EV3000-4T-1320G	EV3000-4T-1600G	EV3000-4T-2000G	EV3000-4T-2200G
适配电动机功率/kW		2.2	3.7	5.5	7.5	11	15	18.5	22	30	37	45	55	75	90	110	132	160	200	220
额定容量/kV·A		3	5.5	8.5	11	17	21	24	30	40	50	60	72	100	116	138	167	200	250	280
输出规格	额定输出电流	5	8	13	17	25	32	37	45	60	75	90	110	152	176	210	253	304	380	426
	输出频率/Hz	0~400																		
	过载能力	150%额定电流,2min;180%额定电流,10s																		
输入电源	相数、电压、频率	三相,380V;50Hz/60Hz																		
	允许电压波动	320~460V;电压失衡率<3%																		
	允许频率波动	±5%																		
起动转矩		闭环矢量:200%/0r/min;开环矢量:150%/0.5Hz																		

表 3-15　EV3000-4T 系列变频器指标及规格

项　目		指标及规格
主电输入	额定电压;频率	三相,380V;50Hz/60Hz
	变动容许值	电压:320~460V;电压失衡率<3%;频率:±5%
主电输出	输出电压	三相,0~380V
	输出频率	0~400Hz
	过载能力	150%额定电流,2min;180%额定电流,10s
控制性能	调制方式	优化空间电压矢量 PWM 模式
	控制方式	有 PG 反馈矢量控制、无 PC 反馈矢量控制、V/F 控制
	运行命令给定方式	面板给定;外部端子给定;通过串行通信口由上位机给定
	速度设定方式	操作面板数字设定;模拟设定;上位机串行通信等 10 种速度(频率)设定方式
	速度设定精度	数字设定:±0.01%(-10~ 40℃);模拟设定:±0.05%(25℃±10℃)
	速度设定分辨率	数字设定:0.01Hz;模拟设定:1/2000 最大频率
	速度控制精度	有 PG 反馈矢量控制:±0.05%(25℃±10℃) 无 PG 反馈矢量控制:±0.5%(25℃±10℃)
	速度控制范围	有 PG 反馈矢量控制:1∶1000;无 PG 反馈矢量控制:1∶100
	转矩控制响应	有 PG 反馈矢量控制:<150ms;无 PG 反馈矢量控制:<200ms
	起动转矩	有 PG 反馈矢量控制:200%/0r/min;无 PG 反馈矢量控制:150%/0.5Hz
	转矩控制精度	±0.5%
控制输入信号	设定参考电压源输出	2 路,±10V,5mA
	控制电压源输出	24V,100mA。也可通过 PLC 端子由外部提供
	外部用户电源输入	1 路,接点输入端子的工作电源可使用外并有源接点的电源(8~24V)
	模拟输入	2 路,DC -10~+10V,11 位+符号位
		1 路,DC 0~10V/0~20mA,10 位,由主板 CN10 跳线在 V/I 侧的位置选择
	模拟仪表输出	2 路,0~ 20mA,输出可编程,11 种输出量可选
	运行命令接点输入	2 路,FWD/STOP 和 REV/STOP 控制命令输入接点端子
	可编程接点输入	8 路可编程,可选择故障复位、转矩控制、预励磁命令等 30 种运行控制命令
	PG 信号输入	A+、A-、B+、B-差动输入/A-、B-开路集电极码盘输入
控制输出信号	FAM 频率信号输出	11 路,频率表信号(输出频率为变频器输出频率的倍率信号)
	集电极开路输出	2 路,14 种运行状态可选,最大输出电流 50mA
	可编程继电器输出	1 路,14 种运行状态可选,触点容量:AC 250V/3A 或 DC 30V/1A
	故障报警继电器输出	1 路,触点容量:AC 250V/3A 或 DC 30V/1A
	串行通信接口	RS485 接口

（续）

项目		指标及规格
显示	四位数码显示（LED）	设定频率、输出频率、输出电压、输出电流、电动机转速、输出转矩、开关量端子等 16 种状态参数、编程菜单参数以及 28 种故障代码等
	中/英文液晶显示（LCD）	控制方式、方向指示、当前编程或监视参数名称、报警内容、面板操作指导等
	指示灯（LED）	参数单位、设定方向、RUN/STOP 状态、特殊状态说明、Charge 灯说明
环境	使用场所	室内，不受阳光直晒，无尘埃、无腐蚀性、可燃性气体、无油雾、水蒸气、滴水或盐分等
	海拔	低于海拔 1000m（高于 1000m 时需降额使用）
	环境温度	-10～40℃
	湿度	（20%～90%）RH，无水珠凝结
	振动	小于 5.9m/s²（0.6g）
	存储温度	-20～60℃
结构	防护等级	IP20
	冷却方式	强制风冷
安装方式		壁挂式

3.5 富凌变频器

3.5.1 DZB100 系列变频器基本规格和主要技术参数

DZB100 系列变频器基本规格和主要技术参数见表 3-16～表 3-18。

表 3-16 DZB100 系列变频器技术参数

项目		说明
输入	额定电压	单相：220V，50Hz/60Hz；三相：380V，50Hz/60Hz
	频率容许变动值	电压：±20%；电压失衡率：<3%；频率：±5Hz
输出	额定电压	0～输入电压
	频率	0.01～400.00Hz
	过载能力	150%额定电流，1min
主要控制功能	调制方式	空间电压矢量 PWM 控制（SVPWM 控制）
	控制方式	V/F 控制，任意 V/F 控制
	频率精度	0.01Hz
	频率分辨率	数字设定：0.01Hz；模拟设定：最高频率×0.1%
	转差补偿	自动转差补偿，范围：0.00～10.00
	转矩补偿	手动/自动转矩补偿，范围：0%～10%

（续）

项目		说明
主要控制功能	加减速时间	两种曲线:直线和任意S曲线;两种加减速时间,设定范围1.0~999.9
	多步速运行	内置PLC编程多步速运行;外接端子控制多步速运行
	内置计数器	可实现生产线自动计数控制
	自动节能运行	根据负载情况,自动改变V/F曲线,实现节能运行
运转功能	运转命令给定	面板给定;外接端子给定;RS485通信给定
	频率设定	面板给定;模拟电压给定;模拟电位器给定;外部加减速给定;RS485通信给定
	输入信号	正、反转指令;多步速控制;运行指令;故障输入;复位指令等
	输出信号	故障报警输出(250V/2A触点);开路集电极输出
显示	五位数码显示	显示频率;输出频率;输出电流;电动机转速;负载线速度;计数值等
	外接仪表显示	输出频率;输出电流显示
保护功能		过电流保护;过电压保护;欠电压保护;过热保护;过载保护
环境	使用场所	室内,不受阳光直晒,无尘埃、无腐蚀性气体、无油雾、水蒸气、滴水或盐分等
	海拔	低于1000m(超过1000m,降级使用)
	环境温度	-10~40℃
	湿度	20%~90%RH,无水珠凝结
	振动	小于5.9m/s²(0.6*g*)
	存储温度	-20~60℃
结构	防护等级	IP20
	冷却方式	强制风冷,自然冷却

表3-17　DZB100系列（AC 220V）变频器规格参数

型号	AC 220V系列	0005	0007	0015	0022	0037					
输出额定	适配电动机功率/kW	0.5	0.75	1.5	2.2	3.7					
	额定输出容量/kV·A	0.7	1.0	2.0	3.0	5.0					
	额定输出电流/A	2.5	4.0	7.0	10	17					
	最高输出电压/V	220									
输入额定	输入电流/A	4.0	5.2	10	15	25					
	额定输入电压及频率	单/三相220V,50Hz/60Hz									
	允许电压变动范围	±20%									
	允许频率变动范围	47~63Hz									

表3-18　DZB100系列（AC 380V）变频器规格参数

型号	AC 380V系列	0007	0015	0022	0037	0055	0075	0110	0150	0185	0220	0300	0370	0450	0550
输出额定	适配电动机功率/kW	0.75	1.5	2.2	3.7	5.5	7.5	11	15	18.5	22	30	37	45	55
	额定输出容量/kV·A	1.0	2.0	3.0	5.0	7.5	10	15	20	25	30	40	50	60	75
	额定输出电流/A	2.5	3.7	5.0	8.5	13	18	24	30	39	46	58	75	90	110
	最高输出电压/V	三相380V													

（续）

型号	AC 380V 系列	0750	0930	1100	1320	1600	1870	2000	2200	2500	2800	3150	4000	5000	6300
输出额定	适配电动机功率/kW	75	93	110	132	160	187	200	220	250	280	315	400	500	630
	额定输出容量/kV · A	100	125	150	175	220	250	270	300	330	370	420	575	710	890
	额定输出电流/A	150	170	210	250	300	340	380	430	470	520	620	754	930	1180
	最高输出电压/V	三相 380V													
型号	AC 380V 系列	0007	0015	0022	0037	0055	0075	0110	0150	0185	0220	0300	0370	0450	0550
输入额定	输入电流/A	3.2	4.8	6.5	11	16	23	31	39	50	58	75	97	110	140
	额定输入电压及频率	三相 380V,50Hz/60Hz													
	允许电压变动范围	±20%													
	允许频率变动范围	47~63Hz													
型号	AC 380V 系列	0750	0930	1100	1320	1600	1870	2000	2200	2500	2800	3150	4000	5000	6300
输入额定	输入电流/A	190	220	260	320	350	390	450	480	520	590	700	830	1023	1300
	额定输入电压及频率	三相 380V,50Hz/60Hz													
	允许电压变动范围	±20%													
	允许频率变动范围	47~63Hz													

3.5.2 DZB500 系列变频器基本规格和主要技术参数

DZB500 系列变频器基本规格和主要技术参数见表 3-19~表 3-21。

表 3-19 DZB500 系列变频器技术参数

电源	额定电压、额定频率	三相 380V, 50Hz/60Hz
	允许电压波动范围	±15%
	允许频率波动范围	±5%
控制特性	控制方式	正弦波 PWM 方式
	起动转矩	150%/0r/min(150%/1Hz,不带 PG)
	速度控制范围	1 : 1000(1 : 100 不带 PG)
	速度控制精度	±0.02%(±0.2%不带 PG)
	速度响应	30Hz(5Hz,不带 PG)
	频率控制范围	0.1~400Hz
	频率设定分辨率	数字指令:0.01Hz;模拟量指令:±0.1%
	输出频率分辨率	0.01Hz
	过载能力	150%额定输出电流 1min,200%额定输出电流时保护动作
	频率给定方式	0~10V,4~20mA,多段频率给定
	加减速时间	0.1~6000s(加减速时间可分 4 段分别设定)
	制动转矩	制动转矩(0.0~150%)
	主要控制功能	瞬时停电再起动、PID 控制、固定偏差控制、速度搜寻、过转矩检测、转矩限制、多步速度操作、加减速时间选择、3 线定序、速度/转矩控制选择、自动调整、转矩控制、节能运行、RS485/232 通信等
	显示	采用 5 位 LED 显示或者 LCD 显示

（续）

保护功能	瞬时过电流保护	输出电流超过额定电流的 200%以上
	过电压、欠电压保护	380V 等级直流电压 800V、380V
	瞬时停电补偿	15ms 以上时停止
	散热器过热保护	散热器温度到达 75℃±5℃
	接地短路保护	通过检测主电路电流保护
	整流桥过热保护	散热器温度到达 75℃±5℃
适用环境	环境温度	-10～40℃挂式机箱；-10～45℃柜式机箱
	湿度	95%RH 以下（不结露）
	保存温度	-20～60℃（运输中的短时间温度）
	使用场所	室内（无腐蚀性气体、尘埃等场所）
	海拔	1000m 以下
	振动	<20Hz 时 $9.8m/s^2$，20～50Hz 时 $2m/s^2$

表 3-20　DZB500 系列（AC 220V）变频器规格参数

型号	AC 220V 系列		0005	0007	0015	0022	0037	0055	0075	0110	0150	0185	0220	0300	0370	0450	0550	0750	0930
额定输出	适用电动机额定功率/kW		0.5	0.75	1.5	2.2	3.7	5.5	7.5	11	15	18.5	22	30	37	45	55	75	93
	额定输出容量/kV·A		1.2	1.6	2.7	3.7	5.7	8.8	12	17	22	27	32	44	55	69	82	110	130
	额定输出电流/A		3.2	4.1	7.0	10.0	15	23	31	45	58	71	85	115	145	180	215	283	346
	最高输出电压/V		三相 220V（对应输入电压）																
额定输入	输入电流/A	三相 220V 输入	3.8	4.9	8.4	11.5	18	24	37	52	68	84	94	120	160	198	237	317	381
		单相 220V 输入	4.0	5.2	10	15	25	—											
	额定输入电压及频率		220V，50Hz/60Hz																
	允许电压变动范围		±15%																
	允许频率变动范围		47～63Hz																

表 3-21　DZB500 系列（AC 380V）变频器规格参数

型号	额定输出				额定输入			
AC 380V 系列	适用电动机额定功率 /kW	定输出容量 /kV·A	额定输出电流 /A	最高输出电压 /V	输入电流 /A	额定输入电压及频率	允许电压变动范围	允许频率变动范围
0007	0.75	1.0	2.5	三相 380V（对应输入电压）	3.2	三相 380V，50Hz/60Hz	±15%	47～63Hz
0015	1.5	2.0	3.7		4.8			
0022	2.2	3.0	5.0		6.5			
0037	3.7	5.0	8.5		11			
0055	5.5	7.5	13		16			
0075	7.5	10	18		23			
0110	11	15	24		31			
0150	15	20	30		39			
0185	18.5	25	39		50			
0220	22	30	46		58			
0300	30	40	58		75			
0370	37	50	75		97			
0450	45	60	90		110			
0550	55	75	110		140			
0750	75	100	150		190			
0930	93	125	170		220			
1100	110	150	210		260			
1320	132	175	210		320			
1600	160	220	3000		350			
1870	187	250	340		390			
2000	200	270	380		450			
2200	220	300	430		480			
2500	250	330	470		520			
2800	280	370	520		590			
3150	315	420	620		700			
4000	400	575	754		830			
5000	500	710	930		1023			
6300	630	890	1180		1300			

3.6　西门子变频器

3.6.1　MICROMASTER430 系列变频器主要技术参数

MICROMASTER430 系列变频器主要技术参数见表 3-22。

表 3-22 MICROMASTER430 系列变频器主要技术参数

特　性	技术规格
电源电压和功率范围(VT)	三相 AC 380(100%±10%)V;7.50~90.0kW(10.0~120hp)
输入频率	47~63Hz
输出频率	0~650Hz
功率因数	0.98
变频器的效率	外形尺寸 C~F:96%~97%;外形尺寸 FX~GX:97%~98%
过载能力,变转矩(VT)方式	外形尺寸 C~F:1.1 倍的额定输出电流(即 110%过载),过载时间 60s,间隔时间 300s;1.4 倍的额定输出电流(即 140%过载),过载时间 3s,间隔时间 300s 外形尺寸 FX~GX:1.1 倍的额定输出电流(即 110%过载),过载时间 59s,间隔时间 300s;1.5 倍的额定输出电流(即 150%过载),过载时间 1s,间隔时间 300s
合闸冲击电流	<额定输入电流
控制方法	线性 *U/f* 控制、带 FCC(磁通电流控制)功能的线性 *U/f* 控制、抛物线 *U/f* 控制、多点 *U/f* 控制、适用于纺织工业的 *U/f* 控制、适用于纺织工业的带 FCC 功能的 *U/f* 控制,带独立电压设定值的 *U/f* 控制
脉冲调制频率	外形尺寸 C~F:2~8kHz(每级调整 2kHz);外形尺寸 FX~GX:2~8kHz(每级调整 2kHz)(标准设置为 2kHz(VT))
固定频率	15 个,可编程
跳转频率	4 个,可编程
设定值的分辨率	数字输入,0.01Hz;串行通信的输入,0.01Hz;10 位二进制模拟输入:电动电位计,0.1Hz;在 PID 方式下,0.1%
数字输入	6 个,可编程(带电位隔离),可切换为高电平/低电平有效(PNP/NPN)
模拟输入 1(AIN1)	0~10V,0~20mA 和-10~+10V
模拟输入 2(AIN2)	0~10V 和 0~20mA
继电器输出	3 个,可编程 DC 30V/5V(电阻性负载),AC 250V 2A(电感性负载)
模拟输出	2 个,可编程(0~20mA)
串行接口	RS485,可选 RS232
电磁兼容性	外形尺寸 CF:选用的 EMC 滤波器符合 EN55011 标准 A 级或 B 级的要求,变频器带有内置的 A 级滤波器时也符合该标准的要求;外形尺寸 FX~GX:带有 EMC 滤波器(作为选件供货)时,其传导性辐射满足 EN55011,A 级标准限定值的要求(必须安装进线电抗器)
制动	直流注入制动,复合制动
防护等级	IP20
温度范围(VT)	外形尺寸 C~F:-10~+40℃(14~104℉);外形尺寸 FX~GX:0~+40℃(32~104℉),至 50℃(131℉)
存放温度	-40~+70℃(-40~158℉)
相对湿度	<95% RH,无结露
工作地区的海拔	外形尺寸 C~F:海拔 1000m 以下不需要降低额定值运行 外形尺寸 FX~GX:海拔 2000m 以下不需要降低额定值运行

（续）

特　　性	技术规格
保护的特征	欠电压、过电压、过负载、接地、短路、电动机失步保护、电动机锁定保护、电动机过温、变频器过温、参数联锁
标准	外形尺寸 C～F：UL、cU1、CE、C-tick；外形尺寸 FX～GX：UL（正在准备中）、cUL（正在准备中）、CE
CE 标记	符合 CE 低电压规范 73/32/EEC 和电磁兼容性规范 89/336/EEC 的要求

3.6.2 MICROMASTER440 系列通用型变频器主要技术参数

MICROMASTER440 系列通用型变频器主要技术参数见表 3-23。

表 3-23 MICROMASTER440 系列通用型变频器主要技术参数

特　　性		技术规格
电源电压和功率范围		单相 AC 200～240（100%±10%）V；CT：0.12～3.0kW（0.16～4.0hp）
		三相 AC 200～240（100%±10%）V；CT：0.12～45.0kW（0.16～60.0hp）；VT：5.50～45.0kW（7.50～60.0hp）
		三相 AC 380～480（100%±10%）V；CT：0.37～200.0kW（0.50～268.0hp）；VT：7.50～250.0kW（10～335hp）
		三相 AC500～600（100%±10%）V；CT：0.75～75.0kW（1.0～100hp）；VT：1.50～90.0kW（2.00～120.0hp）
输入频率		47～63Hz
输出频率		0～650Hz
功率因数		0.98
变频器的效率		外形尺寸 A～F：96%～97%
		外形尺寸 FX～GX：97%～98%
过载能力	恒转矩（CT）	外形尺寸 A～F：1.5×额定输出电流（即 150%过载），持续时间 60s，间隔周期时间 300s；2×额定输出电流（即 200%过载），持续时间 3s，间隔时间周期 300s
		外形尺寸 FX、GX：1.36×额定输出电流（即 136%过载），持续时间 57s，间隔周期时间 300s；1.6×额定输出电流（即 160%过载），持续时间 3s，间隔时间周期 300s
	变转矩（VT）	外形尺寸 A～F：1.1×额定输出电流（即 110%过载），持续时间 60s，间隔周期时间 300s；1.4×额定输出电流（即 140%过载），持续时间 3s，间隔时间周期 300s
		外形尺寸 FX、GX：1.1×额定输出电流（即 110%过载），持续时间 59s，间隔周期时间 300s；1.5×额定输出电流（即 150%过载），持续时间 1s，间隔时间周期 300s
合闸冲击电流		<额定输入电流
控制方法		线性 *U/f* 控制、带 FCC（磁通电流控制）功能的线性 U/f 控制、抛物线 *U/f* 控制、多点 *U/f* 控制、适用于纺织工业的 *U/f* 控制、适用于纺织工业的带 FCC 功能的 *U/f* 控制、带独立电压设定值的 *U/f* 控制、无传感器矢量控制、无传感器矢量转矩控制、带编码器反馈的速度控制、带编码器反馈的转矩控制
脉冲调制频率		外形尺寸 A～C：230V，0.12～5.5kW（标准配置 16kHz）
		外形尺寸 A～F：其他功率和电压规格 2～16kHz（每级调整 2kHz）
		外形尺寸 FX～GX：2～8kHz（每级调整 2kHz）（标准设置为 2kHz（VT））

（续）

特　　性	技术规格
固定频率	15 个，可编程
跳转频率	4 个，可编程
设置的分辨率	数字输入，0.01Hz；串行通信的输入，0.01Hz；10 位二进制模拟输入：电动电位计，0.1Hz；在 PID 方式下，0.1%
数字输入	6 个，可编程（带电位隔离），可切换为高电平/低电平有效（PNP/NPN）
模拟输入	2 个，可编程，两个输入可以作为第 7 和第 8 个数字输入进行参数化；0~10V，0~20mA 和 -10~+10V（ADC1）；0~10V，0~20mA（ADC2）
继电器输出	3 个，可编程 DC 30V/5V（电阻性负载），AC 250V 2A（电感性负载）
模拟输出	2 个，可编程（0~20mA）
串行接口	RS485，可选 RS232
特性	技术规格
电磁兼容性	外形尺寸 A~C：选用的 A 级或 B 级滤波器符合 EN55011 标准的要求
	外形尺寸 A~F：变频器带有内置的 A 级滤波器
	外形尺寸 FX、GX：带有 EMC 滤波器（作为选件供货）时，其传导性辐射满足 EN55011，A 级标准限定值的要求（必须安装进线电抗器）
制动	直流注入制动，复合制动，动力制动：外形尺寸 A~F：带有内置制动单元
	直流注入制动，复合制动，动力制动：外形尺寸 FX、GX：外接制动单元
防护等级	IP20
温度范围	外形尺寸 A~F：-10~+50℃（14~122℉，CT），-10~+40℃（14~104℉，VT）
	外形尺寸 FX、GX：0~+40℃（32~104℉），至 50℃（131℉）输出功率随温度升高而降低
存放温度	-40~+70℃（-40~158℉）
相对湿度	<95% RH，无结露
工作地区的海拔高度	外形尺寸 A~F：海拔 1000m 以下不需要降低额定值运行
	外形尺寸 FX、GX：海拔 2000m 以下不需要降低额定值运行
保护的特性	欠电压、过电压、过负载、接地、短路、电动机失步保护、电动机锁定保护、电动机过温、变频器过温、参数联锁
标准	外形尺寸 A~F：UL，cU1，CE，C-tick
	外形尺寸 FX、GX：UL（正在准备中）、cUL（认证正在准备中）、CE
CE 标记	符合 CE 低电压规范 73/32/EEC 和电磁兼容性规范 89/336/EEC 的要求

3.7 富士变频器

3.7.1 富士 FRENIC 5000 G11S 系列变频器基本规格和主要技术参数

富士 FRENIC 5000 G11S 系列变频器基本规格和主要技术参数见表 3-24 和表 3-25。

表 3-24 FRENIC 5000 G11S/P11S 系列变频器基本规格

变频器机种	一般工业用 FRENIC 5000 G11S 系列		风机、泵用 FRENIC 5000 P11S 系列	
适配电动机功率/kW	200V 系列	400V 系列	200V 系列	400V 系列
0. 2	FRN0. 2G11S-2JE	—	—	—
0. 4	FRN0. 4G11S-2JE	FRN0. 4G11S-4JE		
0. 75	FRN0. 75G11S-2JE	FRN0. 75G11S-4JE		
1. 5	FRN1. 5G11S-2JE	FRN1. 5G11S-4JE		
2. 2	FRN2. 2G11S-2JE	FRN2. 2G11S-4JE		
3. 7	FRN3. 7G11S-2JE	FRN3. 7G11S-4JE		
5. 5	FRN5. 5G11S-2JE	FRN5. 5G11S-4JE		
7. 5	FRN7. 5G11S-2JE	FRN7. 5G11S-4JE	FRN7. 5P11S-2JE	FRN7. 5P11S-4CX
11	FRN11G11S-2JE	FRN11G11S-4JE	FRN11P11S-2JE	FRN11P11S-4CX
15	FRN15G11S-2JE	FRN15G11S-4JE	FRN15P11S-2JE	FRN15P11S-4CX
18. 5	FRN18. 5G11S-2JE	FRN18. 5G11S-4JE	FRN18. 5P11S-2JE	FRN18. 5P11S-4CX
22	FRN22G11S-2JE	FRN22G11S-4JE	FRN22P11S-2JE	FRN22P11S-4CX
30	FRN30G11S-2JE	FRN30G11S-4JE	FRN30P11S-2JE	FRN30P11S-4CX
37	FRN37G11S-2JE	FRN37G11S-4JE	FRN37P11S-2JE	FRN37P11S-4CX
45	FRN45G11S-2JE	FRN45G11S-4JE	FRN45P11S-2JE	FRN45P11S-4CX
55	FRN55G11S-2JE	FRN55G11S-4JE	FRN55P11S-2JE	FRN55P11S-4CX
75	FRN75G11S-2JE	FRN75G11S-4JE	FRN75P11S-2JE	FRN75P11S-4CX
90	FRN90G11S-2JE	FRN90G11S-4JE	FRN90P11S-2JE	FRN90P11S-4CX
110	—	FRN110G11S-4JE	FRN110P11S-2JE	FRN110P11S-4CX
132		FRN132G11S-4JE	—	FRN132P11S-4CX
160		FRN160G11S-4JE		FRN160P11S-4CX
200		FRN200G11S-4JE		FRN200P11S-4CX
220		FRN220G11S-4JE		FRN220P11S-4CX
280		FRN280G11S-4JE		FRN280P11S-4CX
315		FRN315G11S-4JE		FRN315P11S-4CX
355		—		FRN355P11S-4CX
400				FRN400P11S-4CX

3.7.2 富士 FRENIC 5000 P11S 系列变频器基本规格和主要技术参数

富士 FRENIC 5000 P11S 系列变频器基本规格和主要技术参数见表 3-24 和表 3-26。

3.8 三菱变频器

3.8.1 三菱 FR-A240E 系列变频器基本规格和主要技术参数

三菱 FR-A240E 系列变频器基本规格和主要技术参数见表 3-27 和表 3-28。

表 3-25　FRENIC 5000 G11S 系列变频器主要技术参数

项目			参数																							
规格			0.4	0.75	1.5	2.2	3.7	5.5	7.5	11	15	18.5	22	30	37	45	55	75	90	110	132	160	200	220	280	315
标准适配电动机功率/kW			0.4	0.75	1.5	2.2	3.7	5.5	7.5	11	15	18.5	22	30	37	45	55	75	90	110	132	160	200	220	280	315
额定输出	额定容量①/kV·A		1.1	1.9	3.0	4.2	6.5	9.5	13	18	22	28	33	45	57	69	85	114	134	160	192	231	287	316		
额定输出	额定输出电压②/V		三相,380V、400V、415V、(440V)/50Hz,380V、400V、440V、460V/60Hz																							
额定输出	额定输出电流③/A		1.5	2.5	3.7	5.5	9.0	13	18	24	30	39	45	60	75	91	112	150	176	210	253	304	377	415		
额定输出	额定过载电流		150%额定输出电流,60s;200%额定电流,0.5s											150%额定输出电流,60s;180%额定电流,0.5s												
额定输出	额定输出频率		50Hz,60Hz																							
输入电源	相数、电压、频率		三相,380~480V、50Hz/60Hz											三相、380~440V、50Hz④;三相、380~480V、60Hz												
输入电源	电压、频率允许波动		电压:10%~-15%,相间不平衡率⑤≤2%;频率:5%~-5%																							
输入电源	瞬时低电压耐量⑥		310V 以上时继续运行;由额定电压降低至 310V 以下时,能继续运行 15ms;如选择继续运行,则输出频率稍微下降,等待电源恢复,进行再起动控制																							
输入电源	额定输入电流⑦/A	有 DCR	0.82	1.5	2.9	4.2	7.1	10.0	13.5	19.8	26.8	33.2	39.3	54	67	81	100	134	160	196	232	282	352	385		
输入电源	额定输入电流⑦/A	无 DCR	1.8	3.5	6.2	9.2	14.9	21.5	27.9	39.1	50.3	59.9	69.3	86	104	124	150	—	—	—	—	—	—	—	—	—
输入电源	需要电源容量⑧/KV·A		0.7	1.2	2.2	3.1	5.0	7.2	9.7	15	20	24	29	38	47	57	70	93	111	136	161	196	244	267		
输出频率	调整	最高输出频率	50~400Hz,可变设定																							
输出频率	调整	基本频率	25~400Hz,可变设定																							
输出频率	调整	起动频率	0.1~60Hz,可变设定;保持时间:0.0~10.0s																							
输出频率	调整	载波频率⑨	0.75~15kHz,可变设定;0.75~10kHz,可变设定																							
输出频率	频率精度	模拟设定	最高输出频率的±0.2%(25℃±10℃)																							
输出频率	频率精度	数字设定	最高输出频率的±0.01%(-10~50℃)																							
输出频率	频率设定分辨率	模拟设定	最高输出频率的 1/3000(例:60Hz 设定为 0.02Hz,400Hz 设定为 0.15Hz)																							
输出频率	频率设定分辨率	键盘面板设定	0.01Hz(<99.99Hz),0.1Hz(>100.0Hz)																							
输出频率	频率设定分辨率	链接设定	能选择以下两种之一:最高输出频率的 1/20000(例:60Hz 设定为 0.003Hz,400Hz 设定为 0.02Hz);0.01Hz(固定)																							
控制	电压/频率特性		基本频率和最高频率时的输出电压可分别设定,范围为 320~480V(有 AVR 控制)																							
控制	转矩提升		恒转矩特性负载				二次方转矩特性负载						比例转矩特性负载													
控制	自动(设定代码)		0.0				—						—													
控制	手动(设定代码)		2.0~20.0				0.1~0.9⑩						1.0~1.9													
控制	起动转矩/额定转矩		>200%(动态转矩矢量控制时)											>180%(动态转矩矢量控制时)												

（续）

<table>
<tr><td colspan="3">项　目</td><td colspan="24">参　数</td></tr>
<tr><td rowspan="7">制动</td><td rowspan="3">标准</td><td>制动转矩/额定转矩</td><td>150%</td><td colspan="6">100%以上</td><td colspan="4">≈20%⑪</td><td colspan="13">10%~15%⑪</td></tr>
<tr><td>制动时间/s</td><td>5</td><td colspan="6">5</td><td colspan="17">没有限制</td></tr>
<tr><td>制动使用率(%ED)</td><td>5</td><td>3</td><td>5</td><td>3</td><td>2</td><td>3</td><td>2</td><td colspan="17">没有限制</td></tr>
<tr><td rowspan="3">选件</td><td>制动转矩/额定转矩</td><td colspan="11">>150%</td><td colspan="13">>100%</td></tr>
<tr><td>制动时间/s</td><td>45</td><td colspan="2">45</td><td>30</td><td colspan="2">20</td><td colspan="4">10</td><td>8</td><td colspan="13">10</td></tr>
<tr><td>制动使用率(%ED)</td><td>22</td><td colspan="2">10</td><td>7</td><td colspan="2">5</td><td colspan="4">5</td><td>5</td><td colspan="13">10</td></tr>
<tr><td colspan="2">直流制动⑫</td><td colspan="24">制动开始频率:0.1~60.0Hz;制动时间:0.0~30.0s;制动动作值:0~100%各数值能可变设定</td></tr>
<tr><td colspan="3">防护结构(IEC60529)</td><td colspan="11">IP40 全封闭</td><td colspan="13">IP00 开放式(IP20 封闭式可选用订购)</td></tr>
<tr><td colspan="3">冷却方式</td><td>自冷</td><td colspan="23">风扇冷却</td></tr>
<tr><td colspan="3">符合标准</td><td colspan="24"></td></tr>
<tr><td colspan="3">质量/kg</td><td>2.2</td><td>2.5</td><td>3.8</td><td>3.8</td><td>3.8</td><td>6.5</td><td>6.5</td><td>10</td><td>10</td><td>10.5</td><td>10.5</td><td>29</td><td>34</td><td>39</td><td>40</td><td>48</td><td>70</td><td>70</td><td>100</td><td>100</td><td>140</td><td>140</td><td></td><td></td></tr>
</table>

① 额定输出电压按 440V 计算，电源电压降低时，额定容量也下降。

② 不能输出比电源电压高的电压。

③ 驱动低阻抗的高频电动机等场合，允许输出电流可能比额定值小。

④ 当电源电压大于 380~398V（50Hz）、380~430V（60Hz）时，必须切换变频器内部的分接头。

⑤ 三相电源电压不平衡率大于 2%时，应使用功率因数改善用直流电抗器（DCR）

$$\text{电源电压不平衡率（\%）}=\frac{\text{最大电压}-\text{最小电压}}{\text{三相平均电压}}\times 100\%$$ ［按照 IEC 61800-3（5、2、3）标准］

⑥ 按 JEMA 规定的标准负载条件（相当标准适配电动机的 85%负载）下的试验值。

⑦ 按富士电动机公司规定条件下的计算值。

⑧ 按标准适配电动机负载和使用直流电抗器（DCR）（≤55kW 时为选件）条件下的数据。

⑨ 为了保护变频器，对应周围温度和输出电流情况，载频有时会自动降低。

⑩ 设定 0.1 时，起动转矩能达到 50%以上。

⑪ 标准适配电动机的场合（由 60Hz 减速停止时的平均转矩，随电动机的损耗而改变）。

⑫ 制动动作过程中输入运行命令，将按起动频率再起动运行；正转←→反转切换运行时，直流制动不作用；在有运行命令的条件下，降低设定频率，直流制动不作用。

表 3-26 FRENIC 5000 P11S 系列变频器主要技术参数

项目			参数																			
规格			7.5	11	15	18.5	22	30	37	45	55	75	90	110	132	160	200	220	280	315	355	400
标准适配电动机功率/kW			7.5	11	15	18.5	22	30	37	45	55	75	90	110	132	160	200	220	280	315	355	400
额定输出	额定容量[1]/kV·A		12.5	17.5	22.8	28.1	33.5	45	57	69	85	114	134	160	192	231	287	316	396			
额定输出	额定输出电压[2]/V		三相,380V、400V、415V、(440V)/50Hz,380V、400V、440V、460V/60Hz																			
额定输出	额定输出电流[3]/A		16.5	23	30	37	44	60	75	91	112	150	176	210	253	304	377	415	520			
额定输出	额定过载电流		110%额定输出电流,1min																			
额定输出	额定输出频率		50Hz,60Hz																			
输入电源	相数、电压、频率		三相,380~480V,50Hz/60Hz					三相,380~440V,50Hz[4];三相,380~480V,60Hz														
输入电源	电压、频率允许波动		电压:-15%~10%,相间不平衡率[5]≤2%;频率:-5%~5%																			
输入电源	瞬时低电压耐量[6]		310V 以上时继续运行;由额定电压降低至 310V 以下时,能继续运行 15ms;如选择继续运行,则输出频率稍微下降,等待电源恢复,进行再起动控制																			
输入电源	额定输入电流[7]/A	有 DCR	13.5	19.8	26.8	33.2	39.3	54	67	81	100	134	160	196	232	282	352	385	491			
输入电源	额定输入电流[7]/A	无 DCR	27.9	39.1	50.3	59.9	69.3	86	104	124	150	—	—	—	—	—	—	—	—	—	—	—
输入电源	需要电源容量/kV·A[8]		9.7	15	20	24	29	38	47	57	70	93	111	136	161	196	244	267	341			
输出频率	调整	最高输出频率	50~120Hz 可变设定																			
输出频率	调整	基本频率	25~120Hz 可变设定																			
输出频率	调整	起动频率	0.1~60Hz 可变设定;保持时间:0.0~10.0s																			
输出频率	调整	载波频率[9]	0.75~15kHz,可变设定					0.75~10kHz,可变设定					0.75~ 6kHz,可变设定									
输出频率	频率精度	模拟设定	最高输出频率的±0.2%(25℃±10℃)以内																			
输出频率	频率精度	数字设定	最高输出频率的±0.01%(-10~50℃)以内																			
输出频率	频率设定分辨率	模拟设定	最高输出频率的 1/3000(例:60Hz 设定为 0.02Hz,120Hz 设定为 0.04Hz)																			
输出频率	频率设定分辨率	键盘面板设定	0.01Hz<99.99Hz 以下),0.1Hz>100.00Hz 以上)																			
输出频率	频率设定分辨率	链接设定	能选择以下两种之一:最高输出频率的 1/20 000(例:60Hz 设定为 0.003Hz,120Hz 设定为 0.006Hz;0.01Hz(固定)																			
控制	电压/频率特性		基本频率和最高频率时的输出电压可分别设定,范围为 320~480V(有 AVR 控制)																			
控制	转矩提升		恒转矩特性负载					二次方转矩特性负载					比例转矩特性负载									
控制	自动(设定代码)		0.0					—					—									
控制	手动(设定代码)		2.0~20.0					0.1~0.9[10]					1.0~1.9									
控制	起动转矩/额定转矩		>50%																			

（续）

项目			参数																			
制动	标准	制动转矩[11]/额定转矩	≈20%[11]				10%~15%															
		制动时间/s	没有限制																			
		制动使用率(%ED)	没有限制																			
	选件	制动转矩/额定转矩	>100%				>70%															
		制动时间/s	15		7		8		6		8		7		8							
		制动使用率	3.5		3.5		4		3		8		7		8							
	直流制动[12]		制动开始频率:0.1~60.0Hz;制动时间:0.0~30.0s;制动动作值:0~80%各数值能可变设定																			
防护结构(IEC60529)			IP40 全封闭						IP00 开放式(IP20 封闭式可选用订购)													
冷却方式			风扇冷却																			
符合标准																						
质量/kg			6.1	6.1	10	10	10.5	29	29	34	39	40	48	70	70	100	100	140	140			

① 额定输出电压按 440V 计算，电源电压降低时，额定容量也下降。

② 不能输出比电源电压高的电压。

③ 驱动低阻抗的高频电动机等场合，允许输出电流可能比额定值小。

④ 当电源电压大于 380~398V（50Hz）、380~430V（60Hz）时，必须切换变频器内部的分接头。

⑤ 三相电源电压不平衡率大于 2%时，应使用功率因数改善用直流电抗器（DCR）

$$电源电压不平衡率（\%）=\frac{最大电压-最小电压}{三相平均电压}\times 100\%$$ [按照 IEC 61800-3（5、2、3）标准]

⑥ 按 JEMA 规定的标准负载条件（相当标准适配电动机的 85%负载）下的试验值。

⑦ 按富士电动机公司规定条件下的计算值。

⑧ 按标准适配电动机负载和使用直流电抗器（DCR）（≤55kW 时为选件）条件下的数据。

⑨ 为了保护变频器，对应周围温度和输出电流情况，载频有时会自动降低。

⑩ 设定 0.1 时，起动转矩能达到 50%以上。

⑪ 标准适配电动机的场合（由 60Hz 减速停止时的平均转矩，随电动机的损耗而改变）。

⑫ 制动动作过程中输入运行命令，将按起动频率再起动运行；正转←→反转切换运行时，直流制动不作用，在有运行命令的条件下，降低设定频率，直流制动不作用。

表 3-27 三菱 FR-A240E 系列变频器基本规格

型号		FR-A240E-0.4K	FR-A240E-0.75K	FR-A240E-1.5K	FR-A240E-2.2K	FR-A240E-3.7K	FR-A240E-5.5K	FR-A240E-7.5K	FR-A240E-11K	FR-A240E-15K	FR-A240E-18.5K	FR-A240E-22K	FR-A240E-30K	FR-A240E-37K	FR-A240E-45K	FR-A240E-55K
输出 适用电动机功率/kW	CT	0.4	0.75	1.5	2.2	3.7	5.5	7.5	11	15	18.5	22	30	37	45	55
输出 额定电流/A T_a 50℃ f_c 14.5kHz	CT	1.5	2.5	4	6	9	12	17	23	31	38	43	57	71	86	110
输出 适用电动机功率/kW	VT	0.4	0.75	1.5	2.2	3.7	7.5	11	15	18.5	22	30	37	45	55	75
输出 额定电流/A T_a 45℃ f_c 1kHz	VT	1.8	3	4.8	6.7	9	14	21	29	39	48	57	71	96	108	138
输出 额定容量/kV·A	CT	1.1	1.9	3	4.5	6.9	9.1	13	17.5	23.6	29	32.8	43.4	54	65	84
	VT	1.3	2.3	3.6	5.1	6.9	10.6	16	22.1	29.7	36.5	43.4	54.1	73.2	82.3	105.2
输出 过负载电流/额定电流	CT	150%,60s;200%,0.5s(反时限特性)														
	VT	120%,60s;150%,0.5s(反时限特性)														
输出 输出电压		三相 0~最大输入电压(可调)50Hz/60Hz														
输出 再生制动转矩 最大值/时间		100%/5s							20%							
输出 再生制动转矩 容许制动率		2%ED							连续再生							
保护结构		封闭型(IP20)							开放型(IP00)							
冷却方式		强制风冷(带风扇散热)														
质量/kg		4.0	4.0	4.0	4.0	4.0	8.2	8.2	16	16	30	30	35	54	54	72

表 3-28　三菱 FR-A240E 系列变频器主要技术参数

类别	项目	细项	内容
运行特性	频率设定信号	模拟输入	DC 0~5V,0~10V,0~±5V,0~±10V,4~20mA
		数字输入	使用参数单元,BCD3 位或 12bit 二进制(使用选件 FR-EPA 或 FR-EPE 时)
	输入信号	起动信号	可以分别选择正转、反转和起动信号自保持输入
		多段速选择	最大可达 7 速选择(各速度可在 0~400Hz 内设定,运行中可用参数单元改变运行速度)
		第 2 加减速时间选择	0~3600s 可分别设定加速和减速时间
		点动运行选择	备有点动(JOG)运行模式选择端子
		电流输入选择	选择频率设定信号 DC 4~20mA(4 号端子)的输入
		输出停止	瞬时断开变频器输出(频率、电压)
		异常复位	解除保护功能动作时的保持状态
	运行功能		上/下限频率设定、频率跳变运行、外部热继电器输入选择,极性可逆选择、瞬停再起动运行/工频(电源)切换运行、正转/逆转防止、转差率补偿、运行模式选择、自动调整功能
	输出信号	运行状态	变频器正在运行,频率达到,瞬时停电(电压不足),频率检测,第二频率检测,负载转矩高速频率控制(FR-A241E 专有),起重机制动顺序(FR-A241E 专有),正使用 PU 运行,过负荷报警(再生制动预报警),正在程序模式进行,电子热继电器预报警等的中间可选择 4 种,集电极开路输出
		异常(变频器跳闸)	接点输出-IC 接点(AC 230V、0.3A;DC 30V、0.3A)集电极开路,报警指令(4 位)输出
		表示仪表用	输出频率,电动机电流(正常或最大值),输出电压,频率设定值,运行速度,电动机转矩,整流桥输出电压(正常或最大值),再生制动使用率,电子热继电器负荷率,输入功率;输出功率;负荷仪表;电动机励磁电流等的中间可以选择两种,可同时脉冲列输出(1440Hz/满刻度)和模拟输出(DC 0~10V)
控制特性	控制方式		高载波频率正弦波 PWM 控制(可以选择 U/f 控制或磁通矢量控制)
	输出频率范围		0.2~400Hz
	频率设定分辨度	模拟输入	0.015Hz/60Hz(2 号端子输入:12bit/0~10V,11bit/0~5V;1 号端子输入;12bit/-10~+10V,11bit/-5~+5V)
		数字输入	0.002Hz/60Hz(PU 使用时 0.01Hz)
	频率精度		最大频率的±0.2%内(25℃±10℃,模拟输入时);设定输出频率的 0.01%以内(数字输入时)
	电压/频率特性		基底频率可在 0~400Hz 任意设定,可以选择恒转矩,平方转矩曲线
	起动转矩		150%/1Hz(磁通矢量控制)
	转矩提升		手动和自动转矩提升
	加减速时间设定		0~3600s 可以分别设定加速(减速),可以选择直线或 S 形加减速模式
	直流制动		动作频率(0~120Hz);动作时间(0~10s);动作电压(0~30%)可变
	失速防护动作水平		可以设定动作电流(0~200%可变),可以选择是否使用这种功能
保护和报警功能			过电流断路(正在加速、减速、定速);再生过电压断路;电压不足;瞬时停电;过负荷断路;电子热继电器;制动晶体管异常;接地过电流;输出短路;主电路元件过热;失速防护;过负荷报警;制动电阻过热保护(FR-A240E)/电源再生电路故障(FR-A241E)

3.8.2　三菱 FR-A500 系列变频器基本规格和主要技术参数

三菱 FR-A500 系列变频器基本规格和主要技术参数见表 3-29 和表 3-30。

表 3-29　三菱 FR-A500 系列变频器基本规格

型号		FR-A 540-0.4 K-CH	FR-A 540-0.75 K-CH	FR-A 540-1.5 K-CH	FR-A 540-2.2 K-CH	FR-A 540-3.7 K-CH	FR-A 540-5.5 K-CH	FR-A 540-7.5 K-CH	FR-A 540-11 K-CH	FR-A 540-15 K-CH	FR-A 540-18.5 K-CH	FR-A 540-22 K-CH	FR-A 540-30 K-CH	FR-A 540-37 K-CH	FR-A 540-45 K-CH	FR-A 540-55 K-CH
适用电动机容量/kW		0.4	0.75	1.5	2.2	3.7	5.5	7.5	11	15	18.5	22	30	37	45	55
输出	额定容量/kV·A	1.1	1.9	3	4.6	6.9	9.1	13	17.5	23.6	29	32.8	43.4	54	65	84
	额定电流/A	1.5	2.5	4	6	9	12	17	23	31	38	43	57	71	86	110
	过载能力	150%额定负载,60s；200%额定负载,0.5s(反时限特性)														
	电压	三相,380~480V,50Hz/60Hz														
	再生制动转矩(最大值/允许使用率)	100%转矩/2%ED				20%转矩/连续										
电源	额定输入交流电压、频率	三相,380~480V,50Hz/60Hz														
	交流电压允许波动范围	323~528V,50Hz/60Hz														
	允许频率波动范围	±5%														
	电源容量/kV·A	1.5	2.5	4.5	5.5	9	12	17	20	28	34	41	52	66	80	100
保护结构(JEM 1030)		封闭型(IP20 NEMA1)											开放型(IP00)			
冷却方式		自冷			强制风冷											
质量(连同 DU)/kg		3.5	3.5	3.5	3.5	3.5	6.0	6.0	13.0	13.0	13.0	13.0	24.0	35.0	35.0	36.0

表 3-30　三菱 FR-A500 系列变频器主要技术参数

类别	项目	子项目	内容
控制特性	控制方式		柔性-PWM 控制/高载波频率 PWM 控制(可选择 V/F 控制或先进磁通矢量控制)
	输出频率范围		0.2~400Hz
	频率设定分辨率	模拟输入	0.015Hz/60Hz(2 号端子输入：12bit/0~10V，11bit/0~5V；1 号端子输入：12bit/-10~+10V，11bit/-5~+5V)
		数字输入	0.01Hz
	频率精度		模拟量输入时最大输出频率的±0.2%内(25℃±10℃)；数字量输入时设定输出频率的 0.01%以内
	电压/频率特性		基底频率可在 0~400Hz 任意设定，可选择恒转矩或变转矩曲线
	起动转矩		0.5Hz 时：150%(对于先进磁通矢量控制)
	转矩提升		手动转矩提升
	加减速时间设定		0~3600s(可分别设定加速和减速时间)，可选择直线形或 S 形加减速模式
	直流制动		动作频率(0~ 120Hz)；动作时间(0~ 10s)；动作电压(0~ 30%)可变
	失速防止动作水平		可设定动作电流(0~ 200%可变)，可选择是否使用这种功能
运行特性	频率设定信号	模拟量输入	DC 0~5V，0~10V，0~±10V，4~20mA
		数字量输入	使用操作面板或参数单元 3 位 BCD 或 12 位二进制输入(当使用 FR-A5AX 选件时)
	起动信号		可分别选择正、反转及起动信号自保持输入(三线输入)
	输入信号	多段速度选择	最多可选择 15 种速度[每种速度可在 0~400Hz 内设定，运行速度可通过 PU(FR-DU04/FR-PU04)改变]
		第二、第三加减速时间选择	0~3600s(最多可分别设定三种不同的加减速时间)
		点动运行选择	具有点动运行模式选择端子
		电流输入选择	可选择输入频率设定信号 DC 4~20mA(端子 4)
		输出停止	变频器输出瞬时切断(频率、电压)
		报警复位	解除保护功能动作时的保持状态
	运行功能		上下限频率设定、频率跳变运行、外部热继电器输入选择、极性可逆选择、瞬时停电再起动运行、工频电源-变频器切换运行、正转/反转限制、转差率补偿、运行模式选择、离线自动调整功能、在线自动调整功能、PID 控制、程序运行、计算机网络运行(RS485)
	输出信号	运行状态	可从变频器正在运行，频率达到，瞬时电源故障(欠电压)，频率检测，第二频率检测，第三频率检测，正在程序运行，正在 PU 模式下运行，过负荷报警，再生制动预报警，电子过电流保护预报警，零电流检测，输出电流检测，PID 下限，PID 上限，PID 正/负作用，工频电源-变频器切换 MC1、2、3，动作准备，制动打开请求，风扇故障和散热片过热预报警中选择五个不同的信号通过集电极开路输出
		报警(变频器跳闸)	接点输出接点转换(AC 230V、0.3A；DC 30V、0.3A) 集电极开路报警代码(4 位)输出
		指示仪表	可从输出频率，电动机电流(正常值或峰值)，输出电压，设定频率，运行速度，电动机转矩，整流桥输出电压(正常值或峰值)，再生制动使用率，电子过电流保护负荷率，输入功率，输出功率，负荷仪表，电动机励磁电流中分别选择一个信号从脉冲串输出(1440 脉冲/s/满量程)和模拟输出(DC 0~ 10V)

（续）

显示	PU(FR-DU04/FR-PU04)	运行状态	可选择输出频率、电动机电流（正常值或峰值）、输出电压、设定频率、运行速度、电动机转矩、过负荷、整流桥输出电压（正常值或峰值）、电子过电流保护负荷率、输入功率、输出功率、负荷仪表、电动机励磁电流、累积动作时间、实际运行时间、电能表、再生制动使用率和电动机负荷率用于再监视
		报警内容	保护功能动作时显示报警内容可记录8次（对于操作面板只能显示4次）
	只有参数单元(FR-PU04)有的附加显示	运行状态	输入端子信号状态，输出端子信号状态，选件安装状态，端子安排状态
		报警内容	保护功能即将动作前的输出电压、电流、频率、累积动作时间
		对话式引导	借助于帮助功能表示操作指南，故障分析
保护和报警功能			过电流断路（正在加速、减速、恒速），再生过电压断路，电压不足，瞬时停电，过负荷断路（电子过电流保护），制动晶体管报警，接地过电流，输出短路，主电路元件过热，失速防止，过负荷报警，制动电阻过热保护，散热片过热，风扇故障，选件故障，参数错误，PU脱出，再试次数超过，输出欠相保护，CPU错误，DC-24V电源输出短路，操作面板用电源短路
环境	周围温度		-10~50℃（不冻结）〔当使用全封闭规格配件（FR-A5CV）时-10~40℃〕
	周围湿度		90%RH以下（不结露）
	保存温度		-20~65℃
	周围环境		室内（应无腐蚀性气体、易燃气体、油雾、尘埃等）
	海拔，振动		最高海拔1000m以下，5.9m/s^2以下（JIS C 0911标准）

第4章 典型变频器应用电路设计

4.1 变频器应用电路介绍

1. 单柱坐标镗床主轴电动机改造

单柱坐标镗床主轴电动机原主轴采用直流调速电动机传动，因原电动机调速系统无法使用，且已无维修价值，因此，对其进行了交流变频改造。主电动机采用立式4kW变频电动机，变频器采用艾默生EV2000-4T055G型号变频器。变频电动机通过同步带轮与主轴进行传动。这台机床改造在2008年完成，机床是半自动机床，没有数控系统或者其他控制系统，没有DC10V模拟电压给定，所以变频电动机调速只能采用电位器调速，当时采用的艾默生EV2000-4T055G型号变频器本身没有电位器，所以需要配置外接可变电阻R对变频电动机进行调速。变频电动机调速范围：0~3000r/min，变频电动机速度给定后通过同步带传动到主轴变速箱变速，主轴箱档位分甲、乙、丙三档，主轴变速箱上有转速表显示转速，操作者可以由调节变频器频率结合档位变速找到合适加工的最佳转速。

单柱坐标镗床变频器控制电路如图4-1所示。

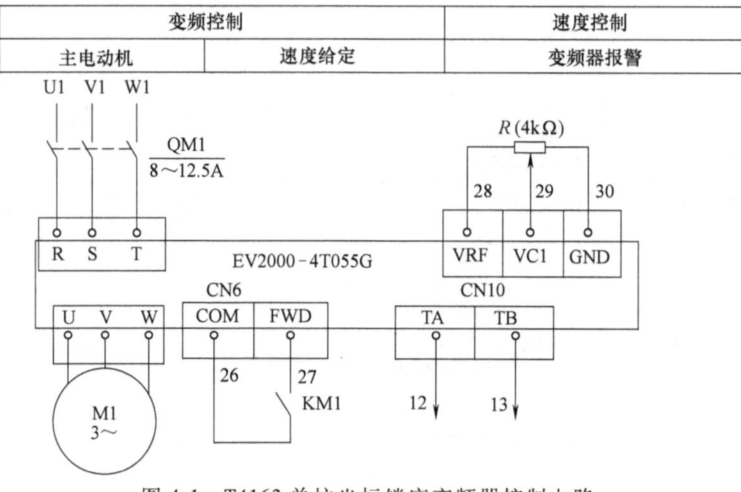

图4-1 T4163单柱坐标镗床变频器控制电路

2. 数控铣床变频主轴电动机两种变频器选择控制电路介绍

1）数控铣床变频电动机采用三菱 FR-A540-5.5K 变频器控制电路如图 4-2 所示。

变频器报警输出	主轴使能	主轴正转	主轴反转	模拟量输入

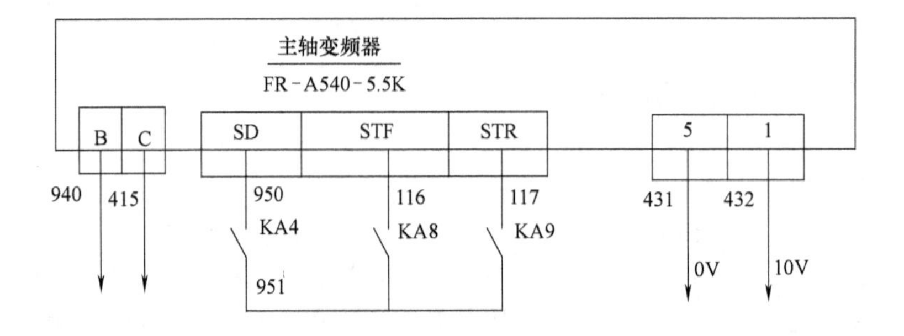

图 4-2　ZK7640 铣床变频器控制电路

2）数控铣床变频电动机采用施耐德 58HU90N4（5.5kW）变频器控制电路如图 4-3 所示。

报警输出	主轴使能	主轴正转	主轴反转	模拟量输入	制动电阻

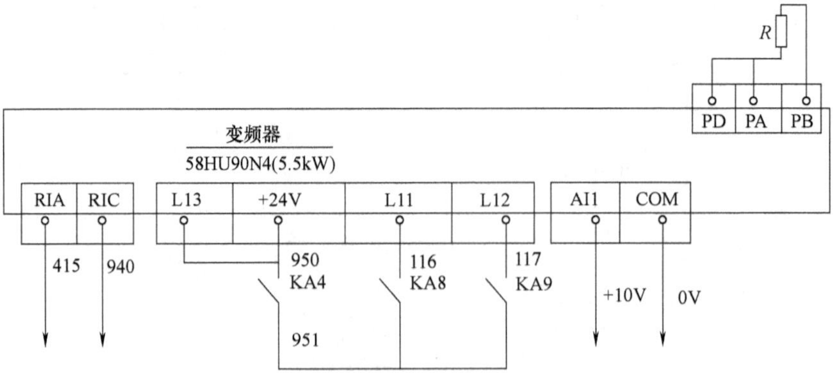

图 4-3　ZK7640 铣床施耐德变频器控制电路

3）数控车床主轴变频电动机采用森兰 SB60G（7.5kW）变频器控制电路如图 4-4 所示。

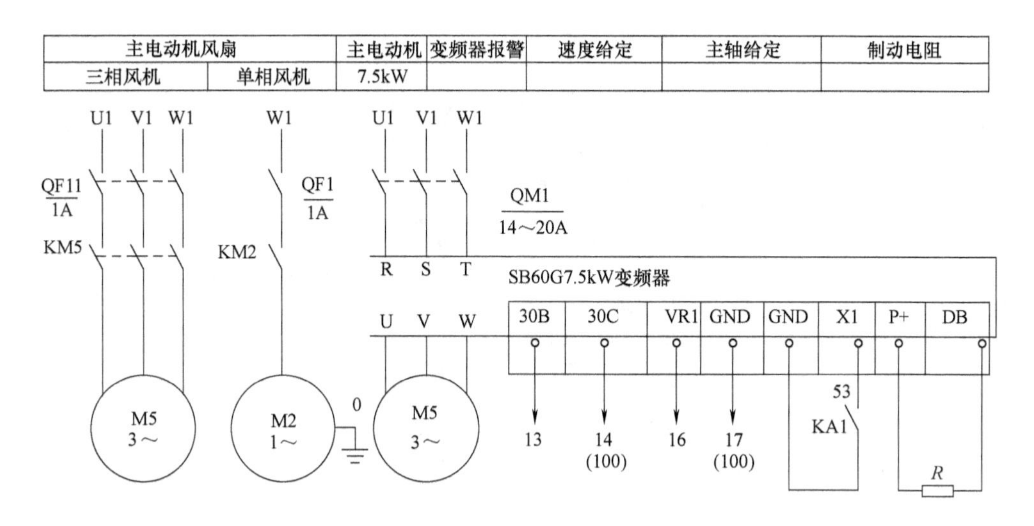

图 4-4　数控车床采用森兰变频器控制电路

4）数控车床主轴变频电动机采用艾默生 EV2000-4T055G 型号变频器控制电路如图 4-5 所示。

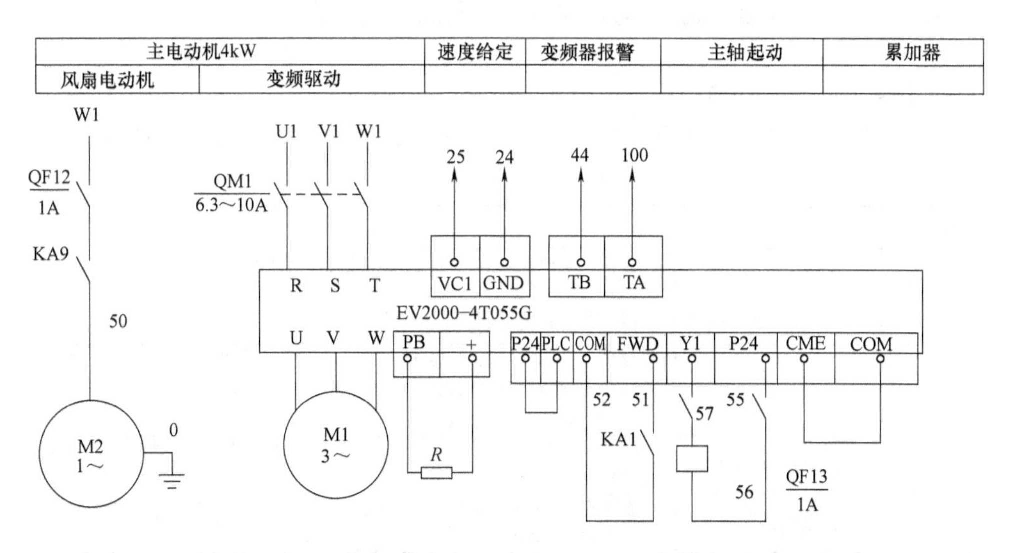

图 4-5　数控车床采用艾默生变频器控制电路

5）数控车床主轴变频电动机更换为博世力士乐变频器控制电路如图 4-6 所示。

主电动机4kW		速度给定	变频器报警	主轴起动	累加器
风扇电动机	变频驱动				

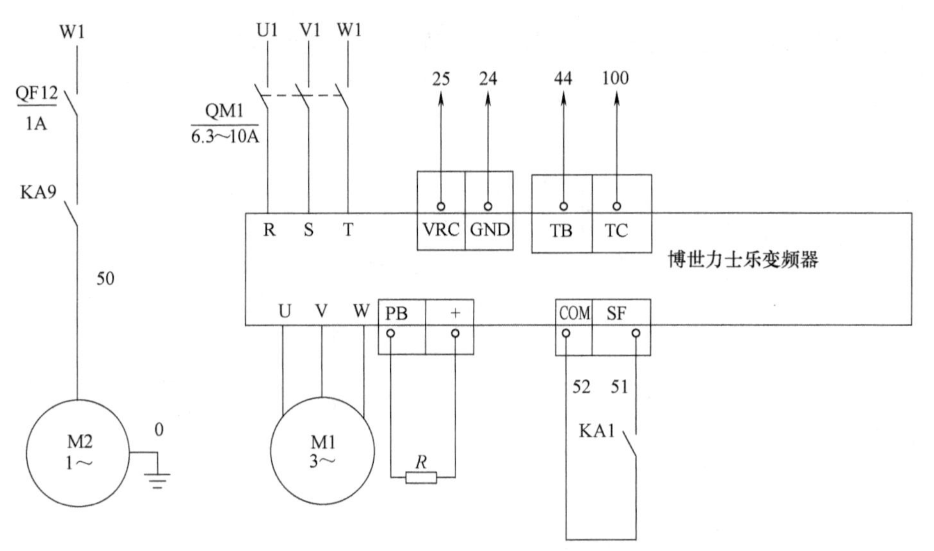

图 4-6　数控车床采用力士乐变频器控制电路

4.2　变频器的端子功能及外接线路要求

1. 主电路端子功能

以三菱 FR-A500 系列变频器主电路端子为例，主电路端子说明见表 4-1。

表 4-1　主电路端子说明

端子记号	端子名称	说　　明
R、S、T	交流电源输入	连接工频电源。当使用高功率因数转换器时，确保这些端子不连接(FR-HC)
U、V、W	变频器输出	接三相笼型电动机
R1、S1	控制电路电源	与交流电源端子 R、S 连接。在保持异常显示和异常输出时或当使用高功率因数转换器(FR-HC)时，请拆下 R-R1 和 S-S1 之间的短路片，并提供外部电源到此端子
P/+,PR	连接制动电阻器	拆开端子 PR-PX 之间的短路片，在 P/+-PR 之间连接选件制动电阻器(FR-ABR)
P/+,N/-	连接制动单元	连接选件 FR-BU 型制动单元或电源再生单元(FR-RC)或高功率因数转换器(FR-HC)
P/+,P1	连接改善功率因数 DC 电抗器	S 拆开端子 P/+-P1 间的短路片，连接选件改善功率因数用电抗器(FR-BEL)
PR,PX	连接内部制动电路	用短路片将 PX-PR 间短路时(出厂设定)内部制动电路便生效(7.5K 以下装有)
⏚	接地	变频器外壳接地用，必须接大地

(1) 主电路接线　主电路接线说明：

1) 电源及电动机接线的压着端子，请使用带有绝缘管的端子。

2) 当接线时剪开布线挡板上的保护衬套。

3) 电源一定不能接到变频器输出端 (U、V、W) 上，否则将损坏变频器。

4) 接线后，零碎线头必须清除干净，零碎线头可能造成异常、失灵和故障，必须始终保持变频器清洁。在控制台上打孔时，请注意不要使碎片粉末等进入变频器内。

5) 为使电压下降在 2%以内，请用适当型号的电线接线。变频器和电动机之间的接线距离较长时，特别是低频率输出情况下，会由于主电路电缆的电压下降而导致电动机的转矩下降。

6) 布线距离最长为 500m，尤其是长距离布线，由于布线寄生电容所产生的冲击电流会引起过电流保护可能误动作，输出侧连接的设备可能运行异常或发生故障。因此，最大布线距离见表 4-2。

7) 在 P+和 PR 端子间建议连接制定的制动电阻选件，端子间原来的短路片必须拆下。

表 4-2　变频器布线距离

变频器容量	0.4K	0.75K	1.5K 以上
非超低噪声模式	300m	500m	500m
超低噪声模式	200m	300m	500m

8) 电磁波干扰。变频器输入/输出 (主电路) 包含有谐波成分，可能干扰变频器附近的通信设备 (如 AM 收音机)。因此，安装选件无线电噪声滤波器 FR-BIF (仅用于输入侧) 或 FR-BSF01 或 FR-BOF 线路噪声滤波器，使干扰降至最小。

9) 不要安装电力电容器、浪涌抑制器和无线电噪声滤波器 (FR-BIF 选件) 在变频器输出侧。这将导致变频器故障或电容和浪涌抑制器的损坏。如上述任何一种设备已经安装，请立即拆掉 (连接 FR-BIF 无线电噪声滤波器时，在电动机运转中切断电源，可能会出现 E. UVT 的情况，这时，请将无线电噪声滤波器连接在电磁接触器的输入侧)。

10) 运行后，改变接线的操作，必须在电源切断 10min 以上，用万用表检查电压后进行。断电后一段时间内，电容上仍然有危险的高电压。

11) 电缆必须是 75℃ 铜线。按规定力矩拧紧螺钉。没有拧紧会导致短路或误动作，拧过头会造成螺钉和端子排损坏，也会导致短路或误动作。

(2) 接地注意事项

1) 由于在变频器内部有漏电流，为了防止触电，变频器和电动机必须接地。

2）变频器接地必须用独立接地端子（不要用螺钉在外壳、底盘等代替）。

3）接地电缆尽量用粗的线径，必须等于或大于表 4-3 的标准，接地点尽量靠近变频器，接地线越短越好。

表 4-3　电动机容量与接地线标准对照

电动机容量	接地线标准
	400V 系列(单位 mm^2)
3.7kW 以上	2
5.5kW、7.5kW	3.5
11～15kW	8
18.5～37kW	14
45、55kW	22

4）在变频器侧接地的电动机，用 4 芯电缆其中一根接地。

（3）电源与电动机的连接　电源线必须接 R、S、T，绝对不能接 U、V、W，否则会损坏变频器（没有必要考虑相序，使用单相电源时必须接 R、S）。

电动机接到 U、V、W，加入正转开关（信号）时，电动机旋转方向从轴向看时为逆时针方向。

保护电路已经动作时，若断开变频器电源侧的电磁接触器（MC），则变频器控制电路电源也断开，异常输出信号不能保持。为了在需要时保持异常信号，可使用端子 R1、S1。在这种情况下，可将控制电路的电源端子 R1 和 S1 连接到 MC 的一侧。

注意：

1）主电路电源（端子 R、S、T）处于 ON 时，不要使控制电源（端子 R1、S1）处于 OFF，否则会损坏变频器。

2）如果控制电源与主电路电源分开，必须将 R-R1 间和 S-S1 间的短路片拆下，否则会损坏变频器。

3）用 MC 一侧外的电源作为控制电路电源，必须使其电压与主电路的电压相等。

4）对于 FR-A540-5.5K 到 55K，电源线不能接到下排端子，否则会损坏变频器。

5）仅在 R1、S1 端子上通电，输入起动信号时，显示错误（E.0C1）。

2. 控制电路接线

（1）接线说明

1）端子 SD、SE 和 5 为 I/O 信号的公共端子，相互隔离，请不要将这些公共端子互相连接或接地。

2）控制电路端子的接线应使用屏蔽线或双绞线，而且必须与主电路、强电流电路（含 200V 继电器程序电路）分开布线。

3）由于控制电路的频率输入信号是微小电流，所以在接点输入的场合，为了防止接触不良，微小信号接点应使用两个并联的接点或使用双生接点。

4）控制电路建议用 0.75mm^2的电缆接线。如果使用 1.25mm^2或以上的电缆接线，在布线太多和布线不恰当时，前盖将盖不上，导致操作面板或参数单元接触不良。

（2）端子排的排列 在变频器控制电路，端子螺钉尺寸：M3.5，紧固扭矩：1.2N·m。

注意：

1）不要把控制电路上的跳线插针弄弯，将控制电路端子板重新安装上并用螺钉固定好。

2）确认控制电路上的跳线安装正确。

3）在带电状态下，决不能拆卸控制电路端子板。

4）漏-源逻辑控制跳线必须只能安装在其中一个位置上，如果在两个位置上同时安装有跳线，将会损坏变频器。

5）当输出晶体管是由外部电源供电时，请用 PC 端子作为公共端，以防止漏电流产生的误动作（不要将变频器 SD 端子与外部电源 DV 端子相连，另外把端子 PC-SD 间作为 DC 24V 电源使用时，不要在变频器外部设置并联电源，否则有可能发生因回流造成的误动作）。

（3）变频器噪声的产生和减少方法 关于噪声，有从外部侵入变频器误动作的噪声，和从变频器辐射出去，使外围设备误动作的噪声等。变频器被设计为不易受噪声影响，但因为是处理微弱信号的电子仪器，所以必须采取下述基本对策。其次，变频器用高载波频率将输出斩波，成为噪声的发生源，这种噪声的发生，会使外围机器误动作，因此应实施抑制噪声的对策。这种对策由于噪声电路而略有不同。

1）基本对策。主要包括以下几种：①避免变频器的动力线（输入/输出线）与信号线平行布线和集束布线，应分散布线；②检测器的连接线，控制用信号线使用双绞屏蔽线，屏蔽线的外皮连接 SD 端；③变频器、电动机等的接地线接到同一点上。

2）对于从外部侵入变频器误动作的噪声的对策。在变频器附近安装了大量发生噪声的机器（电磁接触器、电磁制动器、大量的继电器等），在变频器发生误动作时，需要采取下述对策：①在大量产生噪声的机器上装设浪涌抑制器，抑制发生噪声；②加数据线滤波器到信号线上；③将检测器的连接线、控制用信号线的屏蔽层用电缆金属夹钳接地。

3）对于从变频器辐射出去，使外围设备误动作的噪声的对策。从变频器发出噪声有变频器机身和变频器主电路（输入、输出）连接线辐射两种。接近主电路电线的外围机器的信号线受到电磁和静电感应，而且与电源电路传输有很大的不同。

（4）漏电流及其对策 由于在变频器输入、输出布线和电动机中存在分布电容，漏电流流过它们时，其值由分布电容量和载波频率决定，需要采取以下对策：

1）对大地的漏电流：漏电流不仅通过变频器的自身系统，有时会通过接地线等流向其他系统。措施为：①降低电动机的载波频率。注意这样会增加电动机噪声，选择 Soft-PWM 将使电动机噪声的增加不成问题；②在本系统及其他系统的剩余电流断路器里使用谐波、浪涌对应产品提高载波频率（低噪声音）；③对地漏电流，注意布线长度的增加将引起漏电流的增加。减小变频器的载波频率以减少漏电流。提高电动机容量将导致漏电流加大。

2）线间漏电流：由于在变频器输出布线间的分布电容流过的电流的高频部分，外接的热继电器有时会产生不必要的动作。400V 系列的小容量机种（特别是 7.5kW 以下），在配线较长（50m 以上）时，对应于电动机额定电流的比例会变大，因此，在外部使用的热继电器容易发生不必要的动作。线间漏电流数据见表 4-4。

表 4-4 线间漏电流数据

电动机容量/kW	电动机额定电流/A	漏电流/mA	
		布线长 50m	布线长 100m
0.4	1.8	620	1000
0.75	3.2	680	1060
1.5	5.8	740	1120
2.2	8.1	800	1180
3.7	12.8	880	1260
5.5	19.4	980	1360
7.5	25.6	1.70	1450

应采取以下对策：①使用变频器的电子过电流保护；②降低载波频率，请注意此时电动机噪声将变大，选择 Soft-PWM 将使电动机噪声的增加不会产生有害的影响。为了保证电动机的保护不受线间漏电流的影响，推荐使用一个温度传感器直接监测电动机温度。

3. 电缆规格

变频器输入侧电缆规格见表 4-5。变频器输出侧电缆规格见表 4-6。输入/输出电缆规格取决于下面几个因素：

1）取决于变频器功率的大小。

2）取决于使用的国家。

3）取决于安装类型（例如，B1 或者 B2）。

4）在“保险额定电流”一栏，可以找到对应的熔断器。

表 4-5 变频器输入侧电缆规格

（输入和输出侧的规格基于交流三相 380V 供电电压）

除美国/加拿大外国际通用				
电动机规格/kW	熔断器额定电流/A	安装方式 B1	安装方式 B2	安装方式 E
		电缆规格/mm²	电缆规格/mm²	电缆规格/mm²
0.75	10	1.5	1	1
1.5	10	1.5	1	1
2.2	16	1.5	1	1
4.0	20	1.5	1.5	1.5
5.5	25	2.5	2.5	2.5
7.5	25	4	4	2.5
11	35	6	6	6
15	50	10	16	10
18.5	63	10	16	10
22	80	16	16	10
30	100	25	25	16
37	125	25	25	25
45	160	50	50	35
55	200	50	70/2×35	50
75	250	95/2×50	120/2×50	70/2×35
90	315	120/2×50	150/2×70	95/2×50
110	350	150/2×70	240/2×95	120/2×70
132	350	240/2×95	2×120	150/2×70
160	450	2×120		240
185	2×250			240/2×120
200	2×250			300/2×150
220	2×250			300/2×150
250	2×315			2×185
280	2×400			2×240
315	2×400			2×300

表 4-6 变频器输出侧电缆规格

电动机规格 /kW	除美国、加拿大外国际通用	美国/加拿大	电源电缆端子螺钉扭矩	输出侧 PE	
	电缆规格/mm²	电缆规格 [AWG]		电缆规格/mm²	扭矩（螺钉规格）
0.75	1	AWG14	1.8(M4)	10	1.8(M4)
1.5	1	AWG14	1.8(M4)	10	1.8(M4)
2.2	1	AWG14	1.8(M4)	10	1.8(M4)
4	1	AWG12	1.8(M4)	10	1.8(M4)
5.5	1	AWG10	1.8(M4)	10	1.8(M4)
7.5	2.5	AWG10	1.8(M4)	10	1.8(M4)
11	6	AWG8	2~2.8(M5)	10	2~2.8(M5)
15	6	AWG6	2~2.8(M5)	10	2~2.8(M5)
18.5	10	AWG6	4~5(M6)	10	4~5(M6)
22	10	AWG6	4~5(M6)	10	4~5(M6)
30	16	AWG6	4~5(M6)	16	4~5(M6)
37	25	AWG6	4~5(M6)	25	4~5(M6)
45	35	AWG1	6~9(M8)	35	6~9(M8)
55	35	AWG1/0	6~9(M8)	50	6~9(M8)
75	70/2×35	AWG3/0/2×AWG1	15~20(M10)	70/2×35	15~20(M10)
90	95/2×35	A250kcmil/2×AWG1/0	15~20(M10)	95/2×50	15~20(M10)
110	120/2×50	2×AWG3/0	15~20(M10)	120/2×70	15~20(M10)
132	150/2×70	2×AWG3/0	20(M12)	150/2×70	15~20(M10)
160	240	2×AWG4/0	20(M12)	240	15~20(M10)
185	240/2×120		40(M16)	240/2×120	6~9(M8)
200	300/2×120		40(M16)	300/2×120	6~9(M8)
220	300/2×120		40(M16)	300/2×150	6~9(M8)
250	2×185		40(M16)	2×185	6~9(M8)
280	2×240		40(M16)	2×240	6~9(M8)
315	2×300		40(M16)	2×300	6~9(M8)

4.3 变频器外接制动电阻选择

1. 制动电阻简介

三相交流电动机减速（频率）降低时再生的能量回馈到变频器内，为防止变频器过电压，可使用外部的制动电阻，功率晶体管将直流母线电压能量（制动电压阈值大约 DC 660V）释放给制动电阻，转换为热能。

注意事项：

1）选用比推荐值更小的电阻值（不能小于最小电阻值），关于电阻功率计算，应与代理商或厂家联系。

2）制动电阻的安装必须考虑周围环境的安全性、易燃性，与变频器的距离至少为 10cm。

3）制动电阻不能长时间处于过载工作状态，短时 10 倍过载应控制住 5s 内。

4）由于制动电阻的表面采用高阻燃有机硅涂料，在首次使用时会产生烟雾，属于正常现象，不影响电气性能。

2. 制动电阻选型

当变频器处于发电模式时，可使用不同功率等级的制动电阻来释放制动能量。表 4-7~表 4-9 列出了在制动率一定的情况下，变频器、制动斩波器、制动电阻的最优组合以及运行变频器所需的其他组件的数量，其中，制动率 OT=10%时制动电阻的选型见表 4-7，制动率 OT=20%时制动电阻的选型见表 4-8，制动率 OT=40%时制动电阻的选型见表 4-9。

制动率公式为

$$OT = T_b / T_c \times 100\%$$

式中，OT 为制动率；T_b 为制动时间；T_c 为周期时间。

表 4-7　制动率 OT=10%时制动电阻的选型

电动机功率/kW	Fe 编码	制动斩波器		制动电阻		
		类型编码	数量	类型编码	参数	数量
0.75	FECG02.1-0K75-3P400	内置	—	FELR01.1N-0080-N750R-D-560-NNNN	750Ω/80W	1
1.5	FECG02.1-1K50-3P400	内置	—	FELR01.1N-0260-N400R-D-560-NNNN	400Ω/260W	1
2.2	FECG02.1-2K20-3P400	内置	—	FELR01.1N-0260-N250R-D-560-NNNN	250Ω/260W	1
4.0	FECG02.1-4K00-3P400	内置	—	FELR01.1N-0390-N150R-D-560-NNNN	150Ω/390W	1
5.5	FECG02.1-5K50-3P400	内置	—	FELR01.1N-0520-N100R-D-560-NNNN	100Ω/520W	1
7.5	FECG02.1-7K50-3P400	内置	—	FELR01.1N-0780-N075R-D-560-NNNN	75Ω/780W	1
11	FECG02.1-11K0-3P400	内置	—	FELR01.1N-1K04-N050R-D-560-NNNN	50Ω/1040W	1
15	FECG02.1-15K0-3P400	内置	—	FELR01.1N-1K56-N040R-D-560-NNNN	40Ω/1560W	1

（续）

电动机功率/kW	Fe 编码	制动斩波器		制动电阻		
		类型编码	数量	类型编码	参数	数量
18.5	FECG02.1-18K5-3P400	FELB02.1N-30K0	1	FELR01.1N-0K48-N032R-A-560-NNNN	32Ω/4.8kW	1
22	FECG02.1-22K0-3P400	FELB02.1N-30K0	1	FELR01.1N-0K48-N27R2-A-560-NNNN	27Ω/4.8kW	1
30	FECG02.1-30K0-3P400	FELB02.1N-30K0	1	FELR01.1N-06K0-N020R-A-560-NNNN	20Ω/6.0kW	1
37	FECG02.1-37K0-3P400	FELB02.1N-45K0	1	FELR01.1N-09K6-N016R-A-560-NNNN	16Ω/9.6kW	1
45	FECG02.1-45K0-3P400	FELB02.1N-45K0	1	FELR01.1N-09K6-N13R6-A-560-NNNN	13Ω/9.6kW	1
55	FECG02.1-55K0-3P400	FELB02.1N-30K0	2	FELR01.1N-06K0-N020R-A-560-NNNN	20Ω/6.0kW	2
75	FECG02.1-75K0-3P400	FELB02.1N-45K0	2	FELR01.1N-09K6-N13R6-A-560-NNNN	13Ω/9.6kW	2
90	FECG02.1-90K0-3P400	FELB02.1N-45K0	3	FELR01.1N-06K0-N020R-A-560-NNNN	20Ω/6.0kW	3
110	FECG02.1-110K0-3P400	FELB02.1N-45K0	3	FELR01.1N-06K0-N020R-A-560-NNNN	20Ω/6.0kW	3

表 4-8　制动率 OT=20%时制动电阻的选型

电动机功率/kW	Fe 编码	制动斩波器		制动电阻		
		类型编码	数量	类型编码	参数	数量
0.75	FECG02.1-0K75-3P400	内置	—	FELR01.1N-0150-N700R-D-560-NNNN	700Ω/150W	1
1.5	FECG02.1-1K50-3P400	内置	—	FELR01.1N-0520-N350R-D-560-NNNN	350Ω/520W	1
2.2	FECG02.1-2K20-3P400	内置	—	FELR01.1N-0520-N230R-D-560-NNNN	230Ω/520W	1
4.0	FECG02.1-4K00-3P400	内置	—	FELR01.1N-0780-140R-D-560-NNNN	140Ω/780W	1
5.5	FECG02.1-5K50-3P400	内置	—	FELR01.1N-1K04-N090R-D-560-NNNN	90Ω/1.04kW	1
7.5	FECG02.1-7K50-3P400	内置	—	FELR01.1N-1K56-N070R-D-560-NNNN	70Ω/1.56kW	1
11	FECG02.1-11K0-3P400	内置	—	FELR01.1N-02K0-N047R-D-560-NNNN	47Ω/2.0kW	1
15	FECG02.1-15K0-3P400	内置	—	FELR01.1N-01K5-N068R-D-560-NNNN	68Ω/1.5kW	2
18.5	FECG02.1-18K5-3P400	FELB02.1N-30K0	1	FELR01.1N-10K0-N028R-A-560-NNNN	28Ω/10.0kW	1

（续）

电动机功率/kW	Fe 编码	制动斩波器		制动电阻		
		类型编码	数量	类型编码	参数	数量
22	FECG02. 1-22K0-3P400	FELB02. 1N-30K0	1	FELR01. 1N-10K0-N022R-A-560-NNNN	22Ω/10. 0kW	1
30	FECG02. 1-30K0-3P400	FELB02. 1N-45K0	1	FELR01. 1N-12K5-N017R-A-560-NNNN	17Ω/12. 5kW	1
37	FECG02. 1-37K0-3P400	FELB02. 1N-45K0	1	FELR01. 1N-10K0-N032R-A-560-NNNN	32Ω/10. 0kW	2
45	FECG02. 1-45K0-3P400	FELB02. 1N-30K0	2	FELR01. 1N-10K0-N024R-A-560-NNNN	24Ω/10. 0kW	2
55	FECG02. 1-55K0-3P400	FELB02. 1N-45K0	2	FELR01. 1N-12K5-N018R-A-560-NNNN	18Ω/12. 5kW	2
75	FECG02. 1-75K0-3P400	FELB02. 1N-45K0	3	FELR01. 1N-12K5-N020R-A-560-NNNN	20Ω/12. 5kW	3
90	FECG02. 1-90K0-3P400	FELB02. 1N-45K0	3	FELR01. 1N-12K5-N020R-A-560-NNNN	20Ω/12. 5kW	3
110	FECG02. 1-110K0-3P400	FELB02. 1N-45K0	3	FELR01. 1N-12K5-N020R-A-560-NNNN	20Ω/12. 5kW	3

表 4-9　制动率 *OT*=40%时制动电阻的选型

电动机功率/kW	Fe 编码	制动斩波器		制动电阻		
		类型编码	数量	类型编码	参数	数量
0. 75	FECG02. 1-0K75-3P400	内置	—	FELR01. 1N-0500-N550R-D-560-NNNN	550Ω/500W	1
1. 5	FECG02. 1-1K50-3P400	内置	—	FELR01. 1N-0800-N275R-D-560-NNNN	275Ω/800W	1
2. 2	FECG02. 1-2K20-3P400	内置	—	FELR01. 1N-01K2-N180R-D-560-NNNN	180Ω/1. 2kW	1
4. 0	FECG02. 1-4K00-3P400	内置	—	FELR01. 1N-02K0-110R-D-560-NNNN	110Ω/2. 0kW	1
5. 5	FECG02. 1-5K50-3P400	内置	—	FELR01. 1N-01K5-N150R-D-560-NNNN	150Ω/1. 5kW	2
7. 5	FECG02. 1-7K50-3P400	内置	—	FELR01. 1N-04K5-N055R-D-560-NNNN	55Ω/4. 5kW	1
11	FECG02. 1-11K0-3P400	内置	—	FELR01. 1N-06K0-N040R-D-560-NNNN	40Ω/6. 0kW	1
15	FECG02. 1-15K0-3P400	内置	—	FELR01. 1N-08K0-N027R-D-560-NNNN	27Ω/8. 0kW	1
18. 5	FECG02. 1-18K5-3P400	FELB02. 1N-30K0	1	FELR01. 1N-10K0-N022R-A-560-NNNN	22Ω/10. 0kW	1
22	FECG02. 1-22K0-3P400	FELB02. 1N-30K0	1	FELR01. 1N-12K5-N018R-A-560-NNNN	18Ω/12. 5kW	1

（续）

电动机功率/kW	Fe 编码	制动斩波器		制动电阻		
		类型编码	数量	类型编码	参数	数量
30	FECG02. 1-30K0-3P400	FELB02. 1N-45K0	2	FELR01. 1N-10K0-N27R2-A-560-NNNN	27Ω/10. 0kW	2
37	FECG02. 1-37K0-3P400	FELB02. 1N-45K0	2	FELR01. 1N-10K0-N022R-A-560-NNNN	22Ω/10. 0kW	2
45	FECG02. 1-45K0-3P400	FELB02. 1N-30K0	2	FELR01. 1N-12K5-N018R-A-560-NNNN	18Ω/12. 5kW	2
55	FECG02. 1-55K0-3P400	FELB02. 1N-45K0	3	FELR01. 1N-12K5-N022R-A-560-NNNN	22Ω/12. 5kW	3
75	FECG02. 1-75K0-3P400	FELB02. 1N-45K0	4	FELR01. 1N-10K0-N022R-A-560-NNNN	22Ω/10. 0kW	4
90	FECG02. 1-90K0-3P400	FELB02. 1N-45K0	4	FELR01. 1N-10K0-N022R-A-560-NNNN	22Ω/10. 0kW	4

表 4-7~表 4-9 中推荐的制动电阻阻值是按需要 100%制动转矩配置的，如实际转矩不是 100%时，需将表格中电阻阻值按反比例调整，即制动转矩在 100%基础上增大多少，制动电阻值则相应减少多少；反之亦然。

选择制动电阻 R_b 时，应保证流过制动电阻的电流 I_c 小于制动斩波器的电流输出能力，流过制动电阻的电流 I_c 可根据公式 $I_c=U_d/R_b$ 计算，式中 U_b 为制动斩波器制动动作电压值。

当制动电阻的阻值调整后，制动电阻功率也要做相应调整，其功率可按公式 $P_{max}=U_d{}^2/R_b$ 计算，对于间歇性制动的负载，可根据工况适当选择制动使用率 ED%，合理减少制动电阻的功率。按公式 $P_R=kP_{max}$ED%计算制动电阻的功率，式中 k 为制动电阻的降额系数。制动转矩的选择一般应小于电动机额定转矩的 150%，否则应与厂家技术人员联系。

科川 KC220/300 系列变频器厂家推荐的制动电阻选择参数见表 4-10。

表 4-10　科川 KC220/300 系列变频器厂家推荐的制动电阻选择参数

变频器功率		制动单元		每台制动单元需配制动电阻			制动转矩 10%ED
电压	最大容量 /kW(hp)	型号 70BR	用量 /台	推荐电阻值	单只电阻规格	用量	
单相 220V 系列	0. 5(0. 7)	内置		80W/200Ω	80W/200Ω	1	100%
	0. 7(1. 0)	内置		80W/200Ω	80W/200Ω	1	
	1. 5(2. 0)	内置		150W/100Ω	150W/100Ω	1	
	2. 2(3. 0)	内置		200W/80Ω	200W/68Ω	1	
	3. 7(5. 0)	内置		300W/50Ω	300W/50Ω	1	

（续）

变频器功率		制动单元		每台制动单元需配制动电阻			制动转矩 10%ED
电压	最大容量 /kW(hp)	型号 70BR	用量 /台	推荐电阻值	单只电阻规格	用量	
三相 380V 系列	0.7(1.0)	内置		80W/400Ω	80W/400Ω	1	100%
	1.5(2.0)	内置		120W/330Ω	180W/30Ω	1	
	2.2(3.0)	内置		160W/250Ω	250W/25Ω	1	
	3.7(5.0)	内置		300W/150Ω	400W/15Ω	1	
	5.5(7.5)	内置		400W/100Ω	600W/10Ω	1	
	7.5(10)	内置		550W/75Ω	800W/75Ω	1	
	11(15)	内置		1000W/50Ω	1000W/5Ω	1	
	15(20)	内置		1500W/40Ω	1500W/4Ω	1	
	18.5(25)	4030	1	2500W/35Ω	2500W/3Ω	1	
	22(30)	4030	1	3000W/27Ω	1200W/6Ω	1	
	30(40)	4045	1	5000W/17Ω	2500W/3Ω	1	
	37(50)	4045	1	9600W/16Ω	1200W/8Ω	1	
	45(60)	4045	1	9600W/13Ω	1200W/6Ω	1	
	55(75)	4030	1	6000W/20Ω	1500W/5Ω	1	
	75(100)	4045	1	9600W/15Ω	1200W/7Ω	1	
	93(150)	4045	1	9600W/13Ω	1200W6Ω	1	
	11(150)	4045	1	9600W/16Ω	1200W/8Ω	1	
	13(175)	4045	1	9600W/13Ω	1200W/6Ω	1	
	16(220)	4045	1	9600W/13Ω	1200W/6Ω	1	
	22(300)	4045	1	9600W/13Ω	1200W/6Ω	1	
	25(330)	4045	1	9600W/13Ω	1200W/6Ω	1	

3. 制动单元的故障与对策（见表 4-11）

表 4-11　制动单元的故障与对策

故障现象	可能的故障原因	对策
变频器制动时过电压	制动电阻阻值过大	请减少制动电阻值
	变频器设定降速时间太短	请适当加大降速时间
	在没有外部封锁的情况下，制动单元没有动作	寻求厂家技术支持
制动单元故障	散热器温度过高	改善制动单元的工作环境，改善通风
	制动单元功率模块故障	寻求厂家技术支持
	系统未接地，干扰引起系统故障	将制动单元接地端子重新接地，并确认无误

（续）

故障现象	可能的故障原因	对策
制动单元始终不工作，且无故障显示	外部封锁信号有效	将外部封锁信号解除
	变频器减速时间过长	缩短减速时间
制动电阻过热保护	制动使用率选择不合适	检查系统制动使用率拨码开关位置是否正常
	制动电阻容量太小	请重新选用更大容量的制动电阻
	制动单元一直连续工作，超时保护不动作	寻求厂家技术支持
	变频器散热条件太差	改善制动单元的工作环境，改善通风
制动单元经常误动作	变频器供电电压过高	将制动单元动作电压选择拨码打到 710V
	制动单元未接地或接地不良	重新接地
	其他原因	寻求厂家技术支持

第5章 变频器调试与维护

5.1 变频器的调试

5.1.1 变频器功能调试

下面介绍几种变频器设置参数的实例。

1. 数控车床中变频器的设置参数步骤

（1）森兰变频器 SB60G（7.5kW）系列变频器　设置参数要结合变频电动机参数综合设置。首先列出参数综合设置表格见表 5-1，再分别介绍设置意义和步骤。

表 5-1　森兰 SB60G 参数综合设置

分类	代号	设定值
基本运行参数	F000	130/120/100
	F001	0
	F002	2
	F003	0
	F004	1
	F005	0
	F006	0
	F007	0
	F008	130/120/100
	F009	1～3
	F010	2～4
	F011	0
	F012	100
	F013	0
V/F 控制功能	F101	25
	F118	3
	F120	130

分类	代号	设定值
辅助功能	F402	1
	F403	50
	F404	90
	F406	1
	F408	3
	F413	0
	F414	1
端子功能	F500	13
	F507	14
辅助频率功能	F600	1
	F601	0.5
	F602	0.5
	F607	130/120/100
	F608	0.5

1）基本功能参数 F000：频率给定，设定输出频率，受最高频率和上、下限频率控制，设定频率高于上限频率以上限频率输出，低于下限频率以下限频率输出，根据电动机性能，此参数设定为 130Hz。F001：频率给定模式见表 5-2。

表 5-2　F001：频率给定模式

F001 = 0	主、辅给定设定 Fc00 的频率
F001 = 1	主、辅给定和频率加速、减速端子设定 Fc00 的频率，存储加速、减速端子修改的频率 ΔF
F001 = 2	主、辅给定和频率加速、减速端子设定 Fc00 的频率，不存储加速、减速端子修改的频率 ΔF
F001 = 3	主、辅给定和频率加速、减速端子设定 Fc00 的频率，停机或掉电时加速、减速端子修改的频率 ΔF
F001 = 4	上电时，频率由 F000 给定，不存储面板上下键修改的频率
F001 = 5	上位机设定频率

因为频率为数控系统给定，所以此参数设置为 0。

F002：主给定信号，F003：辅助给定信号。F002 和 F003 设定见表 5-3。

表 5-3　F002 和 F003 设定

F002 = 0	F000（或给定值 1～4）
F002 = 1	面板电位器
F002 = 2	VR1
F002 = 3	IR1
F003 = 0	VR1
F003 = 1	IR1
F003 = 2	VR2
F003 = 3	IR2

给定信号分为主给定信号和辅助给定信号，将辅助给定信号叠加到主给定信号。

如果主给定信号设定为 VR1，此时辅助给定信号 F003≠1。

F004：运转给定方式，此功能设定变频器运行命令给定方式。F004 = 0，本机面板正转（FWD），反转（REV）与停止（STOP）键控制变频器运行与停止。F004 = 1，设定功能 F500～506 中的两个端子分别为正转（FWD）和反转（REV）输入，短接 FWD 与 GND，变频器正转，短接 REV 与 GND，变频器反转，FWD 与 REV 同时短接 GND，变频器停止，面板 FWD、REV 与 STOP 键无效。F004 = 2，上位机通过变频器内置的 RS485 通信接口控制变频器运行与停止，F004 设定见表 5-4。

表 5-4　F004 设定

F004 = 0	运转指令由本机面板给定
F004 = 1	运转指令由外控端子给定
F004 = 2	运转指令由上位机给定

此机床运转给定方式由数控系统给定，所以此参数设定为 1。

F005：STOP 键选择，由外控端子控制变频器时，通过面板 STOP 键进行功能选择。故障复位 1 为变频器在故障复位后，必须撤除一次运行命令才能重新运行变频器。故障复位 2 为变频器在故障复位后，如果运行命令有效，则变频器继续运行。F005=0 或 1，面板 STOP 键不能用于停止变频器。F005=4 或 5，面板 STOP 键用于紧急停止变频器，此时 F007 无效，变频器按自由方式停止，F005 设定见表 5-5。

表 5-5　F005 设定

F005=0	停止无效,故障复位 1
F005=1	停止无效,故障复位 2
F005=2	停止有效,故障复位 1
F005=3	停止有效,故障复位 2
F005=4	急停有效,故障复位 1
F005=5	急停有效,故障复位 2

此机床变频器由数控系统控制，所以变频器 STOP 键应设为无效，故障复位设为 1，综合以上信息，F005 设定为 0。

F006：自锁控制，本功能定义外控端子控制变频器运行的三种控制方式，F006=0 时，K1 为正转控制继电器，K2 为反转控制继电器，其逻辑关系设定见表 5-6。

表 5-6　F006 设定

K1	K2	运转指令
off	off	停止
off	on	反转
on	off	正转
on	on	停止

根据线路图选定 F006=0。

F007：电动机停车方式，F007=0，变频器依设定的减速时间，以减速方式减速到 F602 设定的停止频率后停止。F007=1，变频器依负载惯性自由运转至停止。F007=2，变频器先依选定的减速时间，以减速方式减速到直流制动起始频率 F403 后，变频器以直流制动方式停止，F007 设定见表 5-7。

表 5-7　F007 设定

F007=0	减速制动停止方式
F007=1	自由运转方式停止
F007=2	减速制动方式+直流制动停止

此台机床采用制动电阻方式减速制动，所以 F007=0。

F008：最高频率，根据机床电动机性能，此参数设置为 130Hz。

F009：加速时间 1（此机床最佳时间为 1~3s）。

F010：减速时间 1（此机床最佳时间为 2~4s）。

F009 加速时间和 F010 减速时间的确定要结合外接制动电阻的选择和电动机、变频器的性能综合确定。

F011：电子热保护及过载预报，负载电动机的额定电流与所用变频器的额定电流不匹配时，F011 可以对负载电动机实施有效的过载保护，F011 设定见表 5-8。

表 5-8 F011 设定

F011=0	电子热保护、过载预报均不动作
F011=1	电子热保护不动作，过载预报动作
F011=2	电子热保护、过载预报均动作

因为变频电动机特性和机床加工需要（变频电动机需要频繁启动），所以设定 F011=0。

F012：电子热保护值，为了对不同的电动机实行有效的过载保护，设定变频器的过载范围。

SB60G 过载能力为 150%I_n，1min；

SB60P 过载能力为 120%I_n，1min；

F012=允许最大负载电流/变频器额定输出电流×100%。

为了保护电动机过载能力，本机床设定 F012=100。

F013：电动机控制模式，本功能设定变频器的控制模式。F013=0 或 1，是 V/F 图形控制模式需要正确设定 F1、F8（V/F 闭环控制）功能组的参数，F2 功能组的参数无效。F013=2 或 3，是矢量控制模式，在此模式下，请在第一次运行前，先设定 F200=1 自动测定电动机参数以供变频器以后的控制运行用，需要正确设定 F2 功能组的参数，F1 功能组的参数无效，F013 设定见表 5-9。

表 5-9 F013 设定

F013=0	V/F 开环控制模式
F013=1	V/F 闭环控制模式
F013=2	无速度传感器矢量控制模式
F013=3	PG 速度传感器矢量控制模式

根据电路设计此机床采用 V/F 开环控制模式，所以设定 F013=0。

2）V/F 控制功能参数 F101：基本频率，基本频率（F101）设定为电动机铭牌上的额定运转电压频率。由电动机铭牌可以查到此数值设定 F101=25。

F118：过电压防失速，本参数设定变频器过电压防失速功能。当变频器减速时，由于负载惯量的作用，电动机会产生回升能量至变频器内部，使得直流母线电压升高，变频器检测直流母线电压达到过电压防失速值时，停止减速（即输出频率保持不变），直到直流母线电压低于过电压防失速一定值时，变频器再继续减速；如果直流母线电压超过制动电阻动作电压，F118=2 且 P+、DB 之间有制动电阻，变频器制动，F118 设定见表 5-10。

表 5-10　F118 设定

F118=0	过电压防失速及放电均无效
F118=1	过电压防失速有效，放电无效
F118=2	过电压防失速及放电均有效
F118=3	过电压防失速无效，放电有效

由于此机床电路设计制动电阻制动，所以设定 F118=3。

F120：过电流失速值，变频器加速时，由于加速过快或负载过大，变频器输出电流急剧上升，超过过电流失速值，变频器会延长加速时间或停止加速，当电流低于过电流失速一定值时，变频器才继续加速。SB60G：F120 为 20%～150%，SB60P 为 20%～120%，此机床设定 F120=130。

3）辅助功能参数 F402：转向锁定，变频器在某些场合使用时，负载电动机只允许正转或反转，此时，必须设定 F402=1 或 2，电动机按设定方向运行，F402 设定见表 5-11。

表 5-11　F402 设定

F402=0	正反转都有效
F402=1	正转有效
F402=2	反转有效

此机床电动机只需要正转，所以设定 F402=1。

为了保证异步电动机能够在需要时快速停机并防止爬行，需要设置 F403～F405 实现直流制动功能。

F403：直流制动起始频率，设定开始直流制动的频率。此机床设定F403=50。

F404：直流制动量，设定直流制动的力矩，建议设定时由小到大缓慢增大，直到满足制动要求。此机床设定 F404=90。

F406：制动电阻过热，如果制动电阻容量选择不当，有可能由于过热损坏制动电阻，设定 F406=1，可以对制动电阻实施过热预报，F406 设定见表 5-12。

表 5-12　F406 设定

F406=0	无效
F406=1	提醒制动电阻过热

此机床设定 F406=1。

F408：自动复位，变频器运行中发生故障后，为了防止误动作，每隔一定时间变频器对故障继续自动复位，F408 和 F409 分别设定自动复位的次数和每次复位的等待时间，自动复位仅在 F003=1 或程序运行时有效。OH（过热）故障无自动复位功能。变频器运行中发生以下故障，自动复位无效：按下停止/复位（STOP/RESET）键或外控端子复位；关闭变频器电源，此机床设定 F408=3。

F413：加减速选择，设定变频器加减速方式，F413=0，输出频率按设定斜率增加或减少；F413=1，输出频率按 S 形曲线增加或减少，F413 设定见表 5-13。

表 5-13　F413 设定

F413=0	直线加减速
F413=1	S 形曲线加减速

本机床设定 F413=0（即直线加减速）或 1。

F414：S 形曲线选择，F414 选择 S 形曲线的形状，S 形曲线的加减速时间为选定的加减速时间，F414=0 为直线加减速，F414 从 1 增加到 4，S 形曲线的弯曲程度增加。本机床设定 F414=1。

4）端子功能参数 F500 设定见表 5-14，F507 设定见表 5-15。

表 5-14　F500：输入端子 X1 功能选择

0	多段频率 1	8	故障常闭输入
1	多段频率 2	9	复位输入
2	多段频率 3	10	点动输入
3	多段频率 4	11	程序运行优先输入
4	加减速时间 1	12	程序运行暂停输入
5	加减速时间 2	13	正转(Fwd)输入
6	加减速时间 3	14	反转(Rev)输入
7	故障常开输入	15	自锁控制输入 EF

表 5-15　F507：继电器输出端子功能选择

0	运行中	8	程序运行中
1	停止中	9	程序运行完成
2	频率到达	10	程序运行暂停
3	任意频率到达	11	程序阶段运行完成
4	过载报警	12	反馈过高输出
5	外部报警	13	反馈过低输出
6	面板操作	14	故障报警输出
7	欠电压停止中		

机床线路图设定正转输入即设定 F500 = 13。

本机床要求变频器有故障时输出故障信息，所以设定 F507 = 14。

5）辅助频率功能参数 F600：起动频率，为变频器开始有电压输出的频率。按照变频器设置 F600 = 1。

F601：起动频率持续时间，为变频器开始有电压输出至即将加速的时间。系统设置为 F601 = 0.5。

F602：停止频率，此机床设定为 F602 = 0.5。

上限频率和下限频率为变频器根据负载需要设定的最高和最低频率。在闭环控制多台电动机模式下，变频器输出频率达到上限频率，且在该频率下持续运行时间超过换机延时时间（F825），执行加泵过程；变频器输出频率达到下限频率，且在该频率下持续运行时间超过换机延时时间（F825），执行减泵过程。下限频率（F608）<上限频率（F607）。

F607：上限频率，上限频率设定为 F607 = 130。

F608：下限频率，下限频率设定为 F608 = 0.5。

（2）艾默生 EV-2000 变频器（5.5kW）　首先列出参数综合设置表格见表 5-16，再分别介绍设置意义和步骤。

表 5-16　艾默生变频器参数综合设置表格

分类	代号	设定值	分类	代号	设定值
基本运行参数	F0.00	3	起动制动参数	F2.00	0
	F0.03	1		F2.05	0
	F0.04	0		F2.08	0
	F0.05	130		F2.13	1
	F0.06	25	辅助运行参数	F3.00	1
	F0.07	380		F3.15	0.5
	F0.08	0		F3.16	0.5
	F0.09	0	端子功能	F7.08	0
	F0.10	3		F7.10	0
	F0.11	3		F7.12	16
	F0.12	130	增强功能	F9.09	0
	F0.14	3	电动机参数	FH.00	4
频率给定参数	F1.07	130		FH.01	4
				FH.02	8.8

1）基本功能参数设置 F0.00：频率给定通道选择见表 5-17。

表 5-17　F0.00 设定

F0.00=0	数字给定 1,按操作面板上下键调节
F0.00=1	数字给定 2,用端子 UP/DN 调节
F0.00=2	数字给定 3,串行口给定,通过串行口频率设置命令来改变设定频率
F0.00=3	VCI 模拟给定(VCI—GND),频率设置由 VCI 端子模拟电压确定,输入电压范围:DC 0~10V
F0.00=4	CCI 模拟给定(CCI—GND),频率设置由 CCI 端子模拟电压/电流确定,输入范围:DC 0~10V(CN10 跳线选择 V 端),DC 0~20mA(CN10 跳线选择 I 端)
F0.00=5	端子脉冲(PULSE)给定,频率设置由端子脉冲频率确定(只能由 X7 或 X8 输入),输入脉冲信号规格:电压范围 15~30V;频率范围 0~50.0Hz

此机床由数控系统给定 VCI 模拟电压，所以设定 F0.00=3。

F0.03：运行命令通道选择，EV-2000 变频器有三个运行命令通道。

表 5-18　F0.03 设定

F0.03=0	操作面板运行命令通道,用操作面板上的 RUN、STOP、JOG 键进行起停
F0.03=1	端子运行命令通道,用外部控制端子 FWD、REV、JOGF、JOJR 等进行起停
F0.03=2	串行口运行命令通道,通过串行口进行起停

此机床采用系统端子运行命令通道，所以设定 F0.03=1。

F0.04：运行方向设定，该功能适合于操作面板运行命令通道和串行口运行命令通道，对端子运行命令通道无效。F0.04=0，正转；F0.04=1，反转。考虑到变频器调试时需要由操作面板运转变频器，设定 F0.04=0。

F0.05：最大输出频率，结合变频电动机参数设定 F0.05=130。

F0.06：基本运行频率，结合变频电动机参数设定 F0.06=25。

F0.07：最大输出电压，根据变频电动机参数设定 F0.07=380。

F0.08：机型选择：F0.08=0，G 型（恒转矩负载电动机）；F0.08=1，P 型（风机、水泵类负载机型）。EV-2000 系列变频器 45kW 及以下机型采用 G/P 合一方式，即用于恒转矩负载（G 型）适配电动机功率比用于风机、水泵类负载（P 型）时小一档。变频器出厂参数设置为 G 型，如果要选择 P 型操作如下：①将该功能码设定为 1；②重新设定 FH 组电动机参数。

此机床变频电动机属于恒转矩负载，所以设定 F0.08=0。

F0.09：转矩提升，为了补偿低频转矩特性，可对输出电压做一些提升补偿。本功能码设为 0 时为自动转矩提升方式；设为非 0 时为手动转矩提升方式。此台机床设定为自动转矩提升方式，所以设定 F0.09=0。

加速时间是指变频器从零频加速到最大输出频率（F0.05）所需时间，减速时间是指变频器从最大输出频率（F0.05）减到零频所需时间。

F0.10：加速时间 1，这要结合调试综合确定，根据此台机床调试设定 F0.10=3。

F0.11：减速时间 1，根据调试综合设定 F0.11=3。

F0.12：上限频率，根据机床变频电动机参数设定 F0.12=130。

F0.14：V/F 曲线设定见表 5-19。

表 5-19　F0.14 设定

F0.14=1	为 2.0 次幂降转矩特性
F0.14=2	为 1.7 次幂降转矩特性
F0.14=3	为 1.2 次幂降转矩特性

此台机床结合变频器和变频电动机参数，设定 F0.14=3。

2）频率给定参数设置 F1.07：曲线 1 最大给定对应频率，根据此台机床变频电动机特性设定 F1.07=130。

3）起动制动参数 F2.00：起动运行方式见表 5-20。

表 5-20　F2.00 设定

F2.00=0	从起动频率起动，按照设定的起动频率(F2.01)和起动频率保持时间(F2.01)起动
F2.00=1	先制动再起动，先直流制动，然后再按方式 0 起动
F2.00=2	转速跟踪再起动，自动跟踪电动机的转速和方向，对旋转中电动机实施平滑无冲击起动

此台机床需要从起动频率起动，所以设定 F2.00=0。

F2.05：加减速方式选择见表 5-21。

表 5-21　F2.05 设定

F2.05=0	直线加减速，输出频率按照恒定斜率递增或递减
F2.05=1	S 形曲线加减速，输出频率按照 S 形曲线递增或递减
F2.05=2	自动加减速，根据负载情况，保持变频器输出电流在自动限流水平之下，平稳地完成加减速过程

此台机床采用直线加减速，所以设定 F2.05=0。

F2.08：停机方式选择见表 5-22。

表 5-22　F2.08 选项

F2.08=0	减速停机，变频器接到停机命令后，按加减速时间逐渐减少输出频率，频率降为零后停机
F2.08=1	自由停车，变频器接到停机命令后，立即停止输出，负载按照机械惯性自由停止
F2.08=2	减速停机+直流制动，变频器接到停机命令后，按照减速时间降低输出频率，当到达停机制动起始频率时，开始直流制动

此台机床配备了制动电阻制动，所以设定 F2.08=2。

F2.13：能耗制动选择见表 5-23。

表 5-23　F2. 13 选项

F2. 13 = 0	未使用能耗制动
F2. 13 = 1	已使用能耗制动

此台机床配备了制动电阻制动，所以设定 F2. 13 = 1。

4）辅助运行参数设置 F3. 00：防反转选择见表 5-24。

表 5-24　F3. 00 选项

F3. 00 = 0	允许反转
F3. 00 = 1	禁止反转

此台机床没有配备调质螺纹功能，因此只有正转就能满足加工要求，所以设定 F3. 00 = 1。

F3. 15：点动加速时间，结合变频器和变频电动机参数设定 F3. 15 = 0. 5。

F3. 16：点动减速时间，结合变频器和变频电动机参数设定 F3. 16 = 0. 5。

5）端子功能参数设置 F7. 08：FED/REV 运转模式设定见表 5-25。

表 5-25　F7. 08 选项

F7. 08 = 0	两线式运转模式 1
F7. 08 = 1	两线式运转模式 2
F7. 08 = 2	三线式运转模式 1
F7. 08 = 3	三线式运转模式 2

此台机床根据变频器说明采用两线式运转模式 1，即设定 F7. 08 = 0。

以下两项功能参数选项见表 5-26。

表 5-26　两项功能参数选项

内容	对应功能	内容	对应功能
0	变频器运行中信号(RUN)	10	简易 PLC 阶段运转完成指示
1	频率到达信号	11	PLC 循环完成指示
2	频率水平检测信号(FDT1)	12	设计计数值到达
3	频率水平检测信号(FDT2)	13	指定计数值到达
4	过载检出信号(OL)	14	设定长度到达指示
5	欠电压封锁停止中(LU)	15	变频器运行准备完成(RDY)
6	外部故障停机(EXT)	16	变频器故障
7	频率上限限制(FHL)	17	上位机扩张功能 1
8	频率下限限制(FLL)	18	摆频上下限限制
9	变频器零速运行中	19	设定运行时间到达

F7. 10：双向开路集电极输出端子 Y1，此台机床 Y1 输出端子对应变频器运行中信号（RUN），所以设定 F7. 10 = 0。

F7.12：继电器输出功能选择，此台机床报警输出选择了此继电器，所以设定 F7.12=16。

6）增强功能设置 F9.09：加减速时间单位，F9.09 = 0 时，单位为 s；F9.09=1时，单位为 min。按照设定通常规律 F9.09=0。

7）电动机参数设置 FH.00：电动机级数，参照电动机参数电动机级数是 4 级，设定 FH.00=4。

FH.01：额定功率，参照电动机参数电动机额定功率是 4kW，所以设定 FH.01=4。

FH.02：额定电流，参照电动机参数电动机额定电流是 8.8A，所以设定 FH.02=8.8。

2. 单柱坐标镗床变频器改造参数设置

用可调电阻控制变频器速度调节艾默生 EV-2000 变频器参数设置（此台机床为单柱坐标镗床，原主电动机为直流电动机，由于时间久而且控制线路老化故障频出，决定改造为变频电动机拖动，变频器选为艾默生 EV-2000 型，由于机床不是采用数控系统控制，所以变频器速度调节改为通过可调电阻控制）。

首先列出参数综合设置见表 5-27，再分别介绍设置意义和步骤。

表 5-27　艾默生变频器参数综合设置

分类	代号	设定值	分类	代号	设定值
基本运行参数	F0.00	3	起动制动参数	F2.00	0
	F0.03	1		F2.05	0
	F0.04	0		F2.08	0
	F0.05	130		F2.13	0
	F0.06	25	辅助运行参数	F3.00	1
	F0.07	380		F3.15	0.5
	F0.08	0		F3.16	0.5
	F0.09	0	端子功能	F7.08	0
	F0.10	3		F7.10	0
	F0.11	5		F7.12	16
	F0.12	130	增强功能	F9.09	0
	F0.14	3	电动机参数	FH.00	4
频率给定参数	F1.07	130		FH.01	4
				FH.02	8.8

1）基本功能参数设置 F0.00：频率给定通道选择见表 5-28。

表 5-28 F0.00 选项

F0.00=0	数字给定1,按操作面板上下键调节
F0.00=1	数字给定2,用端子UP/DN调节
F0.00=2	数字给定3,串行口给定,通过串行口频率设置命令来改变设定频率
F0.00=3	VCI模拟给定(VCI—GND),频率设置由VCI端子模拟电压确定,输入电压范围:DC 0~10V
F0.00=4	CCI模拟给定(CCI—GND),频率设置由CCI端子模拟电压/电流确定,输入范围:DC 0~10V(CN10跳线选择V端),DC 0~20mA(CN10跳线选择I端)
F0.00=5	端子脉冲(PULSE)给定,频率设置由端子脉冲频率确定(只能由X7或X8输入),输入脉冲信号规格:电压范围15~30V;频率范围0~50.0Hz

此机床由可调电阻给定VCI模拟电压，所以设定F0.00=3。

F0.03：运行命令通道选择见表5-29，EV-2000变频器有三个运行命令通道。

表 5-29 F0.03 运行命令通道选择

F0.03=0	操作面板运行命令通道,用操作面板上的RUN、STOP、JOG键进行起停
F0.03=1	端子运行命令通道,用外部控制端子FWD、REV、JOGF、JOJR等进行起停
F0.03=2	串行口运行命令通道,通过串行口进行起停

此机床命令通道由端子运行命令通道给出，所以设定F0.03=1。

F0.04：运行方向设定，该功能适合于操作面板运行命令通道和串行口运行命令通道，对端子运行命令通道无效。F0.04=0，正转；F0.04=1，反转。考虑到变频器调试时需要由操作面板运转变频器，设定F0.04=0。

F0.05：最大输出频率，结合变频电动机参数设定F0.05=130。

F0.06：基本运行频率，结合变频电动机参数设定F0.06=25。

F0.07：最大输出电压，根据变频电动机参数设定F0.07=380。

F0.08：机型选择：F0.08=0，G型（恒转矩负载电动机）；F0.08=1，P型（风机、水泵类负载机型）。EV-2000系列变频器45kW及以下机型采用G/P合一方式，即用于恒转矩负载（G型）适配电动机功率比用于风机、水泵类负载（P型）时小一档。变频器出厂参数设置为G型，如果要选择P型操作如下：①将该功能码设定为1；②重新设定FH组电动机参数。

此机床变频电动机属于恒转矩负载，所以设定F0.08=0。

F0.09：转矩提升，为了补偿低频转矩特性，可对输出电压做一些提升补偿。本功能码设为0时为自动转矩提升方式；设为非0时为手动转矩提升方式。此台机床设定为自动转矩提升方式，所以设定F0.09=0。

加速时间是指变频器从零频加速到最大输出频率（F0.05）所需时间，减速时间是指变频器从最大输出频率（F0.05）减到零频所需时间。

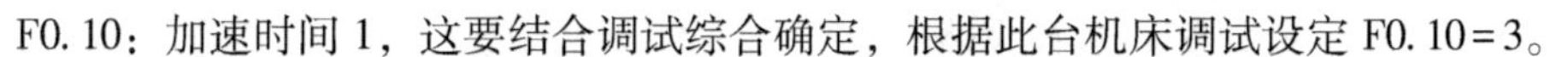

F0.10：加速时间 1，这要结合调试综合确定，根据此台机床调试设定 F0.10=3。

F0.11：减速时间 1，根据调试综合设定 F0.11=5。

F0.12：上限频率，根据机床变频电动机参数设定 F0.12=130。

F0.14：V/F 曲线设定见表 5-30。

表 5-30　F0.14 选项

F0.14=1	为 2.0 次幂降转矩特性
F0.14=2	为 1.7 次幂降转矩特性
F0.14=3	为 1.2 次幂降转矩特性

此台机床结合变频器和变频电动机参数，设定 F0.14=3。

2）频率给定参数设置 F1.07：曲线 1 最大给定对应频率，根据此台机床变频电动机特性设定 F1.07=130。

3）起动制动参数 F2.00：起动运行方式见表 5-31。

表 5-31　F2.00 选项

F2.00=0	从起动频率起动，按照设定的起动频率（F2.01）和起动频率保持时间（F2.01）起动
F2.00=1	先制动再起动，先直流制动，然后再按方式 0 起动
F2.00=2	转速跟踪再起动，自动跟踪电动机的转速和方向，对旋转中电动机实施平滑无冲击起动

此台起床需要从起动频率起动，所以设定 F2.00=0。

F2.05：加减速方式选择见表 5-32。

表 5-32　F2.05 选项

F2.05=0	直线加减速，输出频率按照恒定斜率递增或递减
F2.05=1	S 形曲线加减速，输出频率按照 S 形曲线递增或递减
F2.05=2	自动加减速，根据负载情况，保持变频器输出电流在自动限流水平之下，平稳地完成加减速过程

此台机床采用直线加减速，所以设定 F2.05=0。

F2.08：停机方式见表 5-33。

表 5-33　F2.08 选项

F2.08=0	减速停机，变频器接到停机命令后，按加减速时间逐渐减小输出频率，频率降为零后停机
F2.08=1	自由停车，变频器接到停机命令后，立即停止输出，负载按照机械惯性自由停止
F2.08=2	减速停机+直流制动，变频器接到停机命令后，按照减速时间降低输出频率，当到达停机制动起始频率时，开始直流制动

此台机床配备了制动电阻制动，所以设定 F2.08=2。

F2.13：能耗制动选择见表 5-34。

表 5-34　F2.13 选项

F2.13=0	未使用能耗制动
F2.13=1	已使用能耗制动

此台机床由于对制动没有严格要求，没有配备制动电阻制动，所以设定 F2.13=0。

4）辅助运行参数设置 F3.00：防反转选择见表 5-35。

表 5-35　F3.00 选项

F3.00=0	允许反转
F3.00=1	禁止反转

此台机床没有配备调质螺纹功能，因此只有正转就能满足加工要求，所以设定 F3.00=1。

F3.15：点动加速时间，结合变频器和变频电动机参数设定 F3.15=0.5。

F3.16：点动减速时间，结合变频器和变频电动机参数设定 F3.16=0.5。

5）端子功能参数设置 F7.08：FED/REV 运转模式设定见表 5-36。

表 5-36　F7.08 选项

F7.08=0	两线式运转模式 1
F7.08=1	两线式运转模式 2
F7.08=2	三线式运转模式 1
F7.08=3	三线式运转模式 2

此台机床根据变频器说明采用两线式运转模式 1，即设定 F7.08=0。

两项功能参数可选项见表 5-37。

表 5-37　两项功能参数可选项

内容	对应功能	内容	对应功能
0	变频器运行中信号(RUN)	10	简易 PLC 阶段运转完成指示
1	频率到达信号	11	PLC 循环完成指示
2	频率水平检测信号(FDT1)	12	设计计数值到达
3	频率水平检测信号(FDT2)	13	指定计数值到达
4	过载检出信号(OL)	14	设定长度到达指示
5	欠电压封锁停止中(LU)	15	变频器运行准备完成(RDY)
6	外部故障停机(EXT)	16	变频器故障
7	频率上限限制(FHL)	17	上位机扩张功能 1
8	频率下限限制(FLL)	18	摆频上下限限制
9	变频器零速运行中	19	设定运行时间到达

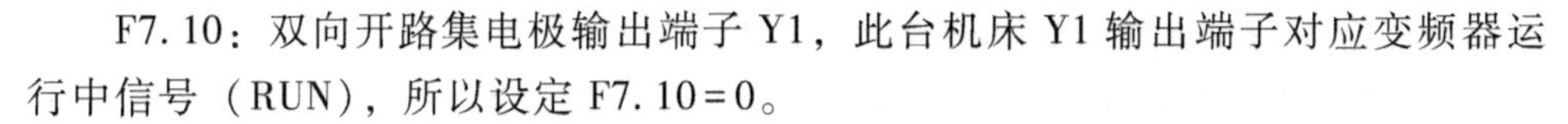

F7.10：双向开路集电极输出端子 Y1，此台机床 Y1 输出端子对应变频器运行中信号（RUN），所以设定 F7.10=0。

F7.12：继电器输出功能选择，此台机床报警输出选择了此继电器，所以设定 F7.12=16。

6）增强功能设置 F9.09：加减速时间单位，F9.09 = 0 时，单位为 s；F9.09=1 时，单位为 min。按照设定通常规律 F9.09=0。

7）电动机参数设置 FH.00：电动机级数，参照电动机参数电动机级数是 4 级，设定 FH.00=4。

FH.01：额定功率，参照电动机参数电动机额定功率是 4kW，所以设定 FH.01=4。

FH.02：额定电流，参照电动机参数电动机额定电流是 8.8A，所以设定 FH.02=8.8。

5.1.2 变频器试运行调试

首先以力士乐变频器说明试运行的过程：

1. 试运行前的检查和准备

1）检查接线是否正确。特别检查变频器的输出端子 U、V、W 不能连接至电源，并确认接地端子接地良好。

2）确认端子间或各暴露的带电部位没有短路或对地短路情况。

3）确认端子连接、插接式连接器和螺钉等均紧固、无松动。

4）确认电动机未连接其他负载机械。

5）上电前使所有开关都处于断开状态，以保证上电时变频器不会起动且不发生异常动作。

6）上电后检查以下各点：

① 闪烁显示 0.00（无故障显示）。

② 变频器内置的冷却风扇正常运行（出厂时 [H22]=0）。

2. 试运行提示

1）变频器无电源开关，电源接通，变频器即上电，当按下起动按钮 Run（或通过端子控制有效）时，变频器即有输出。

2）变频器出厂默认的上电显示运行参数为输出频率，如需改为其他内容，参见参数设置自行设定。变频器的出厂设置基于标准电极的标准应用。

3）交货时，变频器频率设定在 0.00Hz，这意味着电动机不会转动，必须通过对变频器进行设定来使电动机转动。

注意：

1）通电前，必须盖好装置的塑料外壳。关闭电源后必须等待至少 30min，使直流电容器放电完毕，在此期间不能打开上盖。

2）变频器起停的出厂设置为操作面板控制，端子 SF-COM 已短接。

3）数字频率给定出厂设置为 0.00Hz，这可以防止电动机在初始设置时失控运转，在电动机运转前必须输入一个频率给定值，可通过在运行监视模式下按上升键或在 b01 中设置。

3. 变频器基本控制

变频器投入运行基本方法如下，这一方法使用数字操作器给定频率，只需改动几个参数。

1）变频器上电后，[b39]=0，所有参数可读写模式。

2）将所要求的输出频率写入［b01］功能码。

3）检查基底频率［b04］、基底电压［b05］等参数，确认它们与电动机的铭牌数据一致。

4）按下变频器数字操作面板上的运行键，变频器将按参数中设定的频率驱动电动机。

如果需要，在运行监测模式下，电动机速度（即频率）可通过上下键来调节。

4. 恢复为出厂参数

如果在现场将参数调乱了，变频器将无法正常工作，简单的解决办法就是将参数初始化为出厂参数。

设置［b39］=2 进行 50Hz 出厂参数初始化，F0.03 运行命令通道选择见表 5-38。

表 5-38　参数初始化选项

输出电压/频率	电源输出三相/380V/50Hz,SPWM 波
电压/频率比	恒转矩 H-03
运行频率	0~50Hz
加减速时间	直线型,加速 10s/减速 10s
电动机热保护	电动机额定电流 100%
面板选择	用运行、停止控制起停,上下或外部模拟电压控制

频繁起停时的特别注意事项：

禁止用 R、S、T 端子前接入的接触器 KM 频繁起停变频器，以避免滤波电容过早老化，可选用外部端子 SF、SR、X1-X3 等起停变频器。

5. 带有控制电位器机型的试运行

Fe 系列变频器出厂时已设置为数字操作器上的电位器设定变频器的输出频率，可按下列步骤进行运转，参数综合设置见表 5-39。

表 5-39　参数综合设置

顺序	操　作	说　明
1	将控制电位器逆时针旋到底	频率设定初始值为 0.00
2	按运行键	输入运转指令，显示 0.00
3	顺时针(向右)缓慢拧动电位器，显示开始改变，到显示 5.00 时停止操作	电动机开始旋转
4	观察：①电动机运转方向是否合乎要求 ②电动机运转是否平稳 ③有无异常噪声、异常现象发生	观察运行是否正常，若发现异常应立刻停止运行，切断电源，排除故障后再进行试运行
5	顺时针(向右)拧动电位器	电动机加速运转
6	逆时针(向左)拧动电位器	电动机减速运转
7	按停止键	试运行结束，下达停止命令，下一步可以进入正常运行

6. 试运行中简单故障的对策

1）加速中出现过电流（O. C）——延长加速时间。

2）减速中出现过电压（O. E）——延长减速时间。

3）运行键按下后立即出现过电流（O. C）——接线错误，请检查主电路配线 U、V、W 输出有无短路、接地现象。

4）电动机运转方向与实际需要接反——改变 U、V、W 任意两相的顺序。

5）电动机出现振动，且每次运行时的旋转方向不定——U、V、W 输出有一相断开（输出断相）。

5.2　变频器的维护

由于环境的温度、湿度、粉尘及振动的影响，变频器内部的器件老化及磨损等诸多原因，都会导致变频器潜在的故障发生，因此，有必要对变频器实施日常和定期的保养及维护。

提示：

在检查和维护前，前先确认以下几项，否则，会有触电危险：

1）变频器已切断电源。

2）盖板打开后，充电指示灯熄灭。

3）用直流高压表测（+）、（-）之间电压小于 36V 以下。

5.2.1　变频器的日常维护

变频器必须按照规定的使用环境运行，但是运行中也可能发生一些意外的情况，用户应该按照提示，做日常保养工作，保持良好的运行环境，记录日常运行的数据，并及早发现异常原因，是延长变频器使用寿命的好办法，变频器日常检查提示见表 5-40。

表 5-40　变频器日常检查提示

检查对象	检查要领			判别标准
	检查内容	周期	检查手段	
运行环境	温度、湿度	随时	温度计、湿度计	-10~40℃，40~50℃降额使用
	尘埃、水及滴液		目视	无水痕液迹
	气体		目视	无异味
变频器	振动发热	随时	外壳触摸	振动平稳，风温合理
	噪声		听	无异样声响
电动机	发热	随时	手触摸	发热无异常
	噪声		听觉	噪声均匀
运行状态参数	输出电流	随时	电流表	在额定值范围
	输出电压		电压表	在额定值范围
	内部温度		温度计	温升小于 35℃

以下是变频器使用中应该注意的几个问题：

（1）与工频运行比较　平常使用的变频器大都是电压型，其输出电压是 PWM 波，含有一定的谐波。因此，使用时电动机的温升、噪声和振动与工频相比略有增加。

（2）恒转矩低速运行　变频器驱动普通电动机做长期低速运行，由于电动机的散热效果变差，输出转矩额度有必要降低。如果需要以低速恒转矩长期运行，就必须选用变频电动机。

（3）运行频率大于 50Hz　如果运行频率大于 50Hz，除了考虑电动机的振动、噪声增大外，还必须确保电动机的轴承及机械装置的使用范围，使用前要查询相关参数。

（4）负转矩运行　对于提升负载、频繁起停之类的场合，常常会有负转矩产生。此时变频器常会产生过电流或过电压故障而跳闸，故应考虑选配适当参数的制动电阻。

（5）电动机的热保护值　当电动机与变频器适配时，变频器能对电动机实施保护。若电动机与变频器额定容量不匹配，需调整其保护值或采取其他保护措施以保证电动机的安全运行。

（6）负载装置的机械共振点　电动机在一定的频率范围内，可能会遇到负载装置的机械共振点，影响设备运行。所以，必须对变频器设置跳跃频率来避开该共振点。

（7）频繁起停场合　严禁在变频器输入端使用接触器等开关元件，进行直接频繁起停操作，以免损坏设备。可以通过控制端子对变频器进行起停控制。

（8）接入变频器前电动机绝缘电阻值的检查　电动机首次使用或长时间放置后再接入变频器使用之前，应对电动机做绝缘电阻的检查，防止因电动机绕组绝缘电阻值过低而损坏变频器。测试时用 1000V 电压型绝缘电阻表，应保证测得绝缘电阻值。

5.2.2　变频器的定期维护

1. 定期检查

根据使用环境，变频器每三个月或半年应进行一次定期检查。

提示：

1）只有受过专业训练的人才能拆卸部件，进行维护及部件更换。

2）不要将螺钉及垫圈等金属件遗留在机器内，否则有损坏机器的可能。

一般检查内容：

1）控制端子螺钉是否松动，用螺钉刀拧紧。

2）主电路端子是否有接触不良的情况，铜排连线处是否有过热痕迹。

3）电力电缆、控制电缆有无损伤，尤其是与金属表面接触的表皮是否有割伤的痕迹。

4）电力电缆鼻子的绝缘包扎带是否已脱落。

5）对电路板、风道上的粉尘全面清扫，最好使用吸尘器。

6）长期存放的变频器必须在两年以内进行一次通电试验，通电时，采用调压器缓缓升高至额定值，时间近 5h，可以不带负载。

7）对变频器的绝缘测试，必须将所有的输入、输出端子用导线短接后，对地进行测试，严禁单个端子对地测试，否则有损坏变频器的危险，请使用 500V 绝缘电阻表。

8）如果对电动机进行绝缘测试，必须将电动机的输入端子 U、V、W 从变频器拆开后，单独对电动机测试，否则将会造成变频器损坏。

2. 变频器易损件更换

变频器易损件主要是冷却风扇和滤波用电解电容器，其寿命与使用的环境和保养状况密切相关。一般寿命时间见表 5-41。

表 5-41　变频器器件寿命

器件名称	寿命时间
风扇	3 万～4 万 h
电解电容	4 万～5 万 h
继电器	约十万次

用户可以根据运行时间确定更换年限。

（1）冷却风扇　可能损坏原因：轴承磨损、叶片老化。

判别标准：风扇叶片等是否有裂缝，开机时声音是否有异常振动声。

（2）滤波电解电容　可能损坏原因：环境温度较高，频繁的负载跳变造成脉动电流增大，电解质老化。

判别标准：有无液体漏出，安全阀是否已凸出，静电电容满足要求，绝缘电阻符合要求。

（3）继电器　可能损坏原因：腐蚀、频繁动作。

判别标准：开闭失灵。

3. 变频器的存贮

用户购买变频器后，暂时存贮和长期存贮必须注意以下几点：

1）避免在高温、潮湿及富含尘埃、金属粉尘的场所保存，要保证通风良好。

2）长时间存放会导致电解电容的劣化，必须保证在两年内通一次电，通电至少 5h，输入电压必须用调压器缓缓升高至额定值。

第6章

变频器的常见故障与对策

6.1 三菱 FR-A500 常见故障与对策（见表 6-1）

表 6-1 三菱 FR-A500 常见故障与对策

操作面板显示	名称	内容	检查要点	对策
E. OC1	加速时过电流断路	加速运行中，当变频器输出电流超过额定电流的 200% 时，保护回路动作，停止变频器输出 仅给 R1、S1 端子供电，输入起动信号时，也为此显示	是否急加速运转 输出是否短路 主电路电源（R、S、T）是否供电	延长加速时间 起动时，“E. OC1”总是点亮的情况下，拆下电动机再起动。如果“E. OC1”仍点亮，请与经销商或公司营业所联系 主电路电源（R、S、T）供电
E. OC2	定速时过电流断路	定速运行中，当变频器输出电流超过额定电流的 200% 时，保护回路动作，停止变频器输出	负荷是否有急速变化 输出是否短路	取消负荷的急速变化
E. OC3	减速时过电流断路	加速运行中（加速、定速运行之外），当变频器输出电流超过额定电流的 200% 时，保护回路动作，停止变频器输出	是否急减速运转 输出是否短路 电动机的机械制动是否过早	延长减速时间 检查制动动作
E. OV1	加速时再生过电压断路	因再生能量，使变频器内部的主电路直流电压达到规定值的 85% 时，预报警（显示 RB），超过规定值时，保护回路动作，停止变频器输出 电源系统里发生的浪涌电压也可能引起动作	加速度是否太缓慢	缩短加速时间

（续）

操作面板显示	名称	内容	检查要点	对策
E. OV2	定速时再生过电压断路	因再生能量，使变频器内部的主电路直流电压达到规定值的 85% 时，预报警（显示 RB），超过规定值时，保护回路动作，停止变频器输出 电源系统里发生的浪涌电压也可能引起动作	负荷是否有急剧变化	取消负荷的急剧变化 必要时，请使用制动单元或电源再生变换器（FR-RC）
E. OV3	减速时再生过电压断路	因再生能量，使变频器内部的主电路直流电压达到规定值的 85% 时，预报警（显示 RB），超过规定值时，保护回路动作，停止变频器输出 电源系统里发生的浪涌电压也可能引起动作	是否急剧减速运转	延长减速时间（使减速时间符合负荷的转动惯量） 减少制动频度 必要时，请使用制动单元或电源再生变换器（FR-RC）
E. THM	电动机过负荷断路（电子过电流保护）	过负荷以及定速运行时，由于冷却能力的低下，造成电动机过热，变频器的内置电子过电流保护检测达到设定值的 85%时，预报警（显示 TH），达到规定值时，保护回路动作，停止变频器输出。多级电动机或两台以上电动机运行时，电子过电流保护不能保护电动机，请在变频器输出侧安装热继电器	电动机是否在过负荷状态下使用	减轻负荷 恒转矩电动机时，把 Pr. 71 设定为恒转矩电动机
E. THT	变频器过负荷断路（电子过电流保护）	如果电流超过额定电流的 150%，而未到过电流切断（200%以下）时，为保护输出晶体管，用反时限特性，使电子过电流保护动作，停止变频器输出（过负荷承受能力 150% 60s）	电动机是否在过负荷状态下使用	减轻负荷
E. IPF	瞬时停电保护	停电超时 15ms（与变频器输入切断一样）时，为防止控制回路误动作，瞬时停电保护功能动作，停止变频器输出。此时，异常报警输出接点为打开（B–C）和闭合（A-C） 如果停电持续时间超过 100ms，报警不输出时，起动信号是 ON，变频器将再起动。（如果瞬时停电在 15ms 以内，变频器仍然运行）	调查瞬时停电发生的原因	修复瞬时停电 准备瞬时停电的备用电源 设定瞬时停电再起动的功能

（续）

操作面板显示	名称	内容	检查要点	对策
E. UVT	欠电压保护	如果变频器的电源电压下降，控制电路可能不能发挥正常功能，或引起电动机的转矩不足、发热的增加。为此，当电源电压下降到 300V 以下时，停止变频器输出 如果 P/+，P1 之间没有短路片，则欠电压保护功能动作	有无大容量的电动机起动 P/+，P1 之间是否接有短路片或直流电抗器	检查电源等电源系统设备 P/+，P1 之间接短路片或直流电抗器
E. FIN	散热片过热	如果散热片过热，温度传感器动作，使变频器停止输出	周围温度是否过高 冷却散热器是否堵塞	周围温度调节到给定范围内
E. GF	输出侧接地故障过电流保护	当变频器的输出侧（负荷侧）发生接地，流过接地电流时，变频器停止输出	电动机、连接线是否接地	排除接地的地方
E. OHT	外部热继电器动作	为防止电动机过热，安装在外部热继电器或电动机内部安装的温度继电器动作（接点打开）时，使变频器输出停止。即使继电器接点自动复位，变频器不复位就不能重新起动	电动机是否过热 Pr. 180 ～ Pr. 186（输入端子功能选择）中任一个，设定值 7（OH 信号）是否正确设定	降低负荷和运行频率
E. BE	制动晶体管异常	在制动回路发生类似制动晶体管破损时，变频器停止输出，这时，必须立即切断变频器的电源	减小负荷 制动的频率是否合适	请更换变频器
E. OLT	失速防止	当失速防止动作，运行频率降到 0 时，失速防止动作中显示 0L	电动机是否在过负荷状态下使用	减轻负荷
E. OPT	选件报警	当安装 2 枚以上通信选件时，变频器停止输出 连接高功率转换器时，误将交流电源接到 R、S、T 端子，则有此显示	通信选件的安装枚数是否为 1 枚 连接高功率转换器时，不要将交流电源接到 R、S、T 端子	通信选件改为 1 枚 确认参数（Pr. 30）的设定、接线 连接高功率转换器时，若将交流电源接到 R、S、T 端子，有可能损坏变频器。请与经销商联系
E. OP1～OP3	选件插口异常	各插口上安装的内藏选件功能出现异常（如通信选件的通信异常、通信选件以外的内置选件接触不良等）时，变频器停止输出	选件功能的设定、操作是否有误 内置选件的接口是否确实连接好 通信电缆是否断线 终端阻抗是否正确安装	确认选件功能的设定 确实进行好内置选件的连接

（续）

操作面板显示	名称	内容	检查要点	对策
E. PE	参数记忆因子异常	记忆参数设定值的EEPROM发生异常时,停止输出	参数写入回数是否太多	与经销商或营业所联系
E. PUE	PU脱出发生	当Pr. 75“复位选择/PU脱落检测/PU停止选择”设定在“2”“3”“16”或“17”状态下,如果操作面板及参数单元脱落,本体与PU的通信中断,变频器则停止输出。当Pr. 121的值设定为“9999”,用RS-485通过PU接口进行通信时,如果连续通信错误发生次数超过允许再试次数,变频器则停止输出。超过Pr. 122设定的时间通信中途切断时,变频器则停止输出	DU或PU的安装是否太松 确认Pr. 75的设定值	牢固安装好DU和PU
E. RET	再试次数溢出	如果在设定的再试次数内不能恢复正常运行,变频器停止输出	调查异常发生的原因	处理该错误之前一个的错误
E. LF	输出欠相保护	当变频器输出侧(负荷侧)三相(U、V、W)中有一相断开时,变频器停止输出	确认接线(电动机是否正常) 是否使用比变频器容量小得多的电动机	正确接线 确认Pr. 251“输出欠相保护选择”的设定值
E. CPU	CPU错误	如果内置CPU算术运算在预定时间内没有结束,变频器自检判断异常,变频器停止输出		牢固地进行接线 与经销商或营业所联系
E. 1~E. 3	选件异常	当发生变频器主机与通信选件间接口的接触不良或通信选件,变频器停止输出	接口是否太松(1~3显示选件插口号)	牢固地进行接线 与经销商或营业所联系
E. 6~E. 7	CPU错误	内置CPU的通信异常发生时,变频器停止输出		与经销商或营业所联系
E. P24	直流24V电源输出短路	从PC端子输出的直流24V电源电路时,电源输出切断。此时,外部接点输入全部为OFF,端子RES输入不能复位。复位的话,请使用操作面板或电源切断再投入的方法	PC端子输出是否短路	排除短路处
E. CTE	操作面板用电源输出短路	操作面板用电源(PU接口的P5S)短路时,电源输出切断。此时,操作面板(参数单元)的使用,从PU接口进行RS-484通信都变为不可能。复位的话,请使用端子RES输入或电源切断再投入的方法	PU接口连接线是否短路	检查PU、电缆

（续）

操作面板显示	名称	内容	检查要点	对策
E. MB1 ~ 7	制动开启错误	在使用制动开启功能（Pr. 278 ~ Pr. 285）的情况下，出现开启错误时，变频器停止输出 当装了 FR-A5AP，选择 PLG 反馈控制、定位控制时，若（检测频率）—（输出频率）> Pr. 285 时，E. MBI 报警，变频器停止输出	调查异常发生的原因	确认设定参数，正确接线
E. OSD	速度偏差过大检测	当装了 FR-A5AP，进行磁通矢量控制时，因负荷的影响等，电动机被增速或减速，不能按速度指令值控制速度时，变频器停止输出	负荷是否有急速变化	取消负荷的急速变化
E. ECT	断线检测	当装了 FR-A5AP，进行定位控制、PLG 反馈控制、磁通矢量控制时，若断开编码信号则变频器停止输出	是否编码信号断线	恢复断线处
E. FN	风扇故障	如果变频器内含有一冷却风扇，当冷却风扇由于故障停止或与 Pr. 244“冷却风扇动作选择”的设定不同运行时，操作面板上显示 FN	冷却风扇是否正常	更换风扇
OL	失速防止（过电流）	加速时，如果电动机的电流超过变频器额定输出电流的 150% 以上时，停止频率的上升，直到过负荷电流减少为止，以防止变频器出现过电流断路。当电流降到 150% 以下后，再增加频率 恒速运行时，如果电动机的电流超过变频器额定输出电流的 150% 以上，降低频率，直到过负荷电流减少为止，以防止变频器出现过电流断路。当电流降到 120% 以下后，再回到设定频率 减速时，如果电动机的电流超过变频器额定输出电流的 150% 以上，停止频率的下降，直到过负荷电流减少为止，以防止变频器出现过电流断路。当电流降到 150% 以下时，再降低频率	电动机是否在过负荷状态下使用	可以改变加减速的时间 用 Pr. 22 的“失速防止动作水平”，提高失速防止的动作水平，或者用 Pr. 156 的“失速防止动作选择”，不让失速防止动作

（续）

操作面板显示	名称	内容	检查要点	对策
oL	失速防止（过电压）	减速运行时，电动机的再生能量过大，超过制动能力时，停止频率的下降，以防止变频器出现过电压断路。直到再生能量减少时，再继续减速	是否是急加速运行	可以改变减速时间 用 Pr. 8 的“减速时间”，延长减速时间
PS	PU 停止	在 Pr. 75 的“PU 停止选择”状态下，用 PU 的 STOP/RESET 键，设定停止	是否按下操作面板上的 STOP/RESET 键，使其停止	参照说明书
RB	再生制动预报警	再生制动使用率达到 Pr. 70“特殊再生制动使用率”设定的 85%时显示 再生制动使用率达到 100%时，变为再生过电压（E. 0V）	制动电阻的使用量是否更多	延长减速时间
TH	电子过热保护预报警	电子热积算值达到设定值的 85%时显示 达到设定值的 100%时，电动机过负荷断路（E. THM）	是否负荷过大 是否加速运行过急	减轻负荷 降低运行频度
Err		此报警在下述情况下显示： RES 信号处于 ON 时 在外部运行模式下，试图设定参数 运行中，试图切换运行模式 在设定范围之外，试图设定参数 PU 和变频器不能正常通信时 运行中（信号 STF，SRF 为 ON），试图设定参数时 在 Pr. 77“参数写入禁止选择”参数写入禁止时，试图设定参数		请准确地进行运行操作

6.2 三菱通用变频器常见故障与对策（见表 6-2）

表 6-2 三菱通用变频器常见故障与对策

故障现象	发生时的工作状况	对策
电动机不运转	变频器输出端子 U、V、W 不能提供电源	检查电源是否已提供给端子；检查运行命令是否有效；检查复位功能或自由运行/停车功能是否开放
	负载过重	检查电动机负荷是否过重
	任选远程操作器被使用	确保其操作设定正确

（续）

故障现象	发生时的工作状况	对　　策
电动机反转	输出端子连接不正确	使得电动机的相序与端子连接相对应，通常正转 U-V-W，反转 U-W-V
	电动机正反转的相序未与输出对应	
	控制端子连接不正确	端子（FW）用于正转，（RV）用于反转
电动机转速不能达到	如果使用模拟输入，电流或电压为零	检查连线；检查电位器或信号发生器
	负载太重	减少负载；重负载激活了过载限定（根据需要可设置不输出）
转动不稳定	负载波动过大	增加电动机容量（变频器和电动机）
	电源不稳定	解决电源问题
	该现象只出现在某一特定频率下	稍微改变输出频率，使用调频设定跳过此频率
过电流	加速中过电流	电动机是否短路或局部短路，输出线绝缘是否良好；延长加速时间；检查变频器配置，容量是否合适；降低转矩提升设定值
	恒速中过电流	电动机是否短路或局部短路，输出线绝缘是否良好；检查电动机是否堵转，机械负载是否突变；变频器容量是否合适，若太小则增大容量；检查电网电压是否突变
	减速中或停车时过电流	检查输出线绝缘是否良好，电动机是否有短路现象；延长减速时间；更换容量大的变频器；直流制动量太大，减少直流制动量
短路	对地短路	机械故障，送厂维修；检查电动机连线是否短路；检查输出线绝缘是否良好；电动机是否短路或局部短路
过电压	停车中、加速中、恒速中、减速中过电压	延长减速时间或加装制动电阻；改善电网电压，检查是否有突变电压产生
低压		检查输入电压是否正常；负载是否突变；是否断相
变频器过热		检查风扇是否堵转，散热片是否有异物；环境温度是否正常；通风条件是否足够，空气能否对流
变频器过载	连续超负载 150%时间 1min 以上	检查变频器容量是否过小，若过小，则加大容量；机械负载是否有卡死现象；若 V/F 曲线设定不良，则重设
电动机过载	连续超负载 150%时间 1min 以上	检查机械负载是否有突变；电动机容量是否足够；电动机绝缘是否变差；是否存在断相
电动机过转矩		检查机械负载是否波动；电动机容量是否偏小

6.3 富士 FREG11UD 变频器的故障报警信息与对策（见表 6-3）

表 6-3 富士 FREG11UD 变频器的故障报警信息与对策

<table>
<tr><th rowspan="2">报警名称</th><th colspan="2">键盘面板显示</th><th rowspan="2">对　策</th></tr>
<tr><th>LED</th><th>LCD</th></tr>
<tr><td rowspan="3">过电流</td><td>OC1</td><td>加速时显示：OCDURINGACC</td><td rowspan="3">电动机过电流时，输出电路相间或对地短路，当变频器输出电流的瞬时值超过过电流检出值时，过电流保护功能动作</td></tr>
<tr><td>OC2</td><td>减速时显示：OCDURINGDEC</td></tr>
<tr><td>OC3</td><td>恒速时显示：OCATSETSPD</td></tr>
<tr><td rowspan="3">过电压</td><td>OU1</td><td>加速时显示：OVDURINGACC</td><td rowspan="3">由于电动机的再生电流增加，使主电路的中间电压超过过电压检测值时，保护功能动作（200V 系列：DC 400V；400V 系列：DC 800V 系列）。但是当变频器输入侧错误地输入过高电压时，不能进行保护</td></tr>
<tr><td>OU2</td><td>减速时显示：OVDURINGDEC</td></tr>
<tr><td>OU3</td><td>恒速时显示：OVATSETSPD</td></tr>
<tr><td>欠电压</td><td>LU</td><td>UNDERVOLTANG</td><td>运行中，当电源电压降低等使主电路的直流中间电压低于欠电压检测值时，保护功能动作（欠电压检测值：200V 系列，DC 200V；400V 系列：DC 400V）。另外，当电压低至不能维持变频器控制电路的电压值时，将不能显示</td></tr>
<tr><td>电源输入断相</td><td>Lin</td><td>PHASELOSS</td><td>连接的三相输入电源 L1/R、L2/S、L3/T 中缺任何一相及变频器在三相电源电压不平衡状态下运行时，可能造成主电路的整流二极管和主滤波电容损坏。在这种情况下，变频器报警并停止运行</td></tr>
<tr><td>散热片过热</td><td>OH1</td><td>FINOVERHEAT</td><td>如果冷却风扇发生故障等，则散热片的温度上升，保护功能动作</td></tr>
<tr><td>外部报警</td><td>OH2</td><td>EXTALARM</td><td>当控制电路端子（THR）连接制动系统、制动电阻、外部热继电器等外部装置报警接点时，这些接点动作时有报警信息发出</td></tr>
<tr><td>变频器内过热</td><td>OH3</td><td>HIGHAMBTEMP</td><td>如果变频器内的通风散热不良等，则其内部温度升高，保护功能动作</td></tr>
<tr><td>电动机过载</td><td>OL1</td><td>MOTORIOL</td><td>选择功能码 F10（电子热继电器）为 1 时，若电动机的电流超过设定的动作电流值，则保护功能动作</td></tr>
<tr><td>超速</td><td>OS</td><td>OVERSPEED</td><td>电动机的速度（频率）若超过最高频率、上限频率、120Hz 中的最小值的 1.2 倍，保护功能动作</td></tr>
</table>

（续）

报警名称	键盘面板显示		对　策
	LED	LCD	
超过速度偏差	Pg	PGBREAK	超过速度偏差时，保护功能动作
存储器错误	Er1	MEMORYERROR	如果发生数据写入异常等存储器异常，保护功能动作
键盘面板通信异常	Er2	KEYPDCOMERR	由键盘面板运行模式检测键盘面板和控制部件之间的信息传送出错或传送停止时，保护功能动作
CPU 异常	Er3	CPUERROR	由于干扰等造成 CPU 出错时，保护功能动作
操作步骤出错	Er6	OPRPROCDERR	用 STOP 指令强制停止时，该功能动作；或者在 036 至 039 上设定 2 处相同值时，该功能动作
输出接线出错	Er7	TUNNGERROR	自整定时，如果变频器的输出电路连接线断线或开路，则保护功能动作
RS485 通信出错	Er8	RS485COMER	使用 RS485 通信出错时，保护功能动作

6.4　安川变频器的故障报警信息与对策（见表 6-4）

表 6-4　安川变频器的故障报警信息与对策

异常表示	故障内容	说　明	对　策
UV1	主电路低电压（PUV）	主电路电压低于“低电压检出标准”15ms（瞬停保护 2s）。低电压检出标准为：200V 级，约 190V 以下；400V 级，约 380V 以下	检查电源电压及配线 检查电源容量
UV2	控制电路低电压（CUV）	控制电路电压低于低电压检出标准	
UV3	内部电磁接触器故障	电动机运转时预充电接触器开路	检查预充电接触器
UV	瞬时停电检出中	主电路直流电压低于低电压检出标准 预充电接触器未断开 控制电路电压低于低电压检出标准	检查主电路直流电压 检查预充电接触器 检查控制电路电压
OC	过电流（OC）	变频器的输出电流超过 OC 标准	检查电动机的阻抗绝缘是否正常 延长加减速时间

（续）

异常表示	故障内容	说　　明	对　　策
GF	接地故障(GF)	变频器输出侧的接地电流超过变频器额定电流的50%以上	检查电动机是否绝缘劣化 检查变频器及电动机间的配线是否有破损
OV	过电压(OV)	主电路直流电压高于过电压检出标准(200V级:约400V;400V级:约800V)	延长减速时间,加装制动控制器及制动电阻
SC	负载短路(SC)	变频器输出侧短路	检查电动机的绝缘及阻抗是否正常
PUF	熔断器断路(FI)	主电路的晶体模块故障 直流回路熔断器的熔体熔断	检查晶体模块是否正常 检查负载侧是否有短路、接地等情形
OH	散热座过热(OH1)	晶体模块的冷却风扇的温度超过允许值	检查风扇功能是否正常,以及周围是否在额定温度内
OL1	电动机过负载(OL1)	输出电流超过电动机的过载容量	减小负载
OL2	变频器过负载(OL2)	输出电流超过变频器的额定电流值150% 1min	减小负载及延长加速时间
PF	输入欠相	变频器的输入电源欠相 输入电压三相不平衡	检查电源电压是否正常 检查输入端点的螺钉是否拧紧
LF	输出欠相	变频器的输出电源欠相	检查输出端点的螺钉及配线是否拧紧 检查电动机的三相阻抗
RR	制动晶体管异常	制动晶体管动作不良	将变频器送修
RH	制动控制器过热	制动控制器的温度高于允许值	检查制动时间与制动电阻使用率
OS	过速度(OS)	电动机速度超过速度标准(F1-08)	
PGO	PG断线(PGO)	PG断线	检查PG连线 检查电动机轴心是否堵住
DEV	速度偏差过大(DEV)	给定速度值与速度回馈值的差超过速度偏差(F1-10)	检查是否过载
EF	运转指令不良	正向运转及反向运转指令同时存在0.5s以上	检查控制时序,正、反转指令不能同时存在
EF3~EF8	端子3~8的外部端子输入信号异常	外部端子3~8输入异常信号	由U1-10确认异常信号输入端子,依端子设定之异常情况进行检修

（续）

异常表示	故障内容	说　明	对　策
OPE01	变频器容量设置异常	变频器容量参数（902-04）设定不良	调整设定值
OPE02	参数设置不当	参数设定超过设定值	调整设定值
OPE03	多功能输入设定不当	H1-(01-06)的设定值未按从小到大的顺序设定或重复设定相同值	调整设定值
OPE10	U/F 参数设置不当	E1-(04-10)必须符合下列条件：Fmax 大于或等于(E1-04)；F_A 大于(E1-06)；F_B 大于或等于(E1-07)；Fmin 大于(E1-09)	调整设定值
OPE11	参数设定不当	C6-01 大于 5kHz，但 C6-02 小于或等于 5kHz； C6-03 大于 6kHz，但 C6-02 小于或等于 C6-01	调整设定值
ERR	EEPROM 输入不良	参数初始化时正确信息无法写入 EEPROM	更换控制板
CALL	SI-B 传输错误	电源投入时控制信号不正常	重新检查传输变频器的控制信号
ED	传输故障	控制信号送出后 2s 内未收到正常响应信号	重新检查传输变频器的控制信号
CPF00	控制电路传输异常 1	电源投入后 5s 内操作器与控制板连接发生异常	重新安装数字操作器，检查控制电路的配线
CPF01	控制电路传输异常 2	MPU 周边零件故障	更换控制板
CPF02	基极阻断（BB）回路不良	变频器控制板故障	更换控制板
CPF03	EEPROM 输入不良		
CPF04	CUP 内部 A-D 转换器不良		
CPF05	CUP 内部 A-D 转换器不良		
CPF06	周边界面卡连接不良	周边界面卡安装不正确	重新更换周边界面卡
CPF20	模块指令卡的 A-D 转换器不良	AI-14B 卡的 A-D 转换器动作不良	更换 AI-14B 卡

6.5 日立变频器的故障报警信息与对策（见表 6-5）

表 6-5 日立变频器的故障报警信息与对策

故障信息	说明	原因	对策	备注
E01	恒速运转过电流	负荷突然变小 输出短路 L-PCB 与 IPM-PCB 的连接电缆出错 接地故障	增加变频器容量，使用矢量控制方式	CT 检查
E02	减速运转过电流	速度突然变化 输出短路 接地故障 减速时间太短 负载惯量过大 制动方法不合适	检查各项输出，延长减速时间，使用模糊逻辑加、减速，检查制动方式	CT 检查
E03	加速运转过电流	负荷突然变化 输出短路 接地故障 起动频率调整太高 转矩提升太高 电动机被卡住 加速时间过短 变频器与电动机之间的连接电缆过长	使用矢量控制，即 A0 设定为 4，提升转矩，延长加速时间，增大变频器的容量，使用模糊逻辑加、减速控制功能，缩短变频器与电动机之间的距离	CT 检查
E04	停止时过电流	CT 损坏，功率模块损坏		CT 检测
E05	过载	负荷太重 电子热继电器门限设置过小	减轻负荷，增大变频器的容量，增大电子热继电器的门限值	
E06	制动电阻过载保护	再生制动时间过长 L-PCB 与 IPM-PCB 的连接电缆出错	延长减速时间，增大变频器的容量，将 A38 设定为 00，提高制动使用率	
E07	过电压	速度突然减小 负荷突然脱落 接地故障 减速时间太短 负荷惯性过大 制动方法有问题	延长减速时间，增大变频器的容量，外加制动单元	
E08	EEPROM 故障	周围噪声过大 机体周围环境温度过高 L-PCB 损坏 L-PCB 与 IPM-PCB 的连接线松动或损坏 变频器制冷风扇损坏	移去噪声源，机体周围应便于散热、空气流动良好，更换制冷风扇，更换相应元器件，重新设定参数	

（续）

故障信息	说　明	原　因	对　策	备注
E09	欠电压	电源电压过低 接触器或断路器触点不良 10min 内瞬间掉电次数过多 起动频率调整太高 F11 选择过高 电源主线端子松动 同一电源系统有大的负载起动 电源变压器的容量不够	改变供电电源质量，更换接触器或断路器触点，将 F11 设为 380V，将主线各节点接牢，增加变压器的容量	
E10	CT 出错	CT 损坏，CT 与 IPM-PCB 上 J51 的连线松了，逻辑控制板上的 OP1 损坏，RS、DM、ZNR 可能损坏	检查接线，更换有问题的器件	
E11	CPU 出错	周围噪声过大，误操作，CPU 损坏	重新设置参数，移去噪声源，更换 CPU	
E12	外部跳闸	外部控制线路有故障	检测外部控制线路	
E13	USP 出错	一旦 INV 处于运行状态时，突然来电会发生此故障信息	变频器停止运行操作时，应该将运行开关关闭后再拉掉电源，不能直接拉电	
E14	INV 输出接地故障	周围环境过于潮湿 电缆的绝缘性能下降 电动机的绝缘性能下降 变频器的输出接地不好 加减速时间过短 CT 故障 L-PCB 故障 IPM 损坏 L-PCB 与 IPM-PCB 的连接线松动或损坏 使用电控柜时可能输出、输入电缆磨损与电控柜连接一体带电 变频器输出电缆断线 输出端子松动 电动机的线圈断线 电动机的功率太小 由于噪声引起的误动作	断开 INV 的输出端子，用绝缘电阻表检查电动机的绝缘性，换线缆，或烘干电动机，更换其他零部件（有时 IPM-PCB 是好的，但是 DM 损坏了）	

（续）

故障信息	说　明	原　因	对　策	备注
E15	电源电压过高	电源电压过高 F11 设置过低 AVR 功能没有起作用	看能否降低电源电压，根据实际情况选择 F11 值，在输入侧安装 AC 电抗器	
E16	瞬间电源故障	电源电压过低 接触器或断路器触点不良		
E17～E20	选件板故障			
E21	变频器内部温度过高	制冷风扇不转 变频器内部温度过高 散热片堵塞		
E23	CPU 与闸阵列连接故障	原因复杂		
E24	断相保护	三相电源断相 接触器或断路器触点不良 L-PCB 与 IPM-PCB 的连线不良 IPM 与 DM 的连线（仅限 30kW 以上）	检查供电电源，更换接触器或断路器触点，换一块 L-PCB 仍旧不好且再换连线仍旧不好，则说明 IPM-PCB 损坏	
E30	IGBT 故障	暂态过电流	（SJ300 无 E31、E32、E33 等）	
E31	恒速过电流	负荷突然改变 变频器机体温升过高 周围环境过于潮湿 电缆的绝缘性能下降 电动机的绝缘性能下降 变频器的输出接地不好 电动机的接地不好 IPM 损坏	对于 E31、E32、E33、E34 而言，主要是输出侧的原因，解决办法是使用模糊控制，即 A59：2	
E32	减速过电流	减速时间设置不当 速度突然变化 输出短路 接地故障 IPM 损坏		
E33	加速过电流	速度突然增加 负荷突然变化 输出短路 接地故障 起动频率调整得太高 转矩提升得太高 电动机被卡住 IPM 损坏 载波频率过高 IPM-PCB 损坏 PM 与底座的散热硅胶涂抹得不均匀	仅限 J300-750HFE4 以上型号	

（续）

故障信息	说　明	原　因	对　策	备注
E34	停止时过电流	变频器的振动过大 IPM 损坏 变频器没有垂直安装 环境温度过高 内部电源损坏 制冷风扇不转		
E35	电动机过热	热敏电阻与变频器的智能端子连接后，如果电动机的温度过高，则变频器跳闸		
E60—	上面四道杠	通信网络看门狗超时，复位信号被保持，面板和变频器之间出现错误	按下（1 键或 2 键）键即能恢复，再按一次接通电源	
—	中间四道杠	关断电源时显示		
—U		输入电压低时显示		
—	下面四道杠	无任何跳闸历史时显示		
—	闪烁	逻辑控制板损坏、开关电源损坏		

6.6　东芝变频器故障原因与对策（见表 6-6）

表 6-6　东芝变频器故障原因与对策

显示	内　容	故障原因	对　策
OC1 OC1P	加速期间过电流	①加速时间 RCC 偏短 ②U/f 控制不当 ③发生瞬停时，相对于正在旋转的电动机发生了重新起动 ④是否使用了特殊电动机（阻抗小） ⑤手动转矩提升量 ub 大	①延长加速时间 RCC ②确认 U/f 参数 ③应使用瞬停再起动（Uu5）或者瞬停不停止控制（UuC） ④提高载波频率 CF ⑤降低 ub 设定值 ⑥以 130 为目标降低 F60（跳闸防止动作等级） ⑦（载波频率）设定过低时（不足 2kHz），请提高设定值
OC2 OC2P	减速期间过电流	减速时间 dEC 短（减速期间）	延长减速时间 dEC
OC3 OC3P	恒速运转期间过电流	①负载发生急剧变化 ②负载异常	①减少负载变化 ②检查负载

（续）

显示	内　　容	故障原因	对　　策
OC1P OC2P OC3P 中有上述以外的原因		①主电路元件异常 ②过热保护动作起作用	①请求维修服务 ②检查冷却扇是否正常 ③检查冷却扇的控制选择F620
OCR1	U 相支线短路	主电路元件（U 相）异常	请求维修服务
OCR2	V 相支线短路	电路元件（V 相）异常	请求维修服务
OCR3	W 相支线短路	主电路元件（W 相）异常	请求维修服务
OCL	起动时负载侧过电流	①输出主电路配线、电动机的绝缘不良 ②电动机的阻抗小	①检查配线以及绝缘状态 ②请设定起动时短路检测选择 F613
OCr	发电制动元件过电流（200V，55kW以上；400V，90kW以上）	①PB-PC/+短路 ②连接了最小容许电阻值以下的电阻 ③再生电阻未连接或者断线状态，设定参数 Pb = 1，2（有发电制动动作）	①确认电阻器阻抗配线等 ②请求维修服务 ③确认再生电阻是否连接 ④再生电阻不必要时，请设定参数 Pb = 0
OH	过热	①冷却扇没动作 ②周围温度过高 ③风扇的通风口被堵 ④其他的发热物体接近 ⑤设备内的热敏电阻断线	①变频器单元冷却后进行故障复位再运转 ②运转时风扇不动作时，需要更换风扇 ③确保安装变频器空间 ④在变频器附近不要放置发热物体 ⑤请求维修服务
OH2	外部热跳闸	①添加选择卡的控制输入端子PTG 的输入信号为 ON ②从外部有热跳闸输入（输入端子功能 46、47）	因电动机过热，请确认通向电动机的输入电流是否超过额定电流
OL1	变频器过负载	①在急加速 ②直流制动量太大 ③*U/f* 比不当 ④发生瞬停时，相对于正在旋转的电动机施加了重新起动 ⑤负载过大	①延长加速时间 RCC ②减小直流制动量 F251，缩短直流制动时间 F252 ③确认 *U*/f 参数 ④使用瞬停再起动 Uu5 或者瞬停不停止控制 Uuc ⑤提高变频器额定值

（续）

显示	内　　容	故障原因	对　　策
OL2	电动机过负载	①U/f 比不当 ②发生电动机限制状态 ③在低速领域的连续运转 ④电动机的过负载运转	①确认 U/f 设定参数 ②确认负载装置 ③配合电动机低速领域过负载耐量，调整 F606 ④减小直流制动量 F251、直流制动时间 F252
OLr	①发电制动 ②电阻器过负载	①在急减速 ②发电制动量过大	①延长减速时间 dEC ②提高发电制动电阻器的容量（W），调整 PBR 容量参数 PbCP
OP1	加速期间过电压	①输入电压发生异常变化 ②电源容量在 500kV · A 以上 ③用于改善功率因数电容器存在开合动作 ④使用晶闸管的机器接在了同一电源上 ⑤瞬停发生时，相对于正在旋转的电动机发生了重新起动	①插入输入电抗器 ②使用瞬停再起动 Uu5 或者瞬停不停止控制 UuC
OP2	减速期间过电压	①减速时间 dEC 偏短（再生能量过大） ②发电制动电阻的电阻值偏大 ③发电制动电阻动作 PbOFF ④过电压限制动作 F305OFF ⑤输入电压发生异常变化 ⑥电源容量 500kV · A 以上 ⑦用于改善功率因数电容器存在开合动作 ⑧使用晶闸管的机器接在了同一电源上	①延长减速时间 dEC ②安装发电制动电阻器装置 ③减小发电制动电阻值（也修正 Pbr 的值） ④设定发电制动动作选择 Pb ⑤设定过电压限制动作 F305 ⑥插入输入电抗器
OP3	恒速运转期间过电压	①输入电压发生异常变化 ②电源容量在 500kV · A ③用于改善功率因数电容器存在开合动作 ④使用晶闸管的机器接在了同一电源上 ⑤电动机在负载的作用下超出变频器输出频率以上发生转动并进入再生	①插入输入电抗器 ②安装发电制动电阻器

（续）

显示	内　　容	故障原因	对　　策
Ob	过转矩	①运转期间负载转矩达到过转矩检测水平 ②失速防止功能连续动作超过 F452 设定的时间	①检查系统是否异常 ②检查是否过负载、制动系统是否关闭状态
UC	低电流运转状态	运转期间、输出电流低于低电流检测水平	①检查是否调整了系统中原有的检测水平（F611） ②如设定没问题，请求维修服务
UP1	不足电压 （主电路）	①运转期间输入电压（主电路）不足 ②发生瞬停并超过不足电压检测时间 F628 的设定值	①检查输入电压 ②检测到不足电压后，作为瞬停对策，请设定瞬停无停止控制 UuC、瞬停再起动控制 Uu5、不足电压检测时间 F628
E	紧急停止	①在自动运转期间或远端运转期间用面板进行了停止操作 ②有从外部的停止输入（停止输入端子功能：20，21）	请进行复位操作
EEP1	EEPROM 异常	写入各种数据时发生错误	重新接通电源。如果重新接通电源后仍无法恢复，则应请求维修服务
EEP2	初始读出异常	各种内部数据异常	请求维修服务
EEP3	初始读出异常	各种内部数据异常	请求维修服务
EF1 EF2	接地	输出电缆或者电动机发生接地	检查配线及机器是否发生接地
EPH0	输出断相	主电路输出侧断相	①检查输出主电路配线以及电动机等输出侧是否断相 ②可以用输出断相检测参数 F605 选择
EPH1	输入断相	主电路输入侧断相	检查输出主电路配线以及电动机等输入侧是否断相
Err2	本体 RAM 异常	控制用的 RAM 异常	请求维修服务
Err3	本体 ROM 异常	控制用的 ROM 异常	请求维修服务
Err4	CPU 异常	控制用的 CPU 异常	请求维修服务
Err5	通信超时异常	超过 F803 设定值以上不能进行正常的通信	确认通信机器配线等
Err6	门阵列故障	自身门阵列异常	请求维修服务

（续）

显示	内　　容	故 障 原 因	对　　策
Err7	输出电流检测器异常	自身输出电流检测器发生异常	请求维修服务
Err8	选购件异常	选购件中发生异常，包括通信（添加选择）的异常	①检查选购件主板的连接状况 ②参照变频器指定的有关选购件的使用说明书
Ebn	调整错误	①使用比电动机容量小 2 个数量级以上的电动机 ②接有三相诱导电动机以外的负荷 ③电动机运转期间进行了调整	①确认电动机是否连接 ②确认电动机是否停止 ③如果进行自动调整以后依然报错，请进行手动调整
Ebn1	F410 调整错误	①无法进行转矩提升的调整 ②使用比电动机容量小 2 个数量级以上的电动机 ③接有三相诱导电动机以外的负荷 ④在没有连接电动机时进行了调整 ⑤变频器与电动机之间的配线长度超过 30m 以上，电动机运转期间进行了调整	①确认电动机是否连接 ②确认电动机是否停止 ③如果进行自动调整以后依然报错，请进行手动调整
Ebn2	F412 调整错误	①无法进行泄漏电 F412 的调节 ②无法进行转矩提升 F410 的调整 ③使用比电动机容量小 2 个数量级以上的电动机 ④接有三相诱导电动机以外的负荷 ⑤未连接电动机进行了调整 ⑥变频器与电动机之间的配线长度超过 30m 以上 ⑦电动机运转期间进行了调整	①确认电动机是否连接 ②确认电动机是否停止 ③如果进行自动调整以后依然报错，请进行手动调整
Ebn3	电动机常数设定错误	①电动机铭牌输入设定有错误 ②基础频率 ③基础频率电压 ④电动机额定容量 ⑤电动机额定电流 ⑥电动机额定运转次数	确认电动机铭牌输入设定

（续）

显示	内　　容	故障原因	对　　策
Ebyp	变频器型号错误	是否更换了控制主板（或者主电路驱动器主板）	如果更换了主板，则请在Eyp输入6
E-10	模拟输入端子过电压	模拟输入被外加了额定以上的电压	请外加额定以内的电压
E-11	程序异常	①输入端子没有被输入来自系统的信号 ②输入端子功能（130，131未被设定） ③没有使用制动应答功能却设定F630为0.0以外的值	①确认顺序，确认其正确 ②将130或者131设定为使用的输入端子 ③不使用时，请设定0.0
E-12	编码器异常	编码器电路断开	①确认编码器配线 ②正确进行编码器配线
E-13	速度异常	编码器异常（变频器异常）	①确认编码器配线 ②正确进行编码器配线
E-17	键故障异常	一个键被持续按了20s以上	检查操作面板
E-18	端子输入异常	①VI/II输入信号断线 ②端子台主板脱落 ③P24过电流	①确认VI/II输入信号 ②将控制端子台安装到变频器机身上 ③确认P24端子是否被CC或者CCA短接
E-19	CPU2通信异常	CPU2通信发生异常	请求维修服务
E-20	*U/f*控制异常	内部控制发生异常	请求维修服务
E-21	CPU1异常	控制用CPU软件发生异常	请求维修服务
E-22	逻辑输入 电压异常	控制逻辑输入端子被输入了异常电压	确认连接到输入端子的逻辑信号
E-23	选购件1错误	扩展端子台选择卡1异常	请求维修服务
E-24	选购件2错误	扩展端子台选择卡2异常	请求维修服务
E-25	停止位置 保持错误	①停止位置保持控制发生了偏差错误 ②停止位置决定完了范围F381的值过小 ③爬行速度过快	确认编码器配线
E-26	CPU2异常	电动机控制用的CPU异常	请求维修服务
Soub	失步 （PM电动机专用）	①电动机轴受限 ②输出一相为断相状态 ③施加冲击负载	①解除电动机轴的锁定状态 ②检查电动机和变频器之间的配线

6.7 东芝变频器［警报］不发生跳闸故障原因与对策（见表 6-7）

表 6-7 东芝变频器［警报］不发生跳闸故障原因与对策

显示	内 容	可能原因	对 策
OFF	ST 信号 OFF	ST 之间被断开	请闭合 ST-CC 电路
nOFF	主电路电压不足	①主电路电源 R、S、T 之间的电压不足 ②突击电流抑制电路或者直流电路熔断器发生故障	①请测定主电路电源电压 如果不正常，则需要修理 ②请求维修服务
rbrf	重试	①正在进行重试动作 ②发生瞬停	①如果数十秒后能够自动重新起动，则情况正常 ②自动重新起动时机器会突然运转起来，务请注意
Err1	频率点设定异常警报	频率设定信号点 1 与点 2 相距太近	设定时适当拉开频率设定信号点 1 与点 2 之间设定值的距离
CLr	可接受清除	①显示跳闸后，按 STOP 键就会出现该显示 ②跳闸显示期间、输入端子的 RES 信号为 ON	①再一次按 STOP 键就可以复位 ②输入端子的 RES 信号设为 OFF
EOFF	显示可接受紧急停止	①在自动运转及远端运转期间用面板 ②进行了停止操作	①按"STOP"键后将紧急停止 ②若要中止，按其他键即可
HI/LO	设定值异常警报交替显示错误和数据 2 次	数据读出和写入时设定值存在异常	检查设定值是否异常
db	直流制动期间	直流制动期间	如果数十秒后显示消失，则情况正常
dbon	轴固定控制期间	电动机轴固定控制状态	如果发出停止指令（ST-CC 之间断开）后显示消失，则情况正常
E1 E2 E3	面板显示位数溢出	频率等的显示位数超过了面板所能显示的位数（数字表示超过的位数）	如果是频率显示，则应降低放大率（F702）（即使在溢出状态下设定值也是有效的）
1n1b	参数正在初始化	正在将参数初始化为标准出厂设定	如果数秒至数十秒后显示消失，则情况正常
Rbn	正在自动调整中	正在进行自动调整	如果数秒后显示消失，则情况正常

（续）

显示	内　容	可能原因	对　策
LSbp	下限频率连续运转时自动停止动作显示	F256 的自动停止功能在动作	频率指令值为下限频率(LL)+0.2Hz 以上时或者运转指令变为 OFF 时被解除
Sbop	瞬停减速停止功能动作显示	Uuc(瞬停无停止控制)的减速 停止功能动作	复位或者再输入运转信号进行再起动
HERd/End	显示开头以及最后结尾数据	RUH 组内的开头以及最后结尾数据	操作 MODE 键可以从组中删除
bun	教授中	正施行制动程序或者轻负载高速运转的教授	中止教授则停止，请设定教授参数 F329=0
Bun1	制动程序教授错误	①制动动作异常 ②负载过重 ③运转操作有误	①在控制输出端子中没有设定制动信号(68,69) ②没有设定制动功能模式选择(F341) ③吊起负载教授
Bun2	轻负载高速运转教授错误	轻负载高速运转的教授的操作报错	请确认轻负载高速运转的教授操作
Bun3	请确认轻负载高速运转的教授操作	①吊起负载教授 ②电动机常数(ul,ulu,F405-F413)的设定有错误	①请确认负载 ②请确认电动机常数的设定
Und0	键操作暂时许可	用 F737 设定锁定键操作期间，连续按 ENTER 键 5s 以上就会出现 该显示	在该状态下可以进行键操作。希望再次锁定键操作时请重新接入电源
C	过电流预警报	与 OC(过电流)相同	与 OC(过电流)相同
P	过电压预警报到达 PBR 动作等级	与 OP(过电压)相同 PBR 动作时 P 闪烁，并非异常	与 OP(过电压)相同 PBR 动作时 P 闪烁，并非异常
L	过负载预警报	OL1 和 OL2(过负载)相同	OL1 和 OL2(过负载)相同
H	过热预警报	和 OH(过热)相同	和 OH(过热)相同
b	通信异常	①在计算机连接中发生传输错误 ②在变频调速器之间的通信(从侧)发生各种传输错误、超时或主侧跳闸	①关于发生各种传输错误时所应采取的对策，请参阅指定的"通信用使用说明书" ②检查主侧
在各警报显示中，如果同时发生了数种问题，以下显示就会闪烁显示：CP、PL、LH、CPL，…，CPHL，按 C、P、L、H、b 的顺序靠左侧显示			

6.8 施耐德变频器故障显示原因与对策（见表6-8）

表6-8 施耐德变频器故障显示原因与对策

故障显示	可能原因	对策
PHF	(1)变频器供电电源不对或熔断器熔断 (2)某相有瞬时故障	(1)检查电源连接和熔断器 (2)复位
USF	(1)电源电压欠电压 (2)瞬时电压跌落 (3)负载电阻损坏	(1)检查电源电压 (2)更换负载电阻
OSF	电源电压过高	检查电源电压
OHF	散热器温度过高	监测电动机负载;变频器通风;等变频器冷却后再复位
OLF	由于过载时间过长引起热保护跳闸	(1)检查热保护设置;监测电动机负载 (2)约等7min之后再重新起动
ObF	制动过快或负载过重	延长减速时间,如有必要,增加制动电阻
OPF	输出断相	检查电动机连线
LFF	AI2口的4~20mA信号丢失	检查给定电路
OCF	(1)斜坡过短 (2)惯性过大或负载过重 (3)机械卡位	(1)检查设置 (2)检查电动机/变频器/负载容量 (3)检查机械部分状态
SCF	变频器输出侧短路或接地	断开变频器,检查连接电缆和电动机绝缘,检查变频器桥阻
C F	(1)负载继电器控制故障 (2)负载电阻损坏	检查变频器中的接头以及负载电阻
SLF	变频器接口连接不正确	检查变频器接口连接情况
O F	电动机过热(PTC传感器)	检查电动机通风以及周围环境温度,检查所用传感器类型,检测电动机负载
S F	传感器与变频器连接错误	检查传感器与变频器之间的连接
EEF	EEPROM存储错误	切断变频器电源并复位
InF	(1)内部故障 (2)接口故障	检查变频器的接口
EPF	外部联锁故障	检查引起故障的设备并复位
SPF	无速度反馈	检查速度传感器的连线和机械耦合
AnF	(1)不跟随斜坡 (2)速度反向到设定点	(1)检查速度反馈设置和连线 (2)检查对特定负载的设置是否适合 (3)检查电动机/变频器的容量,以及是否需要制动电阻

（续）

故障显示	可能原因	对　策
SOF	(1)不稳定 (2)负载过重	(1)检查设置和参数 (2)增加制动电阻 (3)检查电动机/变频器/负载的容量
CnF	现场总线中的通信故障	(1)检查变频器的网络连接 (2)检查超时
ILF	选项板与控制板间的通信故障	检查选项板与控制板之间的连接
CFF	更换板后可能引起的错误： (1)功率板的标称改变 (2)选项板型号改变，或是在原来没有选项板而宏配置是 CUS 的情况下安装选项板 (3)选项板拆除 (4)保存不了不一致的配置	(1)检查变频器硬件配置(功率或其他) (2)切断变频器电源并复位 (3)将配置存储在显示模块的一个文件中 (4)按 ENT 键两次，恢复出厂设置(第一次按 ENT 键时，会出现下列信息：Fact. Set? ENT/ESC 恢复出厂设置吗？ENT/ESC)
CFI	经串行口送入变频器的配置不一致	(1)检查以前送入的配置 (2)发送一个相同的配置

6.9　施耐德变频器屏幕显示故障原因与对策（见表 6-9）

表 6-9　施耐德变频器屏幕显示故障原因与对策

故障显示	可能原因	对　策
无代码显示，LED 不亮	无电源	检查变频器电源
无代码显示，绿色 LED 亮，红色 LED 状态不定	显示模块有缺陷	更换显示模块
dy 绿色 LED 亮	(1)在线控制模式下变频器安装了通信模板或 RS485 接口组件 (2)将一个 LI 输入口定义为“自由停车”或“快速停车”，其他控制方式为零状态有效	(1)将参数 LI4 设为强制本机控制模式，然后使用 LI4 对其进行确认 (2)将输入口接在 24V 电压上，停车状态解除

6.10　EDS2000/EDS2800 变频器的故障报警信息与对策（见表 6-10）

表 6-10　EDS2000/EDS2800 变频器的故障报警信息与对策

故障代码	故障类型	可能的故障原因	对　策
E001	变频器加速运行过电流	加速时间太短	延长加速时间
		U/F 曲线设置不合适	调整 U/F 曲线，调整手动转矩提升量或改为自动转矩提升

（续）

故障代码	故障类型	可能的故障原因	对　策
E001	变频器加速运行过电流	对旋转中电动机进行了再起动	设置为减速再起动
		电网电压偏低	检测输入电源
		变频器的功率太小	选用功率等级大的变频器
E002	变频器减速运行过电流	减速时间太短	延长减速时间
		有势能负载或大惯性负载	增加外接能耗制动组件的制动功率
		变频器的功率太小	选用功率等级大的变频器
E003	变频器恒速运行过电流	负载发生突变或异常	检查负载或减小负载的突变
		加、减速时间设置太短	适当延长加、减速时间
		电网电压偏低	检查输入电源
		变频器的功率太小	选用功率等级大的变频器
E004	变频器加速运行过电压	输入电压异常	检查输入电源
		加速时间设置过短	适当延长加速时间
		对旋转中电动机进行了再起动	设置为减速再起动
E005	变频器减速运行过电压	减速时间太短	延长减速时间
		有势能负载或大惯性负载	增加外接能耗制动组件的制动功率
E006	变频器恒速运行过电压	输入电压异常	检查输入电源
		加、减速时间设置太短	适当延长加、减速时间
		输入电压异常变动	安装输入电抗器
		负载惯性较大	使用能耗制动组件
E007	变频器控制电源过电压	输入电压异常	检查输入电源或寻求服务
E008	变频器过载	加速时间太短	延长加速时间
		直流制动量过大	减小直流制动电流，延长制动时间
		U/F 曲线不合适	调整 U/F 曲线和转矩提升量
		对旋转中电动机进行了再起动	设置为减速再起动
		电网电压过低	检查电网电压
		负载过大	选用功率更大的变频器
E009	电动机过载	U/F 曲线不合适	调整 U/F 曲线和转矩提升量
		电网电压过低	检查电网电压
		通用电动机长期低速大负载运行	长期低速运行时，需选择变频电动机

（续）

故障代码	故障类型	可能的故障原因	对　策
E009	电动机过载	电动机的过载保护系数设置不正确	正确设置电动机的过载保护系数
		电动机堵转或负载突然变大	检查负载
E010	变频器过热	风道堵塞	清理风道或改善通风条件
		环境温度过高	改善通风条件，降低载波频率
		风扇损坏	更换风扇
E011	保留	保留	保留
E012	保留	保留	保留
E013	逆变模块保护	变频器瞬间过电流	参见电流对策
		输出三相有相间或接地短路	重新配线
		风道堵塞或风扇损坏	清理风道或更换风扇
		环境温度过高	降低环境温度
		控制板连线或插件松动	检查并重新配线
		输出断相等原因造成电流波形异常	检查配线
		辅助电源损坏，驱动电压欠电压	寻求厂家或代理商服务
		控制板异常	寻求厂家或代理商服务
E014	外部设备故障	非操作键盘运行方式下，使用急停SHIFT键	检查操作方式
		失速情况下使用急停 SHIFT 键	正确设置运行参数
		外部故障急停端子闭合	处理外部故障后断开外部故障端子
E015	电流检测电路故障	控制板连线或插件松动	检查并重新配线
		辅助电源损坏	寻求厂家或代理商服务
		霍尔器件损坏	寻求厂家或代理商服务
		放大电路异常	寻求厂家或代理商服务
E016	RS232/485 通信故障	波特率设置不当	适当设置波特率
		串行口通信错误	按 STOP/RESET 键复位，寻求服务
		故障告警参数设置不当	修改 F2.19、F2.20 及 F9.12 的设置
		上位机没有工作	检查上位机工作与否、接线是否正确
E017	保留	保留	保留

（续）

故障代码	故障类型	可能的故障原因	对　　策
E018	保留	保留	保留
E019	保留	保留	保留
E020	系统干扰	干扰严重	按 STOP/RESET 键复位或在电源输入侧外加电源滤波器
		主控板 DSP 读/写发生错误	按键复位，寻求服务
E021	保留	保留	保留
E022	保留	保留	保留
E023	EEPROM 读/写错误	控制参数的读/写发生错误	按 STOP/RESET 键复位，寻求厂家或代理商服务

6.11 SINE003 系列变频器的故障报警信息与对策（见表 6-11）

表 6-11　SINE003 系列变频器的故障报警信息与对策

故障信息	故障类型	故 障 原 因	对　　策
SC	短路故障	变频器三相输出相间或接地短路 功率模块或桥臂直通 模块损坏	调查原因，实施相应对策后复位
OH	过热	周围环境温度过高 变频器通风不良 冷却风扇故障	变频器运行环境应符合规格要求 改善通风环境 更换冷却风扇
LP	断相	输入 R、S、T 断相	检查输入电源
EC	存储器错误	干扰使存储器读/写错误，存储器损坏	按 STOP/RESET 键复位，重试
HOU	瞬时过电压	减速时间太短 电动机的再生能量太大 电网电压太高	延长减速时间 将电压降到规格范围内
SOU	稳态过电压	电网电压太高	将电压降到规格范围内
HLU	瞬时欠电压	输入电源断相 瞬时停电 输入电源接线端子松动 输入电源变化太大	检查输入电源 旋紧输入电源接线端子螺钉
SLU	稳态欠电压	输入电源断相 输入电源接线端子松动 输入电源变化太大	检查输入电源 旋紧输入电源接线端子螺钉

（续）

故障信息	故障类型	故障原因	对策
HOC	瞬时过电流	变频器输出侧短路 负载太重 加速时间太短 转矩提升设定值太大	调查原因，实施相应对策后复位 延长加速时间 减小转矩提升设定值
SOC	稳态过电流	变频器输出侧短路 负载太重 加速时间太短 转矩提升设定值太大	调查原因，实施相应对策后复位 延长加速时间 减小转矩提升设定值
OL	过载	加、减速时间太短 转矩提升太大 负载转矩太重	延长加、减速时间 减小转矩提升设定值 更换与负载匹配的变频器
STP	自测试取消	自测试过程中按下 STOP/RESET 键	按 STOP/RESET 键复位
SEE	自测试自由停车	自测试过程中外部端子 FRS=ON	按 STOP/RESET 键复位
SRE	定子电阻异常	电动机与变频器的 U、V、W 三相输出未连接 电动机未脱开负载 电动机故障	检查变频器与电动机之间的连线 使电动机脱开负载 检查电动机
SCE	空载电流异常	电动机与变频器的 U、V、W 三相输出未连接 电动机未脱开负载 电动机故障	检查变频器与电动机之间的连线 使电动机脱开负载 检查电动机

6.12 神源变频器的故障报警信息与对策（见表 6-12）

表 6-12 神源变频器的故障报警信息与对策

故障代码	功能	名称	原因	对策
过电流保护（o.C）	当输出电流超过变频器额定电流的 200%以上时，切断变频器的输出并停止运行；若输出电流超过过电流限制值时（电流失速），变频器将自动调整输出频率使输出电流下降到由电流失速电平（参数为 E-309）设定的过电流限制值以下（过载能力为 150%额定电流，1min）	运行中过电流	输出短路 负载突变	查明原因，采取相应对策后进行复位。若仍无法解决，可寻求技术支持
		加速中过电流	加速时间设定值太小 转矩补偿电压值设定有误	增大加速时间值 增大或减小转矩补偿电压值
		减速中过电流	减速时间设定值过小 输出短路 负载突变	增大减速时间值 消除短路 消除负载突变

（续）

故障代码	功能	名称	原因	对策
过电压保护（o. E）	电动机减速时的再生能量使主电路直流电压上升到大约 400V（单相 220V 系列）或 800V（三相 380V 系列）时，切断输出并停机。过电压限制（电压失速）时，若输出频率急剧下降，来自电动机的再生能量将使主电路的直流母线电压上升，此时为使该直流电压不超过设定值而自动调整输出频率	运行中过电压	电源电压过高 负载转速有波动	使电源电压在规定范围内 减小负载转速的波动
		加速中过电压	负载惯量（GD2）过大	改变减速时间使其适合于负载惯量 外接制动单元
		减速中过电压		
智能功率模块保护（F. Lt）	当智能功率模块发生故障时，切断输出并停止运行	智能功率模块保护	智能功率模块的上、下桥臂发生短路故障 其他原因引起的瞬时电流过大	查明原因，采取相应对策后进行复位。若仍无法解决，可寻求技术支持
欠电压保护（P. OFF）	在运行中，如果由于停电或电压下降使变频器的供电电源电压低于大约 170V（单相 220V 系列）或 300V（三相 380V 系列），则切断输出并停机	瞬时停电或欠电压故障	在运行过程中出现了电源电压下降 瞬时电源故障	检查电源状态 检查输入侧的接线
过热保护（o. T）	检测散热器的温度，在 85℃左右时切断输出并停机	变频器过热	冷却风扇异常 周围温度过高 通风口堵塞	检查风扇的运转 使变频器的运行环境符合要求 消除通风口等处的灰尘和脏物
过载保护（o. L）	启用电子（参数 b-024 设为 1）功能，当电动机负载的通信与设定的负载特性不符（参数 b-025）时，切断输出并停机（出厂值为 150%额定电流，1min）	过载	电动机过载 U/F 特性或转矩的补偿不确定	减轻负载或换上更大容量的变频器 增大或减小转矩补偿电压
自诊断（E-rr）	检测内部的 CPU、外围电路及数据存储是否异常	写数据错误	EEPROM 在存入数据时出现错误	用 SET 键重新存储该参数，或者用参数 E-057 初始化，然后切断电源再重新上电
EMS		紧急停止	端子输入 EMS 动作	确认信号的连接线

6.13 神源变频器异常的原因与对策（见表6-13）

表6-13 神源变频器异常的原因与对策

异常事项	原因	对策
电动机不转	输入、输出错了或发生了输出断相 负载过重或电动机发生了堵转 紧急停车EMS端子有信号输入 设定频率为0 变频器的输出端子无输出电压 由于故障停止	检查输入和输出的接线 减轻负载 检查是否有EMS(紧急停车)信号输入 确认偏置(参数为E-029)和增益(参数为E-30)的值是否有误 测量输出电压,确认三相输出是否平衡 若有故障发生,请排除故障后再运行
电动机逆运转	输出端子U、V、W的顺序接反	调整U、V、W的接线顺序
电动机虽然运转但是速度不变	负载过重 上限频率(参数为b-010)过低 频率设定信号过低	减轻负载 确认上限频率值(参数为b-010) 确认信号值和回路的连接
电动机不能平滑加、减速	加、减速时间的设定值过短	增大加、减速时间的值
电动机运转速度发生变动	负载的波动大或负载过重 变频器和电动机的额定值与负载不符	减小负载波动或减轻负载 选择与负载相符的变频器与电动机
电动机运转速度与设定值不符	电动机的极数或电压有误 最高频率(参数为b-009)或基底频率(参数为b-008)的设定值有误 电动机的端子电压偏低	确认电动机的规格 最高频率(参数为b-009)或基底频率(参数为b-008)的设定值 增加输出电缆的截面积

6.14 艾默生TD900系列变频器的故障与对策（见表6-14）

表6-14 艾默生TD900系列变频器的故障与对策

故障信息	故障类型	可能的故障原因	对策
E001	加速中过电流	加速时间短 U/F曲线不合适 瞬停发生时,对旋转中电动机实施再起动	延长加速时间 检测并调整U/F曲线,调整转矩提升量 等待电动机停止后再起动
E002	减速运行过电流	减速时间太短	延长减速时间
E003	恒速运行过电流	负载发生突变 负载异常	减小负载的突变 进行负载检查

（续）

故障信息	故障类型	可能的故障原因	对　　策
E004	加速中过电压	输入电压异常 瞬停发生时，对旋转中电动机实施再起动	检查输入电源
E005	减速运行过电压	减速时间短（相对于再生能量） 能耗制动电阻选择不合适	延长减速时间 重新选择制动电阻
E006	恒速运行过电压	输入电压发生了异常变动 负载由于惯性产生再生能量	安装输入电抗器 考虑能耗制动电阻
E007	变频器停机时，控制电压过电压	输入电压异常	检查输入电压
E008 E009	保留 保留		
E011	散热器过热	风扇损坏 风道堵塞	更换风扇 清理风道
E012	保留		
E013	变频器过载	进行急加速 直流制动量过大 U/F 曲线不合适 瞬停发生时，对旋转中电动机实施再起动 负载过大	延长加速时间 适当减小直流制动电压，增加制动时间 调整 U/F 曲线 等电动机停稳后，再起动 选择适配的变频器
E014	电动机过载	U/F 曲线不合适 电动机堵转或负载突变过大 通用电动机长期低速大负载运行	调整 U/F 曲线 检查负载 长期低速运行时，可选择专用电动机
E015	外部设备故障	通过 Xi 端子输入的外部设备故障中断 在非操作面板运行方式下，可使用急停 STOP 键	检查相应外部设备
E016	EEPROM 读写故障	控制参数的读写发生错误	寻求服务
E017 E018	保留		
E019	电流检测电路故障	电流检测电路故障或相关电源故障	寻求服务
E020	CPU 错误	CPU 错误（外部干扰严重或读写错误）	寻求服务

6.15 东元7200GS系列变频器的异常故障信息与对策（见表6-15）

表6-15 东元7200GS系列变频器的异常故障信息与对策

<table>
<tr><th>LCD显示</th><th>故障内容</th><th>异常接点</th><th>异常原因</th><th>对 策</th></tr>
<tr><td>故障(UV1)＊1
直流电压过低</td><td>运行中直流主电路低电压</td><td>动作</td><td rowspan="3">电源容量不够
配线电压降
变频器电源电压选择不当(30hp以上)
同一段电源系统中有大容量电动机起动
电源侧电磁接触器不良或故障</td><td rowspan="3">检查电源电压及配线
检查电源容量及电源系统</td></tr>
<tr><td>故障(UV2)＊1
控制电路电压过低</td><td>运行中控制电路低电压</td><td>动作</td></tr>
<tr><td>故障(UV3)＊1
MC故障</td><td>控制直流主电路突波电流的电磁接触器故障</td><td>动作</td></tr>
<tr><td>故障(OC)＊1
过电流</td><td>变频器输出电流大于变频器额定电流的200%</td><td>动作</td><td>加速时间太短
变频器输出端短路或接地
电动机容量大于变频器容量
驱动特殊电动机(高速电动机或脉冲电动机)</td><td>延长加速时间
检查输出端配线</td></tr>
<tr><td>故障(GF)＊1
接地短路</td><td>变频器输出端接地(接地电流大于50%变频器额定电流)</td><td>动作</td><td>电动机绝缘不良
负载侧配线不良</td><td>检查电动机绕线阻抗
检查输出端配线</td></tr>
<tr><td>故障(OV)＊1
过电压</td><td>过电压保护(减速时主电路直流电压太高)</td><td>动作</td><td>减速时间太短
电源电压太高</td><td>延长减速时间
加装制动电阻器</td></tr>
<tr><td>故障(OH)＊1
过热</td><td>散热片过热</td><td>动作</td><td>冷却风扇故障
周围温度过高
风扇过滤网堵塞</td><td>检查风扇
检查周围温度
检查滤网</td></tr>
<tr><td>故障(OL1)＊1
电动机过负载</td><td>变频器内部电子式热继电器过负载输出(保护电动机)</td><td>动作</td><td rowspan="2">过负载，低速长时间运转
U/F曲线选择不当
电动机额定电流(Cn-09)设定不当</td><td rowspan="2">电动机温升测定
减轻负载
设定适当的U/F曲线
设定正确的电动机额定电流(Cn-09)
故障未排除前，若反复运转测试，易损坏变频器</td></tr>
<tr><td>故障(OL2)＊1
变频器过负载</td><td>输出电流超过额定值113%时，反时限特性电子式热继电器动作(保护变频器)</td><td>动作</td></tr>
</table>

（续）

LCD 显示	故障内容	异常接点	异常原因	对策
故障（OL3）* 1 过转矩	转矩过大检出的功能是保护机械设备，当输出电流≥Cn-26 设定值时，发出转矩过大信号	动作	机械负载异常	检查机械动作 设定适当的过负载检出准位（Cn-26）
故障（EF3）* 1 外部异常 3	端子③的外部异常	动作	外部端子③、⑤、⑥、⑦、⑧异常信号输入	可利用参数 Un-07 确认异常信号输入端子 依端子输入的异常情况进行检修
故障（EF5）* 1 外部异常 5	端子⑤的外部异常	动作		
故障（EF6）* 1 外部异常 6	端子⑥的外部异常	动作		
故障（EF7）* 1 外部异常 7	端子⑦的外部异常	动作		
故障（EF8）* 1 外部异常 8	端子⑧的外部异常	动作		
故障（CPF02）* 1 控制电路异常	控制电路故障	动作	外部噪声干扰 过大的冲击或振动	确认 Sn-01、Sn-02 设定值 执行 Sn-03 做 NVRAM 复扫。故障无法排除时，更换控制基板
故障（CPF03）* 1 EEPROM 异常	NVRAM（SRAM）故障	动作		
故障（CPF04）* 1 EEPROM 编码异常	NVRAM（BBC、编号）不良	动作		
故障（CPF05）* 1 A-D 异常	CPU 内部的 A-D 故障	动作		
故障（CPF06）* 1 适配卡异常	外围适配卡接触不良	动作		
故障（CPF30）* 1 EEPROM 寻址错误	控制基板 EEPROM 寻址错误	动作		
故障（Err）* 1 参数不正确	参数设定不良	动作	参数设定不良	重新设定参数或全部复位
故障（PG0）* 1 PG 断线	PG 断线（参数 Sn-27 设定为停止运转时）	动作	PG 接线接触不良或断线	检查 PG 接线
故障（OS）* 1 过速度	电动机转速超过速度检出准位（Cn-52）（参数 Sn-28 设定为停止运转时）	动作	ASR 参数设定不良 过速度检出准位（Cn-52）设定不正确	确认 ASR 参数设定 确认过速度检出准位参数设定

（续）

LCD 显示	故障内容	异常接点	异常原因	对　策
故障(dEu) *1 速度偏差过大	速度偏差过大(参数 Sn-28 设定为停止运转时)	动作	ASR 参数设定不良 速度偏差范围(Cn-51)设定不正确	确认 ASR 参数设定 确认速度偏差范围参数设定
故障(CPF20) *1 AI-14B 卡 A-D 异常	AI-14B 模拟指令卡 A-D 转换器故障	动作	AI-14B 卡故障 噪声干扰或振动过大	重新 OFF/ON 电源 更换 AI-14B 卡
故障(CPF21) *1 通信异常 1	SI-M 卡 WatchDogTimer 故障	动作	SI-M 卡故障 噪声干扰或振动过大	重新安装 SI-M 卡 重新 OFF/ON 电源 更换 SI-M 卡
故障(CPF23) *1 通信异常 2	SI-M 卡 Dual-PortRAM 故障	动作		
故障(buS) *1 通信异常 3	SI-M 卡通信传输异常(变频器依参数 Sn-08 设定为停止运转时)	动作	噪声干扰 太大的振动或冲击 SI-M 卡接触不良	先记录相关参数设定值后，以 Sn-03 进行初始化设定 检查配线是否接触良好 重新开机

注："*1"一行为厂家自定义报警信息显示。

6.16　东元 7200GS 系列变频器的报警信息及自我诊断功能对策（见表 6-16）

表 6-16　东元 7200GS 系列变频器的报警信息及自我诊断功能对策

LCD 显示	故障内容	异常接点	异常原因	对策
警告(UV) *1 直流电压过低(闪烁)	变频器尚未输出时，检出主电路直流电压太低	不动作	电源电压低下	用电压表量测主电路直流电压，太低时，调整电源电压
警告(OV) *1 过电压(闪烁)	变频器尚未输出时，检出主电路直流电压太高	不动作	电源电压上升	用电压表量测主电路直流电压，太高时，调整电源电压
警告(OH2) *1 过热(闪烁)	外部端子的过热预告信号输入(Sn-15 ~ Sn-18 = 0B)	动作	过负载 冷却风扇故障 周围环境温度过高 空气滤网堵塞	检查风扇、滤网及周围温度

（续）

LCD显示	故障内容	异常接点	异常原因	对策
警告（OL3）*1 过转矩（闪烁）	变频器输出电流大于过转矩检出准位（Cn-26设定）且Sn-07设定为过转矩检出后继续运行时	不动作	机械动作异常	检查机械动作 适当设定过负载检出准位（Cn-26）
—	加速中失速防止机能（STALL）动作	不动作	加、减速时间太短 负载太大 运转中有过大的冲击性负载发生	调整加、减速时间 检查负载情形
	运动中失速防止机能动作			
	减速中失速防止机能动作			
警告（EF）*1 输入不正确（闪烁）	正/反转指令同时投入时间超过500ms（变频器依Sn-04所设定的方式停止）	不动作	运行程序设计不当 三线式/二线式选择不当	检查系统回路配线 再确认系统常数Sn-15~Sn-18的设定值
警告（EF3）*1 外部异常3（闪烁）	端子③的外部异常输入时，设定成继续运行轻故障（Sn-12=11XX）	不动作	外部异常信号输入	检查外部异常输入信号
警告（EF5）*1 外部异常5（闪烁）	端子⑤~⑧外部异常信号设定成继续运行轻故障时（Sn-15~Sn-18分别设定为2C、3C、4C、5C时）	不动作		
警告（EF6）*1 外部异常6（闪烁）		不动作		
警告（EF7）*1 外部异常7（闪烁）		不动作		
警告（EF8）*1 外部异常8（闪烁）		不动作		
警告（CPF00）*1 OP通信故障	数字操作器数据传送错误-1	不动作	电源投入5s后数字操作器与GS无法传送数据	再插入数字操作器的连接器 更换控制基板
警告（CPF01）*1 OP通信中断	数字操作器数据传送错误-2	不动作	电源投入后数字操作器与GS可传送数据，但发生了2s以上的传送异常	再插入数字操作器的连接器 更换控制基板
警告（bb）*1 遮断（闪烁）	外部bb输入信号动作（变频器停止输出，电动机自由运转停止）	不动作	接到bb输入端的外部信号动作	外部bb信号解除后，变频器执行速度寻找功能

（续）

LCD 显示	故障内容	异常接点	异常原因	对策
警告(OPE01) * 1 容量设定不正确	变频器容量设定(Sn-01)不当	不动作	kV · A 数不符	设定适合的 kV · A 数(注意 220V 级和 440V 级不同)
警告(OPE02) * 1 参数设定不对	参数设定范围不良	不动作	参数设定超出设定范围	调整设定值
警告(OPE03) * 1 输入端子设定不对	多功能设定端子设定不良(Sn-15 ~ Sn-18)	不动作	Sn-15 ~ Sn-18 的设定值未依大小顺序设定(如 Sn-15 = 05, Sn-17 = 02, 为设定不良) 同时设定[61]、[62]的速度寻找指令 UP 指令(设定值 = 10)和 DOWN 指令(设定值 = 11)和加、减速禁止(设定值 = 0A)三者同时设定或超过两个以上(含两个)同时设定(除 FF 外)	依大小顺序设定(即 Sn-15 的设定值必须需要 Sn-16 ~ Sn-18 的设定值) [61]、[62]不能同时设定在两个多功能输入端子
警告(OPE04) * 1 PG 参数设定不对	PG 回授控制参数设定不对	不动作	PG 参数(Cn-43)或电动机级数(Cn-44)参数设定不对	重新确认设定值
警告(OPE10) * 1 U/F 曲线设定不对	U/F 曲线设定不良(Cn-02 ~ Cn-08)	不动作	Cn-02 ~ Cn-08 的设定值不满足 Fmax ≥ FA > FB ≥ Fmin 时	调整设定值
警告(OPE11) * 1 载波频率设定不对	参数设定不良(Cn-23 ~ Cn-25)	不动作	载波频率参数设定不良 Cn-23 > 5kHz 且 Cn-24 ≤ 5kHz Cn-25 > 6 且 Cn-23 > Cn-24 时	调整设定值
警告(Err) * 1 参数读取错误	参数读取错误	不动作	开机时发生 NVRAM 参数读取错误	电源关掉后再送电，若仍显示错误请联络变频器厂家
(CPF21) * 1 通信异常 1(闪烁)	SI-M 卡 WatchDog-Timer 动作[Sn-08 设定为继续运转时(Sn-08 = 11XX)]	不动作	SI-M 通信卡故障 过大振动或冲击	电源重新 OFF/ON 更换通信卡

（续）

LCD 显示	故障内容	异常接点	异常原因	对策
(CPF23) * 1 通信异常 2(闪烁)	SI-M 卡 Dual-PortRAM 故障[Sn-08 设定为继续运转时(Sn-08 = 11XX)]	不动作	SI-M 通信卡故障 过大振动或冲击	电源重新 OFF/ON 更换通信卡
(CALL) * 1 通信待机中(闪烁)	通信待机中,送电时,无法正常接收通信数据	不动作	通信线连接不良 上位控制器(PLC)通信软件不正确	确认接线 确认上位控制器的通信软件是否正确
警告(PG0) * 1 PG 断线	PG 断线(参数 Sn-27 设定为继续运行时)	不动作	PG 接线接触不良或断线	检查 PG 接线
警告(OS) * 1 过速度(闪烁)	电动机转速超过速度检出准位(Cn-52)(参数 Sn-28 设定为继续运行时)	不动作	ASR 参数设定不良 过速度检出准位(Cn-52)设定不正确	确认 ASR 及时的检出准位参数的设定
警告(dEu) * 1 速度偏差过大	速度偏差过大(参数 Sn-28 设定为继续运行时)	不动作	ASR 参数设定不良 过速度检出准位(Cn-51)设定不正确	确认 ASR 及时的检出准位参数的设定

注:“ * 1”一行为厂家自定义报警信息显示。

6.17　台达变频器的故障显示与对策（见表 6-17）

表 6-17　台达变频器的故障显示与对策

报警信息	异常现象说明	对　　策
oc	交流电动机驱动器侦测输出侧有异常突增的过电流产生	①检查电动机额定与交流电动机驱动器额定是否相匹配 ②检查交流电动机驱动器 U/T1-V/T2-W/T3 之间是否有短路 ③检查与电动机连接线是否有短路或接地 ④检查交流驱动器及电动机螺钉是否有松动 ⑤加长加速时间 ⑥检查电动机是否有超额负载
ou	交流电动机驱动器侦测内部直流高压侧有过电压产生	①检查输入电压是否在交流电动机驱动器额定输入电压范围内,并监测是否有突波电压产生 ②若是由于电动机惯量回升电压,造成交流电动机驱动器内部直流高压侧电压过高,此时可加长减速时间或加装制动电阻(选用)

（续）

报警信息	异常现象说明	对　　策
oH	交流电动机驱动器侦测内部温度过高，超过保护准位	①检查环境温度是否过高 ②检查散热片是否有异物，风扇有无转动 ③检查交流电动机驱动器通风空间是否足够
Lu	交流电动机驱动器内部直流高压侧电压过低	①检查输入电源电压是否正常 ②检查负载是否有突然的重载 ③是否三相机中单相电源输入或欠相
oL	输出电流超过交流电动机驱动器可承受的电流，若输出120%的交流电动机驱动器额定电流，可承受60s	①检查电动机是否过负载 ②减低（07-02）转矩提升设定值 ③增加交流电动机驱动器输出容量
oL1	内部电子热动电路保护动作	①检查电动机是否过载 ②检查（07-00）电动机额定电流值是否适当 ③检查电子热动电路功能设定 ④增加电动机容量
oL2	电动机负载太大	①检查电动机负载是否过大 ②检查过转矩检出准位设定值（06-03 ~06-05）
HPF.1	控制器硬件保护线路异常	GFF 硬件保护线路异常，请送回原厂
HPF.2	控制器硬件保护线路异常	CC（电流抑制）硬件保护线路异常，请送回原厂
HPF.3	控制器硬件保护线路异常	OC 硬件保护线路异常，请送回原厂
HPF.4	控制器硬件保护线路异常	OV 硬件保护线路异常，请送回原厂
HPF.5	控制器硬件保护线路异常	OH 硬件保护线路异常，请送回原厂
ocr	加速中过电流	①检查交流电动机驱动器与电动机的螺钉有无松动 ②检查 U/T1-V/T2-W/T3 到电动机之间的配线是否绝缘不良 ③增加加速时间 ④降低（07-02）转矩提升设定值 ⑤更换较大输出容量的交流电动机驱动器
ocd	减速中过电流产生	①检查 U/T1-V/T2-W/T3 到电动机之间的配线是否绝缘不良 ②减速时间加长 ③更换大输出容量的交流电动机驱动器
ocn	运转中过电流产生	①检查 U/T1-V/T2-W/T3 到电动机之间的配线是否绝缘不良 ②检查电动机是否堵转 ③更换大输出容量的交流电动机驱动器
EF	仿真信号错误	①检查 ACI 的线路是否断线 ②检查 ACI 的输入电流是否低于 04-13/04-17 设定值

（续）

报警信息	异常现象说明	对　策
EF1	当外部多功能输入端子（MI1～MI8）设定紧急停止时，交流电动机驱动器停止输出	清除故障来源后按“RESET”键即可
cF1	内部存储器 IC 数据写入异常	送厂维修
cF2	内部存储器 IC 数据读出异常	①按下 RESET 键将参数重置为出厂设定 ②若方法无效，则送厂维修
cF3.3	交流电动机驱动器侦测线路异常	U 相电流传感器异常，请送厂维修
cF3.4	交流电动机驱动器侦测线路异常	V 相电流传感器异常，请送厂维修
cF3.5	交流电动机驱动器侦测线路异常	W 相电流传感器异常，请送厂维修
cF3.6	交流电动机驱动器侦测线路异常	直流侧电压（DC-BUS）侦测线路异常，请送厂维修
cF3.7	交流电动机驱动器侦测线路异常	Isum 仿真/数字线路异常，请送厂维修
cF3.8	交流电动机驱动器侦测线路异常	温度传感器异常，请送厂维修
OFF	接地保护线路动作（当交流电动机驱动器侦测到输出端接地且接地电流高于交流电动机驱动器额定电流的 50% 以上时）。注意：此保护是针对交流电动机驱动器而非人体	①检查与电动机联机是否有短路现象或接地 ②确定 IGBT 功率模块是否损坏 ③检查输出侧接线是否绝缘不良
bb	当外部多功能输入端子（MI1～MI8）设定此功能时，交流电动机驱动器停止输出	清除信号来源“bb”立刻消失
cFR	自动加减速模式失败	①交流电动机驱动器与电动机匹配是否恰当 ②负载回升惯量过大 ③负载变化过于急剧
cE--	通信异常	检查通信信号有无反接（RJ11） 检查通信格式是否正确
code	软件保护启动	显示 Ccode 送厂维修 显示 Pcode 为密码锁定
Fbl	PID 回授信号异常	①检查参数设定（Pr 10-00）和 AVI/ACI1/ACI2 的线路 ②检查系统反应时间回授信号侦测时间之间的所有可能发生的错误（Pr 10-08/10-09）
FRnp	风扇电源异常（150～300hp）	送厂维修
FF1	第 1 组风扇异常（150～300hp）	检查散热片是否有异物，风扇有无转动
FF2	第 2 组风扇异常（150～300hp）	检查散热片是否有异物，风扇有无转动
FF3	第 3 组风扇异常（150～300hp）	检查散热片是否有异物，风扇有无转动

（续）

报警信息	异常现象说明	对　　策
FF123	第 1、2、3 组风扇异常（150~300hp）	检查散热片是否有异物，风扇有无转动
FF12	第 1、2 组风扇异常（150~300hp）	检查散热片是否有异物，风扇有无转动
FF13	第 1、3 组风扇异常（150~300hp）	检查散热片是否有异物，风扇有无转动
FF23	第 2、3 组风扇异常（150~300hp）	检查散热片是否有异物，风扇有无转动
Fu	风扇驱动线路低电压保护（150~300hp）	送厂维修

6.18　森兰变频器报警内容与对策（见表 6-18）

表 6-18　森兰变频器报警内容与对策

代码	故障类型	可能的故障原因	对　　策
ou	过电压	①电源电压异常 ②减速时间太短 ③制动电阻选择不合适	①检查输入电源 ②重设减速时间 ③重新选择制动电阻
Lu	欠电压	①输入电压异常 ②变频器内有故障	①检查输入电源 ②与厂家联系维修
oL	过载	①电子热保护参数设定不恰当 ②负载太大	①重新设定电子热保护参数 ②增大变频器容量
dP	断相	①变频器输入断相 ②变频器输出断相	①排除故障 ②与厂家联系维修
FL	模块故障	①输入电压太低 ②负载太大 ③短路或接地 ④变频器内有故障	①检查输入电源 ②增大变频器容量 ③排除故障 ④与厂家联系维修
oLE	外部故障	外部电路有故障	排除外部电路故障
oH	过热	①风扇损坏 ②通风道阻塞 ③变频器内有故障	①更换风扇 ②清理通风道 ③与厂家联系
oc	过电流	①加减速时间太短 ②V/F 曲线设定不当 ③变频器容量偏小	①重设加减速曲线 ②重设 V/F 曲线 ③增大变频器容量
FErr	上位机设定错误	变频器上位机设定错误	重新设定功能 F900
Err1	通信错误 1	变频器内有故障	与厂家联系维修
Err2	通信错误 2	变频器内有故障	与厂家联系维修

（续）

代码	故障类型	可能的故障原因	对　　策
Err3	通信错误 3	变频器内有故障	与厂家联系维修
Err5	存储失败	变频器内有故障	与厂家联系维修
—	面板无显示	①输入电压异常 ②连接电缆或显示板异常 ③变频器内有故障	①检查输入电源 ②更换接插件显示板或连接电缆 ③与厂家联系维修
—	电动机异常	①电动机故障 ②V/F1 曲线不合适 ③外控端子连接不正确 ④变频器内有故障	①更换 ②重设 V/F1 曲线 ③重连外控端子连线 ④与厂家联系维修

6.19　艾默生 EV-2000 变频器故障原因与对策（见表 6-19）

表 6-19　艾默生 EV-2000 变频器故障原因与对策

故障代码	故障类型	可能的故障原因	对　　策
E001	变频器加速运行过电流	①加速时间太短 ②V/F 曲线不合适 ③瞬停发生时，对旋转中电动机实施再起动 ④电网电压低 ⑤变频器功率太小	①延长加速时间 ②调整 V/F 曲线设置，调整手动转矩提升量或者正确设置电动机参数保证自动转矩提升正常 ③起动方式 F2.00 设置为转速跟踪再起动功能 ④检查输入电源 ⑤选用功率等级大的变频器
E002	变频器减速运行过电流	①减速时间过短 ②有势能负载或负载惯性转矩大 ③变频器功率偏小	①延长减速时间 ②外加合适的能耗制动组件 ③选用功率等级大的变频器
E003	变频器恒速运行过电流	①负载发生突变 ②加减速时间设置太短 ③负载异常 ④电网电压低 ⑤变频器功率偏小	①减小负载的突变 ②适当延长加减速时间 ③进行负载检查 ④检查输入电源 ⑤选用功率大的变频器
E004	变频器加速运行过电压	①输入电压异常 ②加速时间设置太短 ③瞬停发生时，对旋转电动机实施再起动	①检查输入电源 ②适当延长加速时间 ③将起动方式 F2.00 设置为转速跟踪再起动功能

（续）

故障代码	故障类型	可能的故障原因	对　策
E005	变频器减速运行过电压	①减速时间太短（相对于再生能量） ②有势能负载或负载惯性转矩大	①延长减速时间 ②选择合适的能耗制动组件
E006	变频器恒速运行过电压	①输入电压异常 ②加减速时间设置太短 ③输入电压发生了异常变动 ④负载惯性大	①检查输入电源 ②适当延长加减速时间 ③安装输入电抗器 ④考虑采用能耗制动组件
E007	变频器控制电源过电压	输入电压异常	检查输入电源或寻求服务
E008	输入侧断相	输入 R、S、T 有断相	检查安装配线 检查输入电压
E009	输出侧断相	输出 U、V、W 有断相	检查输出配线 检查电动机及电缆
E010	逆变模块保护	①变频器瞬间过电流 ②输出有相间短路或接地故障 ③风道阻塞或风扇损坏 ④环境温度过高 ⑤控制板连线或插件松动 ⑥输出断相等原因造成电流波形异常 ⑦输出电源损坏，驱动电压欠电压 ⑧逆变模块桥臂直通 ⑨控制板异常	①参见过电流对策 ②重新配线 ③疏通风道或者更换风扇 ④降低环境温度 ⑤检查并重新配线 ⑥检查配线 ⑦寻求服务 ⑧寻求服务 ⑨寻求服务
E011	逆变模块散热器过热	①环境温度过高 ②风道阻塞 ③风扇损坏 ④逆变模块异常	①降低环境温度 ②清理风道 ③更换风扇 ④寻求服务
E012	整流模块散热器异常	①环境温度过高 ②风道阻塞 ③风扇损坏	①降低环境温度 ②清理风道 ③更换风扇
E013	变频器过载	①加速时间太短 ②直流制动量过大 ③V/F 曲线不合适 ④瞬停发生时，对旋转中的电动机实施再起动 ⑤电网电压过低 ⑥负载太大	①延长加速时间 ②减小直流制动电流延长制动时间 ③调整 V/F 曲线和转矩提升量 ④将起动方式 F2.00 设置为转速跟踪再起动功能 ⑤检查电网电压 ⑥选择功率更大的变频器

（续）

故障代码	故障类型	可能的故障原因	对　　策
E014	电动机过载	①V/F 曲线不合适 ②电网电压过低 ③通用电动机长期低速大负载运行 ④电动机过载保护系数设置不正确 ⑤电动机堵转或负载突变太大	①正确设置 V/F 曲线和转矩提升量 ②检查电网电压 ③长期低速运行，可选择专用电动机 ④正确设置电动机过载保护系数 ⑤检查负载
E015	紧急停车或外部设备故障	①非操作面板运行方式下，使用急停 STOP 键 ②失速情况下使用急停 STOP 键 ③失速状态持续 1min，会自动报 E015 停机 ④外部故障急停端子闭合	①查看 F9.07 中 STOP 键的功能定义 ②查看 F9.07 中 STOP 键的功能定义 ③正确设置 FL.02 及 FL.03 ④处理外部故障后断开外部故障端子
E016	EEPROM 读写故障	控制参数的读写发生错误	STOP/RESET 键复位，寻求服务
E017	RS232/485 通信错误	①波特率设置不当 ②串行口通信错误 ③故障告警参数设置不当 ④上位机没有工作	①适当设置波特率 ②按 STOP/RESET 键复位寻求服务 ③修改 FF.02、FF.03、FL.12 的设置 ④检查上位机工作与否、接线是否正确
E018	接触器未吸合	①电网电压太低 ②接触器损坏 ③上电缓冲电阻损坏 ④控制电路损坏 ⑤输入断相	①查电网电压 ②更换主电路接触器 ③更换缓冲电阻 ④寻求服务 ⑤检查输入 R、S、T 接线
E019	电流检测电路故障	①控制板连线或插件松动 ②辅助电源损坏 ③霍尔器件损坏 ④放大电路异常	①检查并重新连线 ②寻求服务 ③寻求服务 ④寻求服务

（续）

故障代码	故障类型	可能的故障原因	对　策
E020	系统干扰	①干扰严重 ②主控板 DSP 读写错误	①按 STOP/RESET 键复位或在电源输入侧外加电源滤波器 ②按 STOP/RESET 键复位，寻求帮助
E021	保留	保留	保留
E022	保留	保留	保留
E023	操作面板参数复制出错	①操作面板参数不完整或者操作面板版本与主控板版本不一致 ②操作面板 EEPROM 损坏	①重新刷新操作面板数据和版本，先使用 FP.03=1 上传参数再使用 FP.03=2 或者 3 下载 ②寻求服务
E024	自整定不良	①电动机铭牌参数设置错误 ②自整定超时	①按电动机铭牌正确设置参数 ②检查电动机连线

6.20 艾默生 EV-2000 变频器操作异常与对策（见表 6-20）

表 6-20　艾默生 EV-2000 变频器操作异常与对策

现象	出现条件	可能原因	对策
操作面板没有响应	个别键或所有键均没有响应	操作面板锁定功能生效	①在停机或运行参数状态下，先按下 ENTER/DATA 键并保持，再连续按向下键三次，即可解锁 ②变频器完全掉电再上电
		操作面板连接线接触不良	检查连接线
		操作面板按键损坏	更换操作面板或者寻求服务
功能码不能修改	运行状态下不能修改	该功能码在运行状态下不能修改	停机状态下进行修改
	部分功能码不能修改	功能码 FP.01 设定为 1 或者 2，或者该功能码是实际检测值	将 FP.01 改设为 0 或者实际参数用户不能修改
	按 MENU/ESC 无反应	锁定功能码生效或其他	见“操作面板没有响应”解决办法
	按 MENU/ESC 后无法进入功能码显示状态 0.0.0.0	设有用户密码	正确输入用户密码或者寻求服务

（续）

现象	出现条件	可能原因	对策
运行中变频器意外停机	未给出停机命令，变频器自动停机，运行指示灯灭	①有故障报警 ②简易 PLC 单循环完成 ③定长停机功能生效 ④上位机或者运程控制盒与变频器通信中断 ⑤电源有中断 ⑥运行命令通道切换 ⑦控制端子正反转逻辑改变	①查找故障原因，复位报警 ②检查 PLC 参数设置 ③消除实际长度或设置 F9.14（设定长度）为 0 ④检查通信线路及 FF.02、FF.03、FL.12 的设置 ⑤检查供电情况 ⑥检查操作及运行命令信道相关功能码设置 ⑦检查 F7.35 设置是否符合要求
	未给出停机命令，电动机自动停车，变频器运行指示灯亮，零频运行	①故障自动复位 ②简易 PLC 暂停 ③外部中断 ④零频停机 ⑤设定频率为零 ⑥跳跃频率设置问题 ⑦正作用，闭环反馈>给定；反作用，闭环控制<给定 ⑧频率调整设置为 0 ⑨停电再起动选择瞬时低压补偿，且电源电压偏低	①检查故障自动复位设置和故障原因 ②检查 PLC 暂停功能端子 ③检查外部中断设置及故障源 ④检查零频停机参数设置 F9.12、F9.13 ⑤检查设定频率 ⑥检查跳跃频率设置 ⑦检查闭环给定与反馈 ⑧检查 F9.05 及 F9.06 设置 ⑨检查停电再起动功能设置和输入电压
变频器无法运行	按下运行键，变频器不运行，运行指示灯灭	自由停车功能端子有效 变频器禁止运行端子有效 外部停机功能端子有效 定长停机到 三线制控制方式下，三线制运转控制功能端子未闭合 有故障报警 上位机虚拟端子功能设置不当 输入端子正反逻辑设置不当	检查自由停车端子 检查变频器禁止运行端子 检查外部停机功能端子 置或清除实际长度 设置并闭合三线制运转控制端子 排除故障 取消上位机虚拟端子功能或用上位机给出恰当设置，或修改 F7.35 设置 检查 F7.35 设置

（续）

现象	出现条件	可能原因	对策
变频器上电立即运行报 POWER-OFF	晶闸管或者接触器断开且变频器负载较大	由于晶闸管或接触器未闭合，变频器带较大负载运行时主电路直流母线电压将降低，变频器先显示 POWEROFF，而不再显示 E018 故障	等待晶闸管或接触器完全闭合再运行变频器

6.21 博世力士乐 Fe 变频器故障类型与对策（见表 6-21）

表 6-21 博世力士乐 Fe 变频器故障类型与对策

故障码	名称	原因与对策
O. C. -1	恒速中过电流	可能由于负载短路或负载突变，应降低负载波动
O. C. -2	加速中过电流	①延长加速时间 ②设定自动转矩提升功能
O. C. -3	减速中过电流	①延长减速时间 ②可能由于负载短路或突变
O. E. -1	恒速中过电压	①延长减速时间 ②可能由于负载短路或突变
O. E. -2	加速中过电压	①可能电源电压过高，应使电源电压在规定限额内 ②负载转速波动，应降低转速波动
O. E. -3	减速中过电压	①可能负载转动惯量过大，延长减速时间使其适合于该负载惯量 ②购能耗制动单元
O. L.	电动机过载	①可能电动机过载，减轻负载或增大变频器容量 ②V/F 特性曲线设定不合适，应重新调整 V/F 曲线
O. H.	变频器过热	①可能风机有故障，检查风机运转是否正常 ②可能工作环境温度过高 ③可能通风口堵塞或散热器故障，清除通风口等处的灰尘和杂物
d. r.	驱动保护	①可能功率组件发生损坏，应更换功率组件 ②驱动电路保护误动作，应排除干扰源
CPU-	电磁干扰	①CPU 受到外来干扰误动作 ②输出保护电流误动作，应排除周围环境干扰或其他电磁干扰
	电动机不起动	①电源侧断路器和电磁接触器是否接通 ②电源输入端 R、S、T 上的电压是否正常 ③控制端子 SF、SR-COM 间的外部电路接线是否正常
	电动机能运行，但是不能改变速度	①最高频率设定值是否太低 ②确认频率设定的方法

（续）

故障码	名称	原因与对策
	电动机加速过程中失速	①是否加速时间设定过短 ②是不是电动机和负载的惯量很大
	电动机异常发热	①设定的 V/F 特性以及自动转矩提升是否合适 ②是否连续低速运行 ③负载是否过大

6.22　博世力士乐变频器故障保护动作一览表（见表 6-22）

表 6-22　博世力士乐变频器故障保护动作一览表

名　　称	功能说明
主电路欠电压指示（P. OFF）	电源接通后，主电路电压未达到额定值的 80%时显示
主电路过电流 OC-1 OC-2 OC-3	当输出电流超过变频器允许的最大电流时，切断变频器输出并停止运行
主电路过电压 OE-1 OE-2 OE-3	电动机减速时的再生能量使主电路直流电压上升到大约 800V 以上时，变频器立即停止输出并停止运行
电动机过载 OL	当负载超出设定输出特性时，依据反时限特性曲线，变频器停止输出，该特性可以根据所用电动机功率进行设定
变频器过热 OH	散热器温度达到 85℃左右时，变频器停止输出
驱动保护 dr	主电路桥臂故障，变频器立即停止输出，某些型号变频器无此功能
电磁干扰 CPU-	检测 CPU、外围电路以及数据是否异常，若受到强磁场干扰或异常损坏等，变频器立即停止输出
欠电压跳闸	在运转中，如果由于停电或电压下降使变频器的供电电源电压低于大约 320V，切断变频器输出并停止运行
过电流限制（失速电流）	在加速中或运转中，一旦过电流，将自动调整输出频率使输出电流下降到失速电流电平以下
过电压限制（失速电压）	如输出频率急剧下降，来自电动机的再生能量将使主电路直流母线电压上升，此时为使主电路直流电压不超过规定值而自动调整频率
异常停止 EMS	输入端子 EMS-COM 动作，且[E32]=0、[E33]=1，变频器自由停车

6.23 博世力士乐 CVF-G3 系列变频器的故障报警与对策（见表 6-23）

表 6-23 博世力士乐 CVF-G3 系列变频器的故障报警与对策

故障代码	故障类型	可能的原因	对策
Er. 01	加速中过电流	①加速时间太短 ②转矩提升过高或 V/F 曲线不合适	①延长加速时间 ②降低转矩提升电压，调整 V/F 曲线
Er. 02	减速中过电流	减速时间太短	增加减速时间
Er. 03	运行中过电流	负载发生突变	减小负载波动
Er. 04	加速中过电压	①输入电压太高 ②电源频繁开关	①检查电源电压 ②用变频器的控制端子控制变频器的起、停
Er. 05	减速中过电压	①减速时间太短 ②输入电压异常	①增加减速时间 ②检查电源电压 ③安装或重新选择制动电阻
Er. 06	运行中过电压	①电源电压异常 ②有能量回馈性负载	①检查电源电压 ②安装或重新选择制动电阻
Er. 07	停机时过电压	电源电压异常	检查电源电压
Er. 08	运行中欠电压	①电源电压异常 ②电网中有大的负载波动	①检查电源电压 ②分开供电
Er. 09	变频器过载	①负载过大 ②加速时间过短 ③转矩提升过高或 V/F 曲线不合适 ④电网电压过低	①减小负载 ②延长加速时间 ③降低转矩提升电压，调整 V/F 曲线 ④检查电网电压
Er. 10	电动机过载	①负载过大 ②加速时间过短 ③保护系数设定过小 ④转矩提升过高或 V/F 曲线不合适	①减小负载 ②延长加速时间 ③加大电动机过载保护系数 ④降低转矩提升电压，调整 V/F 曲线
Er. 11	变频器过热	①风道堵塞 ②环境温度过高 ③风扇损坏	①清理风道或改善通风条件 ②降低载波频率 ③更换风扇
Er. 12	输出接地	①变频器的输出端接地 ②变频器与电动机的连线过长且载波频率过高	①检查连接线 ②缩短接线，降低载波频率
Er. 13	干扰	由于周围电磁干扰而引起的误动作	给变频器周围的干扰源增加吸收电路

（续）

故障代码	故障类型	可能的原因	对策
Er. 14	输出断相	变频器与电动机的接线不良或断开	检查接线
Er. 15	IPM 故障	①输出短路或接地 ②负载过重	①检查接线 ②向厂家寻求服务
Er. 16	外部设备故障	变频器的外部设备故障输入端子有信号输入	检查信号源及相关设备
Er. 17	电流检测错误	①电流检测器件或电路损坏 ②辅助电源有问题	向厂家寻求服务
Er. 18	RS485 通信故障	串行通信数据的发送和接收发生错误	①检查接线 ②向厂家寻求服务
Er. 19	PID 反馈故障	①PID 反馈信号线断开 ②用于检测反馈信号的传感器发生故障 ③反馈信号与设定不符	①检查反馈通道 ②检查传感器有无故障 ③核实反馈信号是否符合设定要求
Er. 20	与供水系统专用附件的连接故障	①没有选用专用附件，但选择了多泵恒压供水 PID 方式 ②与附件的连接发生问题	①改用普通的 PID 或单泵恒压供水方式 ②选购专用附件 ③检查主控板与附件的连接是否牢固

6.24 北京超同步科技股份有限公司 GA 系列变频器故障报警与对策（见表 6-24）

表 6-24 北京超同步科技股份有限公司 GA 系列变频器故障报警与对策

故障代码	故障名称	可能的故障原因	对策
Er PL	电源断相	系统瞬间断电	①检测供电电源 ②检测供电断路器及接触器
Er POFF	瞬间断电	系统瞬间断电	①检测电源 ②进线接触器是否瞬间断开
Er ou	直流母线过电压	直流母线硬件过电压报警	①检测进线电压是否是 560V ②检测制动电阻是否完好 ③检测制动单元是否完好 ④检测制动回路连线是否正常
Er uv	直流母线低电压	直流母线硬件低电压报警	检测进线电压是否小于 330V
Er ov1	直流母线过电压	直流母线软件检测过电压报警	设置 Pn00、Pn01
Er uv1	直流母线低电压	直流母线软件检测低电压报警	设置 Pn00、Pn02

（续）

故障代码	故障名称	可能的故障原因	对策
Er uv2	伺服接触器故障	伺服内部接触器未吸合	检测接触器及控制电路
Er oc	电动机过电流	①输出电流超过过电流报警点 ②电动机负载太重 ③输出电缆或电动机短路、接地 ④驱动器选择不合适	①调整过电流报警值 ②减小负载 ③检查电动机和电缆绝缘 ④降低加减速度
Er oH1	驱动器散热片超过 75℃	①环境温度过高 ②风道堵塞或风扇损坏	①加强通风散热 ②清理散热风道或更换风扇
Er oH2	逆变模块温度超过 85℃	①电动机过载 ②环境温度过高 ③风道堵塞或风扇损坏	①减小负载 ②加强通风散热 ③清理散热风道或更换风扇
Er oH3	电动机过热	①长时间超载运行电动机热保护输出 ②电动机热保护接线错误 ③风道堵塞或风扇损坏	①减小负载 ②检查接线(注意 Pn05 设置) ③检查电动机风道或更换风扇
Er Lr	制动电阻损坏	驱动器制动电阻故障	检查制动电阻
Er FT	制动晶体管故障	驱动器制动单元(晶体管)故障	检查制动单元(晶体管)
ErRET	外部复位命令	①故障输出时按下操作器上的复位按钮 ②RET 端子有复位信号	正常显示,无需处理
Er EA	编码器检测故障	①编码器故障 ②编码器安装故障 ③编码器断线或接线错误 ④主板的编码器接口故障	①检查编码器 ②检查编码器的参数设置 ③更换编码器或主板
Er EC	编码器 Z 相故障	①编码器故障 ②编码器安装故障 ③编码器断线或接线错误 ④主板的编码器接口故障	①检查编码器 ②检查编码器的参数设置 ③更换编码器或主板
Er OL	过载	①电动机处在过载运行状态 ②编码器故障或编码器受到干扰 ③电动机的接线错误(U、V、W 相序错误或有断线) ④过载故障的参数设定值错误 ⑤电动机参数 Dn04 和 Dn10 设置错误	①减小负载 ②检查机械传动部分 ③检查编码器的安装及接线 ④修改编码器或电动机参数 ⑤修改过载参数设置
Co-Erro	操作器通信错误	RS232 通信接口故障	更换操作器或主板

6.25 北京超同步科技股份有限公司GA系列变频器故障分析（见表6-25）

表6-25 北京超同步科技股份有限公司GA系列变频器故障分析

<table>
<tr><td>（1）驱动器上电无显示
现象：驱动器上电后，操作器上无显示，造成此故障的原因很多，须认真检查，检测前请拆除所有控制线路
原因：驱动器整流桥故障、逆变桥故障、开关电源故障或起动电阻故障
1）主电路指示灯检测：指示灯亮，充电电阻正常，则可能是开关电源故障，需找厂家维修或者专业维修，若指示灯不亮则进行下一步维修
2）检测驱动输入电源是否正常：用万用表检测驱动器的R/S/T端子上的三相交流电压是否正常，正常电源：330V<电源>440V。若无电压，则是电源故障，若正常则进行下一步检测
3）检测直流电抗器或P1/P之间的短路片连接是否正常：若不正常，需更换直流电抗器，或连接好短路片，若正常则进行下一步检测
4）整流桥检测：用万用表检测整流桥，若整流桥正常，则可能是充电电阻烧坏，需找厂家维修或专业维修，若整流桥损坏，则更换整流桥，建议由厂家维修</td></tr>
<tr><td>（2）主轴不能运转
现象：驱动器上电显示Fr 0，数控系统发运转指令时，主轴不转。
原因：数控系统未能发出频率指令或运转指令，控制逻辑错误，参数设置不当等原因均会导致主轴不转，须认真检查
1）检测驱动器上的速度设定值，即Fr的显示值：让数控系统执行S1000 M3，观察驱动器上显示是否为Fr 1000，若显示是，则检测驱动器的输出频率Fo，反馈频率Fb；若显示不是，则检测数控系统是否正确发出频率指令和运转指令
2）检测驱动器的输出频率Fo、反馈频率Fb：若Fo与Fb一致，Fb为0，则检测电动机及接线，由厂家维修或专业维修；若Fo与Fb不一致，或为0，则检查加速度参数Cn12、转矩限幅参数Sn07的设置，或与厂家联系
3）检测数控系统是否发出正确频率指令和运转指令：利用U2的监视参数，监视模拟量输入值A1或A2，以及开关量输入状态D1正常时，模拟量值为500（主轴最高转速为8000r/min），其余开关量输入信号为0。若频率指令和运转指令信号正常，则检测模拟量输入端口选择参数Bn02是否正确，若不能解决问题需联系厂家；若频率指令和运转指令信号不正常，则需用万用表在驱动器端子上检测不正常的指令信号
4）测量数控系统发出的指令信号：若指令信号正常，说明驱动器控制板接收信号错误，需更换控制板或找厂家维修；若指令信号不正常，则检测数控系统的接口
5）检测电动机及接线：将电动机连线从驱动器上拆下，用万用表测量任意两相的直流电阻，判断电动机及接线是否正常。若电动机及接线正常，则说明驱动器模块烧坏；若电动机及接线不正常，则更换电动机及接线</td></tr>
<tr><td>（3）主轴低速运转
现象：调整设定速度（频率），操作器上的Fr设定转速（频率）显示正常，但主轴转速很低（大约几十转），且不随设定速度变化
原因：电动机主轴编码器反馈异常或电动机相序错误
1）检查电动机及编码器接线：正常接线，电动机的U/V/W与驱动器的U/V/W一一对应接线，编码器的线号与驱动器控制器的线号一一对应。若接线正常，则检测编码器信号；若接线不正常，则调整接线</td></tr>
</table>

（续）

2）检测编码器信号：将驱动器上电，在待机状态下，用万用表直流 20V 档，在驱动器的控制板上，分别测量 A+和 A-，B+和 B-，Z+和 Z-，正常值约为+3V 或-3V。若信号正常，则说明编码器故障，需更换编码器；若信号不正常，则检测编码器电缆

3）检测编码器电缆：将编码器电缆的两端分别从电动机和驱动器上拆下，用万用表的电阻档分别测量各芯电缆看是否导通。若电缆导通，则说明编码器故障，需更换编码器。若电缆导通不正常，则说明编码器电缆故障，需更换电缆

（4）主轴设定速度不准

现象：驱动器上 Fr 的设定速度（频率）与数控系统上 S 指令的设定速度偏差较大

原因：驱动器或数控系统上参数设定不匹配，或模拟量接口故障

1）调整驱动器或数控系统的参数设置：Bn02 模拟量类型，Cn01 模拟量零点正向偏移，Cn02 模拟量零点负向偏移，Cn10 最高输出转速，Cn11 模拟量零漂设定；检查数控系统的相关参数设定：若设定正常，用万用表检测模拟量端口电压值

2）检测端口模拟量电压：正常的端口电压=设定速度/最高转速×10（V）

以主轴最高转速为 8000r/min 为例，按下表进行检测，偏差在±0.1%以内是正常的

数控系统设定转速/(r/min)		400	800	1000	2000	4000	8000
模拟量端口电压	单极性	0.5	1.00	1.25	2.50	5.00	10.00
	双极性	0.5	1.00	1.25	2.50	5.00	10.00
驱动器显示设定速度		400	800	1000	2000	4000	8000

若检测值正确，则说明驱动器模拟量端口故障，需更换驱动器控制板；若检测值不正确，说明数控系统的模拟量输出端口故障，需更换数控系统接口板

（5）主轴准停位置不准

准停不准的常见现象：初次使用时或更换主轴、电动机、同步带后，主轴准停角度与刀库有偏差；使用一定时间后准停位置发生变化；使用中偶尔出现准停位置不佳

1）初次使用或更换主轴部件

请重新调整准停脚步，调整参数：Cn04：正向准停偏置，Cn05 反向准停装置。

2）使用一定时间后准停位置发生变化

现象：准停位置发生变化后，偏差稳定，不恢复

检测：同步带是否松动，主轴电动机的同步带轮是否松动，主轴电动机的编码器是否松动

处理：如有以上现象发生，请做相应修理，否则与厂家联系，更换编码器

3）使用过程中偶尔出现准停位置不准

①确认以下情况后，请与厂家联系更换编码器

②编码器电缆连接可靠，屏蔽层接地良好

③数控系统的准停控制程序逻辑正确

在 MDI 方式下手动准停若干次后，仍会偶尔出现

（6）减速时出现 OV 报警

原因：驱动器制动回路故障或制动电阻烧坏。

1）检测制动电阻：在驱动器掉电的情况下，用万用表的电阻档测量制动电阻两端的阻值，若阻值无穷大，则制动电阻烧毁，若与电阻的标称值一致，则制动电阻正常

2）确认驱动器故障：让驱动器运转起来，用万用表直流 1000V 档测量驱动器减速时的直流母线（P（+）和 N 之间）电压，当测量值超过 750V 时，证明驱动器回路有故障，或外置制动单元故障，请与厂家联系维修

（续）

(7)编码器故障可能引起的故障现象 1)主轴低速运转,转速少于 100r/min,运转电流超过额定电流,转矩达到 1000N・m,转速设定不起作用 2)高速运转时(大于 3000r/min),速度达不到设定转速,转矩达到 1000N・m 3)低速运转时,有明显的机械噪声,转速不均匀,运转不平稳,不受运转信号控制 4)出现 ER EA,ER OL 报警 5)主轴飞车,高速运转,不受控制信号控制
(8)频繁出现 Er PL、Er FF、Er Uv、Er Uv1 故障 故障原因:电源电压不稳或供电线路故障 检查内容: 1)是否雷雨天气,或电源电压波动较大的时间段,附近有大型设备起动可能造成瞬间欠电压 2)供电线路接触不良,认真检查供电线路断路器、接触器、熔断器的接点是否有接触不良现象(不能单独通过万用表测量判断) 处理方法:电网电压不稳定地区加装稳压电源,调整 Pn02、Pn04 设定值;处理线路故障;更换不良低压电器
(9)剩余电流断路器动作 现象:当伺服主轴起动时,剩余电流断路器跳闸 原因:剩余电流断路器未选用伺服(或变频器)专用的,漏电保护值设定太小 处理方法: 1)普通剩余电流断路器,建议使用保护值为 200mA 的,或取消剩余电流断路器 2)使用伺服(或变频器)专用剩余电流断路器,漏电保护值为 30mA 3)在普通剩余电流断路器和伺服驱动器之间加装隔离变压器
(10)报警复位方法 报警复位方法有以下三种方法: 1)操作器面板上的 RESET 键复位 2)通过外部端子 RET 进行复位,复位信号大于 100ms 3)驱动器断电,待驱动器电源指示灯熄灭后,重新上电

6.26　沃森 VD300A 系列高性能通用矢量变频器故障诊断与对策（见表 6-26）

表 6-26　沃森 VD300A 系列高性能通用矢量变频器故障诊断与对策

故障代码	故障类型	可能的故障和原因	对策
Er001	加速运行过电流(硬件)	①加速时间太短 ②电动机参数不准确 ③电网电压偏低 ④变频器功率偏小 ⑤V/F 曲线偏小 ⑥逆变模块短路保护	①延长加速时间 ②对电动机参数进行自整定 ③检查电网输入电源 ④选用功率等级大的变频器 ⑤调整 V/F 曲线设置,调整手动转矩提升 ⑥逆变模块或驱动电路损坏

（续）

故障代码	故障类型	可能的故障和原因	对策
Er002	减速运行过电流（硬件）	①减速时间太短 ②负载惯性转矩大 ③变频器功率偏小 ④逆变模块短路保护	①延长减速时间 ②外加合适的能耗制动组件 ③选用功率大一档的变频器 ④逆变模块或驱动电路损坏
Er003	恒速运行过电流（硬件）	①负载发生突变或异常 ②电网电压偏低 ③变频器功率偏小 ④逆变模块短路保护	①检查负载或减小负载的突变 ②检查电网输入电源 ③选用功率大一档的变频器 ④逆变模块或驱动电路损坏
Er004	加速运行过电流（软件）	①加速时间太短 ②电动机参数不准确 ③电网电压偏低 ④变频器功率偏小 ⑤V/F 曲线不合适	①延长加速时间 ②对电动机参数进行自整定 ③检查电网输入电源 ④选用功率大一档的变频器 ⑤调整 V/F 曲线设置，调整手动转矩提升
Er005	减速运行过电流（软件）	①减速时间太短 ②负载惯性转矩大 ③变频器功率偏小	①延长减速时间 ②外加合适的能耗制动组件 ③选用功率大一档的变频器
Er006	加速运行过电流（软件）	①负载发生突变或异常 ②电网电压偏低 ③变频器功率偏小	①检查负载或减小负载的突变 ②检查电网输入电源 ③选用功率大一档的变频器
Er007	加速运行过电压	①输入电压异常 ②瞬间停电后，对旋转中电动机实施再起动	①检查电网输入电源 ②避免停机再起动
Er008	减速运行过电压	①减速时间太短 ②负载惯量大 ③输入电压异常	①延长减速时间 ②增大能耗制动组件 ③检查电网输入电源
Er009	恒速运行过电压	①输入电压异常 ②输入电压发生异常变动 ③负载惯量大	①检查电网输入电源 ②安装输入电抗器 ③外加合适的能耗制动组件
Er010	母线欠电压	①电网电压偏低 ②瞬时停电	①检查电网电压 ②RESET 复位操作
Er011	电动机过载	①电网电压过低 ②电动机额定电流设置不正确 ③电动机堵转或负载突然变大	①检查电网电压 ②重新设置电动机额定电流 ③检查负载，调节转矩提升量
Er012	变频器过载	①加速太快 ②对旋转的电动机实施再起动 ③电网电压过低 ④负载过大	①增大加速时间 ②避免停机再起动 ③检查电网电压 ④选择功率更大的变频器

（续）

故障代码	故障类型	可能的故障和原因	对策
Er013	输入侧断相	输入 R、S、T 有断相	①检查电网输入电压 ②检查安装配线
Er014	输出侧断相	①U、V、W 断相输出 ②负载三相严重不对称	①检查输出配线 ②检查电动机及电缆
Er015	模块过热	①变频器瞬间过电流 ②输出三相有相间或接地短路 ③风道堵塞或风扇损坏 ④环境温度过高 ⑤控制板连线或插件松动 ⑥辅助电源损坏，驱动电压欠电压 ⑦功率模块桥臂直通 ⑧控制板异常	①参见过电流对策 ②重新配线 ③疏通风道或更换风扇 ④降低环境温度 ⑤检查并重新连接 ⑥寻求服务 ⑦寻求服务 ⑧寻求服务
Er016	运行时电流超限故障	电流超限值置过小	重新设置
Er017	外部故障	DI 外部故障输入端子动作	检查外部设备输入
Er018	通信故障	①波特率设置不当 ②采用串行通信的通信错误 ③通信长时间中断	①设置合适的波特率 ②按 STOP/RET 键复位，寻求服务 ③检查通信接口配线
Er019	电流检测电路故障	①控制板连接器接触不良 ②辅助电源损坏 ③霍尔器件损坏 ④放大电路异常	①检查连接器，重新插线 ②寻求服务 ③寻求服务 ④寻求服务
Er020	电动机自学习故障	①电动机与变频器容量不匹配 ②电动机额定参数设置不当 ③自学习出的参数与标准参数偏差过大 ④自学习超时	①更换变频器型号 ②按电动机铭牌设置额定参数 ③使电动机空载，重新辨识 ④检查电动机连线，参数设置
Er021	EEPROM 读写故障	①控制参数的读写发生错误 ②EEPROM 损坏	①按 STOP/RET 键复位，寻求服务 ②寻求服务
Er022	运行时 PID 反馈超限故障	反馈量超过设定上限值	检查反馈源器件是否异常
Er023	PID 反馈断线故障	①PID 反馈断线 ②PID 反馈源消失	①检查 PID 反馈信号线 ②检查 PID 反馈源

（续）

故障代码	故障类型	可能的故障和原因	对策
Er024	电动机对地短路	其中有一相（U、V、W）对地短路	检查输出三相对地导通情况，并排除故障
Er025	保留		
Er026	保留		
Er027	运行时间到达	设定的运行时间到达	使用参数初始化功能清除记录信息
Er028	上电时间到达	设定的上电时间到达	使用参数初始化功能清除记录信息
Er029	掉载	变频器运行电流小于设定值	确认负载是否脱离或参数设置是否符合实际运行工况
Er030	保留		
Er031	保留		
Er032	保留		
Er033	保留		
Er034	电动机过温	①温度传感器接线松动 ②电动机温度过高	①检测温度传感器接线并排除故障 ②降低载频或采取其他散热措施对电动机进行散热处理
Er035	保留		
Er036	电子过载	变频器按照设定值进行的过载保护	①检查负载 ②重新设置过载预警参数
Er041	用户自定义故障 1	用户自定义故障 1 号输入端子有效	①检查该信号来源 ②排除信号动作源
Er042	用户自定义故障 2	用户自定义故障 2 号输入端子有效	①检查该信号来源 ②排除信号动作源
Er043	用户自定义故障 3	用户自定义故障 3 号输入端子有效	①检查该信号来源 ②排除信号动作源
Er044	用户自定义故障 4	用户自定义故障 4 号输入端子有效	①检查该信号来源 ②排除信号动作源
Er060	厂家自定义故障 1	厂家内部使用故障码	寻求服务
Er061	厂家自定义故障 2	厂家内部使用故障码	寻求服务

6.27　科川 KC220/300 系列变频器故障检查与对策（见表 6-27）

表 6-27　科川 KC220/300 系列变频器故障检查与对策

故障代码	故障类型	可能的故障和原因	对策
FL	逆变单元故障	①加速太快 ②该相 IGBT 内部损坏 ③干扰引起误动作 ④接地是否良好	①增大加速时间 ②寻求支援 ③检查外围设备是否有强干扰源 ④检查接地情况
OC1	加速运行过电流	①加速太快 ②电网电压偏低 ③变频器功率偏小	①增大加速时间 ②检查输入电源 ③选用功率大一档的变频器
OC2	减速运行过电流	①减速太快 ②负载惯性转矩大 ③变频器功率偏小	①增大减速时间 ②外加合适的能耗制动组件 ③选用功率大一档的变频器
OC3	恒速运行过电流	①负载发生突变或异常 ②电网电压偏低 ③变频器功率偏小	①检查负载或减少负载的突变 ②检查输入电源 ③选用功率大一档的变频器
OV1	加速运行过电压	①输入电压异常 ②瞬间停电后，对旋转中电动机实施再起动	①检查输入电源 ②避免停机再起动
OV2	减速运行过电压	①减速太快 ②负载惯量大 ③输入电压异常	①增大减速时间 ②增大能耗制动组件 ③检查输入电源
OV3	恒速运行过电压	①输入电压发生异常变动 ②负载惯量大	①安装输入电抗器 ②外加合适的能耗制动组件
LU	母线欠电压	电网电压偏低	检查电网输入电压
OL1	电动机过载	①电网电压偏低 ②电动机额定电流设置不正确 ③电动机堵转或负载突然变大 ④小马拉大车	①检查电网电压 ②重新设置电动机额定电流 ③检查负载，调节转矩提升量 ④选择合适的电动机
OL2	变频器过载	①加速太快 ②对旋转中的电动机实施再起动 ③电动机堵转或负载突然变大 ④负载过大	①增大加速时间 ②避免停机再起动 ③检查电网电压 ④选择合适的电动机

（续）

故障代码	故障类型	可能的故障和原因	对策
E012	输入侧断相	输入 R、S、T 有断相	①检查输入电源 ②检查安装配线
E013	输出侧断相	U、V、W 断相输出（或负载三相严重不对称）	①检查输出配线 ②检查电动机及电缆
OH1	整流模块过热	①变频器瞬间过电流 ②输出三相有相间或接地故障 ③风道堵塞或风扇损坏 ④环境温度过高 ⑤控制板连线或插件松动 ⑥辅助电源损坏，驱动电压欠电压 ⑦功率模块桥臂直通 ⑧控制板异常	①参见过电流对策 ②重新配线 ③疏通风道或更换风扇 ④降低环境温度 ⑤检查并重新连接 ⑥寻求服务 ⑦寻求服务 ⑧寻求服务
OH2	逆变模块过热	检查电路及变频器	寻求服务
EF	外部故障	SI 外部故障输入端子动作	检查外部设备输入
CE	通信故障	①波特率设置不当 ②采用串行通信的通信错误 ③通信长时间中断	①设置适当的波特率 ②按 STOP/RET 键复位，寻求服务 ③检查通信接口配线
ItE	电流检测电路故障	①控制板连接器接触不良 ②辅助电源损坏 ③霍尔元件损坏 ④放大电路异常	①检查连接器，重新插线 ②寻求服务 ③寻求服务 ④寻求服务
tE	电动机自学习故障	①电动机容量与变频器容量不匹配 ②电动机额定参数设置不当 ③自学习出的参数与标准参数偏差过大 ④自学习超时	①更换变频器型号 ②按电动机铭牌设置额定参数 ③使电动机空载，重新辨识 ④检查电动机接线、参数设置
EEP	EEPROM 读写故障	①控制参数的读写发生错误 ②EEPROM 损坏	①按 STOP/RET 键复位，寻求服务 ②寻求服务
PIdE	PID 反馈断线故障	①PID 反馈断线 ②PID 反馈源消失	①检查 PID 反馈信号 ②检查 PID 反馈源

（续）

故障代码	故障类型	可能的故障和原因	对策
bCE	制动单元故障	①制动线路故障或制动管损坏 ②外接制动电阻阻值偏小	①检查制动单元，更换新制动管 ②增大制动电阻
EOPP	睡眠状态指示	启用睡眠功能的时候，提示进入睡眠	正常
POFF	断电、欠电压	①电源断相 ②瞬时停电 ③输入接线端子松动 ④停止时电源断电	①检查输入三相电源电压 ②断电重启 ③拧紧螺钉 ④增加减速时间

第7章 变频器维修实例

7.1 艾默生变频器维修实例

实例1 一台自制数控车床（系统为GSK928TE，变频器为EV2000-4T0550G）。

故障现象：车工在加工工件时主轴自动停转，屏幕显示“急停报警”，后手动试主轴起动高速和变速时也急停报警。

故障检修过程：首先查看变频器在系统显示报警时变频器是否报警，变频器屏幕没有报警号，我们首先查看配电柜内短路开关没有跳闸，测急停按钮触点正常，于是就怀疑变频器参数是否正确，于是对照设定参数把变频器参数检查了一遍，参数设置都正确，然后把变频器前端盖打开，检查内部接线端子把端子全部紧固一遍，上好前端盖，给电试运行，系统还是显示急停报警，查看变频器说明书故障处理部分，此种现象符合运行中变频器意外停机故障，按照此种故障处理方法注意检查定长停机功能设置、电源、设定频率、跳跃频率设置、频率调整等都正常，判断变频器正常，再次按照变频器电气图检查，急停线路除了接急停按钮和短路开关外还接了变频电动机热保护节点RT，打开变频电动机接线盒找到热保护节点RT接线（接线盒内没有热保护节点RT接线柱），打开接线处发现电动机热保护节点RT线接有冷压接线端子，从系统配电柜引出线与RT线接有冷压接线端子接线松动，重新接线把接头接好用绝缘胶带包好试车，故障消除。

小结：在维修过程中首先要把图样读懂看透，这样检修就会少走弯路，另外就是了解掌握相关设备性能，出现故障知道从哪里着手，有些设备故障在说明书中不一定有，这时就要逐项排查找到故障点，最终解决问题。

实例2 一台数控车床（系统为GSK928TE，变频器为EV2000-4T0550G）。

故障现象：主轴在起动100r/min以下转速时主轴转速减不下来，比如说系统输入60r/min转速，系统输入后观察变频器频率正常，但是一起动主轴变频器频率就升上去了，主轴在起动100r/min以上转速时主轴转速正常，系统和变频器不显示报警号，无法完成钻孔和铰孔加工工序。

故障检修过程：首先对照变频器设定参数检查，检查这台变频器设定参数正常，为保险起见我们对照说明书把参数初始化，重新输入参数试车，主轴在起动100r/min以下转速时主轴转速还是降不下来，而相邻的同型号机床主轴低速运转正常，为了验证是否是变频器自身故障，我们把这两台机床的变频器对调试用，系统输入30r/min转速，系统输入后观察变频器频率显示正常，系统一启动变频器频率就升上去了，这台机床的变频器在另一台机床上能正常工作，说明变频器自身无故障，用手动方式起动变频器在低速运转正常，于是就怀疑这台机床变频器模拟量输入电路上可能有故障，用万用表测SVC和0V线的通断，测量显示接线正常，这台机床SVC和0V线两根线同时和主轴、水泵系统输出线共享一根屏蔽电缆线，怀疑是否相互之间有干扰引起的故障，于是重新在原系统插头上焊接一根屏蔽电缆接上SVC和0V线两根线试车，故障还是没有消除，说明电缆也没有问题，怀疑电缆屏蔽接线有问题，系统说明书防止干扰的方法第4条：CNC的引出电缆采用绞合屏蔽电缆或屏蔽电缆，电缆的屏蔽层在CNC侧采取单端接地，信号线尽可能短，此台车床变频器接线符合这个要求，其他同型号车床也是按这个要求接线的，仔细查看变频器说明书发现有接线提示，见表7-1。

表 7-1　变频器接线提示

序号	提示内容
1	不要将P24端子和COM端子短接，否则可能会造成控制板的损坏
2	请使用多芯屏蔽电缆或绞合线(1mm以上)连接控制端子
3	使用屏蔽电缆时，电缆屏蔽层的近端(靠变频器的一端)应连接到变频器的接地端子PE
4	布线时控制电缆应充分远离主电路和强电线路(包括电源线、电动机线、继电器线、接触器连接线等)20mm以上，避免并行放置，建议采用垂直布线，以防止由于干扰造成变频器误动作
5	电阻 R 对于24V输入的继电器应去掉，对于非24V继电器应根据继电器参数选择

根据提示把电缆屏蔽层的近端（靠变频器的一端）连接到变频器的接地端子PE，然后系统试输入低转速和高转速运行，转速正常，故障排除。

实例3　一台半闭环数控车床（广州GSK928TC系统，变频器为EV2000-4T0550G）。

故障现象：变频电动机在400r/min以下起动不起来。

故障检修过程：首先查看变频器不显示报警，把变频器参数对照设置正确。把变频器参数初始化重新输入参数，试车变频电动机在400r/min以下还是起动不起来。起动后观察变频器频率在400r/min以下时频率升不上去，主轴输出模拟量电压不稳定。怀疑变频器输入电压受到干扰。打开主轴输出插头，检查发现信号线屏蔽线没有接地，按照变频器防干扰措施把屏蔽线焊接在输入插头外壳金属部分，给电试车，变频电动机在400r/min以下起动正常。

实例 4 一台数控立车（艾默生 EV-2000 型变频器）。

故障现象：变频器运行中出现 E010 报警，无法复位。

故障检修过程：艾默生 EV-2000 型变频器 E010 报警号原因和处理方法见表 7-2。

表 7-2 艾默生 EV-2000 型变频器 E010 报警号原因和处理方法

故障代码	故障类型	可能的故障原因	对策
E010	逆变模块保护	变频器瞬间过电流	参见过电流对策
		输出三相有相间短路或接地故障	重新配线
		风道堵塞或风扇损坏	疏通风道或更换风扇
		环境温度过高	降低环境温度
		控制板连线或插件松动	检查并重新连线
		输出断相等原因造成电流波形异常	检查配线
		辅助电源损坏,驱动电压欠电压	寻求服务
		逆变模块桥臂直通	寻求服务
		控制板异常	寻求服务

断电检查变频器逆变模块桥臂直通，说明变频器因过电流已损坏，送外维修，检查线路，发现制动电阻接地，拆开制动电阻护罩，发现制动电阻固定端有铁屑末，清理制动电阻，测量制动电阻绝缘恢复正常。在固定端加塑料薄膜，使制动电阻与固定端绝缘，变频器修回后安装接线试车，恢复正常。

实例 5 一台数控车床（艾默生 EV-2000 型变频器）。

故障现象：主轴一起动，QF9、QF12、QF13 短路开关就会跳闸。

故障检修过程：此台数控车床 QF9 为电源控制短路开关，QF12 为变频主电动机冷却风扇控制短路开关，QF13 主轴计时器短路开关。根据线路图逐一检查，发现变频主电动机冷却风扇转不动，里面积了很多铁屑（由于机床是斜床身，护罩来回运动时，一些铁屑会掉落到电动机上，被卷到电动机冷却风扇内，时间长了会造成冷却风扇无法转动），拆下变频主电动机冷却风扇，清理干净后装上，开机运行正常。为防止再次出现此类故障，在护罩上加装密封装置，减少铁屑散落。

实例 6 一台 ZK7640 铣床（EV-2000 变频器，5.5kW）。

故障现象：此台铣床变频器换到同型号铣床（此台铣床闲置一段时间，当时开机后变频器显示正常，没有试电动机运转是否正常就安装到另一台铣床），另一台铣床变频器修回后安装到这台铣床上，开机后变频器运行时主电动机出现 E014 报警。

故障检修过程：E014 报警原因及解决办法见表 7-3。

表 7-3 E014 报警原因及解决办法

报警号	故障名称	可能的故障原因	解决方法
E014	电动机过载	V/F 曲线不合适	正确设置 V/F 曲线和转矩提升
		电网电压过低	检查电网电压
		通用电动机长时间低速大负载运行	选择专用电动机
		电动机保护系数设置不正确	正确设置电动机过载保护系数
		电动机堵转或负载突变过大	检查负载

从以上原因分析，出现这种现象可能是变频器没有修好，或者是主电动机或主电动机线路在停机期间出现故障，首先检查变频电动机和电动机接线正常，用手轻轻盘动主轴，接着用另一台备用变频器（一起修回的）把刚安装好的变频器换下，因为没有此机床变频器参数，所以拿 CK32P4 车床变频器参数参考，数控车床基频是 25，输入后试车变频器一运行就会出现 E014 报警，为了验证是否修回的变频器有故障，把原机床变频器换回，开机测试发现变频器和电动机都运行正常。把修回的变频器安装到 CK32P4 车床，输入参数后试车，运转正常，另一台修回的变频器试车，也正常。再把变频器安装到这台铣床上，运行电动机时还是出现 E014 报警，询问变频器厂家技术人员，说出现 E014 报警除了说明书上给出的原因，还可能跟参数设置有关系，尤其基频参数设置不当也会引起 E014 报警，拆下护罩，查看电动机铭牌如下：型号为 YP-50-4-4，4kW，380V，50Hz，9.6A，频率范围 50~200Hz，对照之后发现确实变频器电动机基频参数设置错误，把基频参数设置为 50，再次运行，故障排除。

小节：此台机床维修过程中出现几次曲折，主要还是没有按照步骤操作：

① 首先变频器再换到另一台机床前要试车，这样可以避免再对故障排除一些选项。

② 参数设置一定要根据具体机床设定，参照机床电动机参数，不能照抄其他机床，以免出现因为设置参数不当引起的故障。

实例 7 一台艾默生 EV2000-4T0370P 变频器。

故障现象：一台艾默生 EV2000-4T0370P 变频器上电时显示“POFF”故障信息，不能进行正常运行，反复试验后变频器无显示。

故障检修过程：检查发现变频器内的上电缓冲电阻已开路，变频器的直流母线 P、N 上外接制动单元的 P、N 之间的阻值只有 13Ω，与制动电阻值完全相同，可以确认制动单元已损坏。更换上电缓冲电阻、制动单元后，给变频器再次上电，故障消除，变频器运行正常。

变频器故障为外接制动单元损坏所致。正常变频器一上电，电解电容即被充电，当直流母线电压达到一阈值时，与上电缓冲电阻并联的接触器吸合，电阻被切除，电容充电由接触器提供通路。若在上电时制动单元损坏，电容上的直流母线电压将下降［直流母线电压由制动电阻所占整个电阻（制动电阻+上电缓冲电阻）的比例来确定］，小于阈值，变频器便显示“POFF”故障信息。这时，接触器因直流母线电压不够迟迟不能闭合，导致按照短时工作状态设计的上电缓冲电阻长时间工作，因此该电阻因发热严重导致阻值变大直至开路。电阻开路后，变频器再上电时，电解电容无法充电，直流母线电压一直为0，变频器无显示。

实例8 一台艾默生EV2000-4T055G变频器。

故障现象：一台艾默生EV2000-4T055G变频器的操作面板显示“E019”故障信息，且按下复位键无法消除该故障。

故障检修过程：变频器显示“E019”故障信息为电流检测电路故障。EV2000-4T055G变频器的电流检测元件为霍尔故障，通过H_1、H_2、H_3这三个霍尔元件检测变频器的三相输出电流，经相关电路转换成线性电压信号，再经过放大比较电路输入CPU，CPU根据该信号的大小判断变频器是否过电流。如果输出电流超过保护设定值，则故障封锁保护电路动作，封锁IGBT脉冲信号，实现变频器的过电流保护功能。

一般来说，变频器会由于控制板连线松动或插件松动、电流检测元件损坏和电流检测放大比较电路异常导致电流检测电路故障，对于第一种情况需检查控制板连线或插件有无松动，对于第二种情况需要更换或处理电流检测元件，第三种情况为电流检测IC芯片或IC芯片工作电源异常，可通过更换IC芯片或修复变频器辅助电源解决。

切断变频器输入电源，检查控制板连线和插件，均无松动或异常现象。进一步检查霍尔元件是否损坏；EV2000-4T055G变频器的霍尔元件的连线为插头、插座结构，首先拔掉H_3上的插头，重新上电后，操作面板显示“E019”故障信息；再次停电，待放电完毕后，拔掉H_2上的插头，上电后，操作面板仍显示“E019”故障信息；重新停电，待放电完毕后，拔掉H_1插头，分别插上H_2、H_3上的插头，操作面板上的故障显示消失，显示正常，说明H_1霍尔元件有故障，采用新品替换后，变频器上电运行正常。

实例9 一台艾默生TD2000-4T2000P变频器。

故障现象：艾默生TD2000-4T2000P变频器显示“P. OFF”故障信息。

故障检修过程：检查发现主电路正常，直流母线电压和控制电源也都正常，更换主控制板后仍显示“P. OFF”故障信息。再检查，发现变频器防雷板上的3个熔断器中的2个损坏并处于断路状态。更换2个熔断器后，“P. OFF”故障信息消除，变频器运行正常。

控制电源和直流母线任何一个欠电压都会显示“P. OFF”故障信息。只有两个都正常时，变频器才可以运行。当三相电源正常时，断相检测信号（PL，

GND）为低电平；当电源缺一相时，断相检测信号（PL，GND）为 10ms 周期的方波，变频器显示“E008”输入断相故障信息；当电源缺两相时，断相检测信号（PL，GND）为高电平，变频器显示“P. OFF”故障信息。

在 TD2000-4T2000P 变频器中，输入断相检测电路中的输入信号是经过防雷板转接后接入的。当防雷板上的熔断器损坏了 2 个时，对于输入断相检测电路来说相当于缺了两相，故报“P. OFF”故障信息。

实例 10　一台艾默生 TD2000-4T0750G 变频器。

故障现象：一台艾默生 TD2000-4T0750G 变频器经常显示“E010”故障信息。

故障检修过程：参照用户手册故障对策表的提示，将因温度问题造成故障的可能性排除，可判断故障出在功率模块或驱动电路上。在询问故障信息、了解故障记录信息时，发现故障信息记录中的故障时刻电流在变频器输出电流之内，并未达到应该过电流保护动作的值，由此可见是由于瞬态大电流造成的保护，因此检查变频器输出侧电缆及电动机，发现它们没有出现相间短路或对地短路现象。再检查变频器配线及外围设备，发现在变频器输出侧安装有接触器，用于进行变频、工频切换，切换的控制指令是由 PLC 在给出变频器停车命令后发出的，并且在变频、工频切换之间有延时；停机的方式设置为减速停车。

根据检查的情况，初步判断是由于切换过程中各动作的时序存在问题，导致变频器在还没有输出的情况下，切断输出侧接触器，从而引起故障报警的。将停机方式更改为自由停车后，上述故障信息消除。

为避免变频器输出侧的接触器运行时断开和吸合，虽然在变频、工频切换控制指令发出前向变频器发出了停车指令，但由于停机方式改为了减速停车，所以可能变频器速度尚未减为零，即还有电流输出时输出侧接触器断开，发生大的冲击电流现象，则变频器便显示“P. OFF”故障信息。

变频器用户手册中明确指出变频器输出侧不允许接交流接触器，这就是考虑了当变频器运行有输出时，接触器吸合，给电动机供电瞬间将导致变频器故障报警，甚至损坏变频器。当然，如果现场需要进行变频、工频转换，或为了提高备用电路可靠性，在变频器输出侧增加交流接触器是无法避免的，此时要求设计该电路时，需确保变频器在运行有输出的状态下，交流接触器不会有吸合等动作，以避免变频器显示故障信息。

实例 11　一台艾默生 TD2000-4T2800P 变频器驱动 220kW 电动机。

故障现象：艾默生 TD2000-4T2800P 变频器驱动 220kW 电动机，正常运行电流为 300A，使用中发现输出电流不定时突变，电流约增加 1 倍达到 560A，电动机振动厉害，造成变频器过载保护动作。

故障检修过程：检查发现变频器的输出侧和电动机之间接有一个接触器。断开电动机，变频器空载运行，测量发现变频器的三相输出电压均衡；再带载运行，测量变频器的三相输出电压、电流。发现三相均衡，没问题。正常运行约1h后，电流突然增大，又出现了上述问题，这时测量三相输出电流，发现U相电流为0，V相、W相电流为560A，再测量接触器上端三相电压，其值均衡，但测量接触器下端时发现U相电压为0，说明问题出在接触器上。拆掉接触器后，变频器可直接正常运行。检查发现接触器的U相接线端松动。在系统运行过程中偶尔会出现一相掉电情况，导致电动机只有V、W两相运行，造成三相电流严重不平衡并出现振动，最终造成变频器过载保护动作。将接触器电动机的U相接线端重新紧固后，变频器上电运行正常。

实例 12 一台艾默生 TD1000-4T0037P 变频器（功率为 3.7kW）。

故障现象：艾默生 TD1000-4T0037P 变频器（功率为 3.7kW），在现场用“电位器”调速正常，而在控制室用“DC 4~20mA”信号无法调速。

故障检修过程：根据变频器故障现象，检查变频器的设定参数，没有发生变化，将其拆下后更换为同型号的一台变频器，将参数设定完毕，开机后故障同上，并没有消除。断电后，打开变频器外壳，用万用表测量变频器控制端子CCI、GND的“模拟电流”信号，数字式万用表显示其值为10mA，原因是检修人员更换变频器，恢复二次线时，误将变频器控制端子CCI、GND的两根线接错位置。将变频器控制端子CCI、GND的两根线拆下后调换，变频器上电运行正常。

实例 13 一台数控车床（艾默生 EV-2000 型变频器）。

故障现象：过电流报警（熔断器熔断、整流二极管及逆变管故障）。

故障检修过程：通常变频器在使用过程中出现过电流故障的原因有：

① 受冲击负载、变频器输出侧短路、加减速时间太短。

② 逆变管（IGBT）损坏。

③ 控制电路或驱动电路故障。

工作过程中，一个IGBT短路导通，将引起同一桥臂上、下“直通”，使直流电压正负极间处于短路状态而出现过电流故障。

这类故障需要检测以下两个方面：

① 逆变管检测。逆变管IGBT是MOSFET和GTR相结合的产物，其主要部分与晶体管相同，也有集电极（C）和发射极（E）；驱动部分和场效应晶体管相同，也是绝缘栅结构，且IGBT旁边并联一个反向连接的续流二极管。由于500型指针式万用表10kΩ电阻档黑、红表笔间的直流电压约为11V，此电压可作为IGBT的栅极驱动电源（IGBT栅极驱动电压正偏压范围为9~17V）。因此，可用500型指针式万用表检测，即检测时可用10kΩ电阻档测量，拿表笔（红、黑）去触发逆变管的G、E，可使C、E导通。当G、E短路时，C、E关断。续

流二极管用指针或数字式万用表都可以检测。注意：逆变管 IGBT 对于静电非常脆弱，在检测或更换过程中，避免用手去触摸栅极，以免身上的高压静电击穿 G、E 之间的氧化膜而损坏。

② 驱动电路检测。驱动电路为逆变管栅极提供驱动电压 U_{GE},。对于 IGBT 来说，栅极、发射极的极限值为±20V，应用中，正偏压 $U_{GE}=13.5\sim16.5V$，负偏压 $U_{GE}=-10\sim-5V$，允许波动率小于 10%。如果 U_{GE}间的电压超过±20V，则 IGBT 沟道内介质被击穿而损坏。检测时为避免驱动电路异常而再次损坏 IGBT，应把熔断器撤掉，采用一个几百欧的电阻（或 100W 以下白炽灯泡）串在主电路上作假负载；假负载起限流作用，当驱动电路有异常时也不会再损坏 IGBT。这样，就可以用示波器（30MHz 以上）观察驱动电压波形是否有异常。如驱动电路中的光耦失效、电解电容老化等原因，都会使驱动电路异常。损坏的小容量电解电容器、光耦等半导体元器件，用同规格型号代换；主电路整流二极管、逆变管最好采用原厂同规格型号代换，也可用额定电流、电压值相同的其他品牌型号代换。

小结：变频器一旦出现过电流故障，不要轻易再起动。首先要检测主电路晶体管（整流二极管和逆变管）是否完好。在保证晶体管完好的基础上，再检测驱动电压是否异常。在晶体管和驱动电压均正常的情况下再起动变频器。这样既可避免因晶体管故障再次引起其他晶体管损坏、驱动电压异常，也可避免因驱动电压异常而再次损坏晶体管。

7.2　森兰变频器维修实例

实例 1　一台半闭环数控车床（广州 GSK928TC 系统，森兰 SB60G 系列变频器）。

故障现象：操作工在加工工件过程中变频电动机制动时系统显示急停报警。

故障检修过程：首先系统复位，检查变频器（型号为森兰 SB60G）参数设置没有问题，把参数初始化后试车，系统还是显示急停报警。检查操作工程序，变频电动机在制动前转速由 1000r/min 降到 600r/min，改为降到 300r/min，操作工试了 10 件又出现了报警。显然问题没有解决，检查制动电阻很热，测制动电阻阻值和接地值都正常，制动电阻上没有灰尘和油泥，接着打开制动电阻接线柱，发现有一个接线柱松动，紧固接线，试车后系统还是显示急停报警，怀疑是变频器自身故障，换一台备用同型号变频器试车，加工完多个工件后变频器不再显示报警。把换下的变频器打开，在散热风扇和散热片上有很多灰尘，把灰尘清理干净，同时把线路板上的灰尘清理干净，在另一台同型号车床上使用时发现没有报警，说明报警是由变频器散热风扇和散热片灰尘过多引起的，清理干净灰尘后变频器就恢复了正常。

实例2 一台半闭环数控车床（广州 GSK928TC 系统，森兰 SB60G 系列变频器）。

故障现象：操作工加工完一件工件后变频电动机制动时变频器放炮，把变频器外壳崩开。

故障检修过程：发生故障后对这台车床进行了检修，首先断开车床电源，用万用表测变频器的输入端和输出端，测量结果显示输入端和输出端都接地，于是把输出端的电动机线和输入端的电源线从变频器的端子上摘下，分别测变频电动机的电动机线和电源线的绝缘情况，测量结果显示电动机和输入电源都不接地，然后用万用表测变频器的输入端和输出端还是接地，判定这台变频器已坏，送到总厂设备科检修，从总厂设备科拿了一台同型号变频器（变频器型号为 SB60G）换到这台车床上，按着车床电气图进行接线，接着用万用表测新装变频器的输入端和输出端对地测量绝缘还是接地，经过分析认为变频器线路可能还有问题没有找到，于是把变频器的所有接线都摘下，全部用万用表测绝缘情况，测量结果发现制动电阻绝缘值只有 40Ω，其他接线绝缘正常。于是把制动电阻摘下，检查发现制动电阻左引出端卡子内侧有油泥而且左引出端卡子有电弧烧灼痕迹（这种车床制动电阻固定在车床配电箱上端），由此可以看出由于制动电阻有油泥接地导致变频器放炮损坏。把该引出端铁片打开，用酒精清洗，用电工刀把烧灼处刮干净，引出端铁片中间垫上青壳纸，重新测量制动电阻绝缘正常了，装到车床上并用从总厂设备科拿的变频器接线试车正常。检查发现该车床与分厂滚齿机和插齿机距离很近，滚齿机和插齿机干活产生的少量油烟附着在电阻上，制动电阻内侧有油泥不易发现，油泥累积造成引出端接地引起变频器故障。由此可以看出变频器和它的配套线路必须工作在良好的环境，如果变频器外围线路有故障也可能引起变频器发生故障。于是在滚齿机和插齿机上方加装了一台 600W 换气扇，及时把油烟抽走，另外就是经常检查测试杜绝类似问题的发生。

实例3 一台半闭环数控车床（广州 GSK928TC 系统，森兰 SB60G 系列变频器）。

故障现象：操作工加工完一件工件后变频电动机制动时变频器放炮。

故障检修过程：首先断电，用万用表测变频器的输入端和输出端，测量结果显示输入端和输出端都接地，于是把输出端的电动机线和输入端的电源线从变频器的端子上摘下，分别再用绝缘电阻表测变频电动机的电动机线和电源线的绝缘情况，测量结果显示电动机和输入电源都不接地，说明变频器已坏。首先查找故障原因，首先测制动电阻阻值正常且不接地，接着检查变频器线路，首先测速度给定信号线良好，接着检查报警输出信号线正常，测变频器输入电压正常。为保险起见在换上备用变频器后先不接输出线（只接输入线和控制线），制动电阻线也不接，给电测试，系统给主轴正转信号，配电箱内KA1继电器应吸合，观察发现KA1指示灯不亮，但是主轴运转闪光灯亮（主轴运转闪光灯通过KA1常开触点吸合形成回路），说明KA1已经吸合。另外变频器另一个多功能端子X1也是通过KA1吸合与GND线形成回路。在主轴正转时测这个常开触点不通，更换一个备用同型号继电器后，用万用表测X1与GND通，断电后接上输出端（变频电动机线），接上制动电阻，系统给电首先低速运转正常，然后试车高速也正常，让车工试车加工正常。

实例4 一台半闭环数控车床（广州GSK928TC系统，森兰SB60G系列变频器）。

故障现象：操作工在加工工件过程中经常出现急停报警。

故障检修过程：检查变频器参数设置都正常，检查变频电动机线圈正常和线路电压正常，检测制动电阻有一端接线松动，紧固接线试车还是出现急停报警。断电摘下变频器检查，发现变频器散热通道内有很多尘土，用气枪吹净灰尘，变频器接线试车，运行变频器不再显示报警，恢复正常，故障排除。

小结：此故障是由于变频器散热通道进入了灰尘从而堵塞了散热通道，变频器保护产生急停报警，很多电器组件产生故障都与环境有很大关系，所以在有灰尘和油气环境中要定期对相关的电器件进行维护保养，以减少故障。

实例5 一台半闭环数控车床（广州GSK928TC系统，森兰SB60G系列变频器）。

故障现象：操作工在加工工件过程中经常出现急停报警。

故障检修过程：检查变频器参数设置都正常，检查线路也正常。手动方式起动变频电动机系统不显示报警，让操作工试车系统还是显示急停报警。检查操作工加工程序，发现操作工主轴速度设定为1800，而这种变频电动机最高设定速度是1550，显然超过设定速度，把程序速度设在变频电动机最高速以内，车工试车，变频器恢复正常。

实例6 一台半闭环数控车床（广州GSK928TC系统，森兰SB60G系列变频器）。

故障现象：操作工在加工工件时发现配电箱冒烟，及时断开电源。

故障检修过程：首先打开配电箱检查，一股热气迎面而来，这台机床用变频电动机实现无级调速，配电箱内有变频器和制动电阻，配电箱内冒烟的正是制动电阻，制动电阻热的配电箱周围都烫手，用万用表测制动电阻阻值正常，测变频器和变频电动机也正常，制动电阻为什么冒烟呢？这台车床是一台精孔车床，一分钟要加工6、7件产品，变频电动机相应地要起动6、7次，制动电阻要产生大量的热量，如果通风不良制动电阻很快就会过热以致冒烟，发现不及时可能就会导致制动电阻损坏甚至变频器损坏，当时正是秋季，我们认为天气已凉就把配电箱内冷却用的轴流风扇关了，导致制动电阻很快就会过热以致冒烟，等制动电阻温度降下来后，合上机床电源，系统给电把配电箱内冷却用的轴流风扇开关合上，轴流风扇开始运转，操作工开始加工工件，我们接着观察了两个小时，机床恢复了正常。

小结：在采取一些措施时，要根据实际情况做具体安排，在秋冬季节，有大量热量产生的机床轴流风扇要继续使用，以免机床内一些配件过热造成故障。

实例 7 一台数控车床（广州 GSK928TE 系统，森兰 SB60G 变频器）。

故障现象：主轴在低速加工中出现堵转现象，主轴转动时，输入同样转速指令，这台车床与同型号机床相比，转速偏低。

故障检修过程：首先检查变频器参数设置正常，尝试修改参数，发现机床系统面板按键不起作用，修机床按键板，试修改参数，试车又出现相同故障，准备换一台变频器试试，在拆线过程中发现电源输入端子 R、S、T 三相中 T 相压线端子松动，拆下变频器焊接 T 相端子，重新接线，试车加工工件，不再出现主轴堵转现象，故障排除。

实例 8 一台数控车床（广州 GSK928TC 系统，变频器为森兰 SB60G 系列）。

故障现象：主轴在运转过程中变频器放炮。

故障检修过程：断电，测变频器模块已损坏，测量制动电阻绝缘值低，摘下清洗绝缘片，安装后测制动电阻绝缘值正常，测量变频电动机阻值、绝缘值正常，用手盘动电动机轻重适中。因手头无相同型号变频器，用力士乐变频器替代，安装接线后变频器输入参数，试车，一起动就会出现过电流报警，再试还是出现过电流报警，还出现了主轴断路器跳闸，在配电箱测量变频电动机绝缘值低，在电动机接线盒处摘下电动机外接线，测电动机绝缘正常，由此可以推断电动机动力线有接地可能，逐一测电动机动力线，发现有一相绝缘值低，逐段检查发现在配电箱出口处由于蛇皮管脱落时间长造成蛇皮管磨破电动机动力线，更换电动机破损动力线，把蛇皮管重新接好，测量绝缘正常，试车，变频电动机运转正常，机床修复。

小结：有的故障点不止一处，要综合分析处理才能解决问题，排除故障。

7.3 博世力士乐变频器维修实例

实例 一台数控车床（主轴变频器为博世力士乐变频器控制）。

故障现象：机床输入主轴转速按下起动键后，主轴没有起动，变频器显示 00，没有报警信号。

故障检修过程：此机床采用正嘉 HZK-601 半闭环数控系统，观察机床输入主轴转速按下起动键后变频器没有频率变化，断电拆下变频器前端盖，只插上显示板（主要为了测量变频器端子），系统上电，重新输入主轴转速指令（先不按下主轴起动键，因为在数控系统直接变换输入主轴转速指令就可以在变频器速度指令端子测到电压变化），用万用表测量 VRC 和 GND 之间直流电压变化，变换输入不同转速指令，VRC 和 GND 之间直流电压做相应变化，说明数控系统输出速度指令电压正常。接着检查变频器参数正常没有丢失，检查数控系统参数也正常。把变频器改为数字电位器控制模式：即把基本功能组参数 b00 和 b02 均设为 0 然后按下 RUN 键，主轴仍然不起动，变频器依然显示 00，没有报警信号，判定变频器内部存在故障，换备用变频器，接线后设定参数，试车，主轴转动正常，变频器显示频率变化，机床上原变频器已坏，重新维修后正常。

7.4 北京超同步变频器维修实例

实例 1 一台 XK715D 铣床（FANUC0i-mate-C 系统，北京超同步 GA 系列变频器）。

故障现象：机床加装斗笠式刀库后，加工过程中出现主轴定位角度偏移。

故障检修过程：首先询问 FANUC 系统厂家，根据系统主轴定位角度参数应该是 4077#参数，首先记下参数现值（这样做的好处是如果修改此参数不成功，可以恢复机床原数据不至于造成其他故障），试着修改 4077#参数值，断电重启后主轴定位角度不变，判断设定错误，查找机床说明书，此机床主轴电动机和变频器采用北京超同步公司产品，查找北京超同步变频器说明书，查找到设置主轴定位参数是 Cn04 和 Cn05，Cn04 是主轴正向准停偏置，Cn05 是主轴反向准停偏置；进入变频器参数设置的步骤：按菜单键进入，U01 按上升键变为 U03，按菜单键出现 HP----，按 ENTER 键显示 H0000，输入密码 0604，输入后出现 Sn，按上下键至 C00，再按上下键，找到 C04 和 C05，试着修改 C04 和 C05 数值，主轴定位角度按照步骤设定变频器，断电再试，定位角度开始变化，逐步测试直到主轴定位角度符合要求，故障排除。

实例 2 一台 XK715D 铣床［FANUC0i-Mate-C 系统，北科（厂家后改名超同步）GA 系列变频器］。

故障现象：主轴输入转速后（高于 200r/min 以上），主轴转不起来，屏幕上不出现报警。

故障检修过程：此机床主轴采用超同步变频电动机和变频器控制，打开配电箱观察，变频器显示输入转速频率，断电测量变频电动机阻值和绝缘值都正常，询问厂家技术人员告知，北科变频电动机早期采用磁编码器，由于有磨损，会出现故障，现已改进更换为光电编码器，联系厂家将变频电动机更换为光电编码器，安装接线，试车，故障排除。

7.5 西门子变频器维修实例

实例1 一台加压站恒压供水设备（西门子6SE7036变频器）。

故障现象：开机过一段时间后出现“F023”（逆变器超出极限温度）。

故障检修过程：经过检查线路，发现风扇熔丝损坏，导致温度过高而跳闸，更换风扇熔丝恢复正常。

实例2 一台加压站恒压供水设备（西门子6SE7036变频器）。

故障现象：变频器PMU面板液晶显示屏上显示字母“E”，变频器不能正常工作，按P键及重新停送电均无效。

故障检修过程：查相关的操作手册无相关的介绍，检查线路，在检查外接DC 24V电源时，发现电压较低，解决后变频器恢复正常。

实例3 一台加压站恒压供水设备（西门子MM3变频器）。

故障现象：在使用过程中经常“无故”停机，再次开机时可能又是正常的。

故障检修过程：经检查、观察，发现通电后主接触器吸合不正常，有时会掉电、乱跳。查故障原因，发现是由开关电源接触器线圈的一路电源的滤波电容器漏电，造成电压偏低，更换漏电的电容器，设备恢复正常。

实例4 一台加压站恒压供水设备（西门子MM3变频器）。

故障现象：变频器所控制的三台电动机存在频繁起动、切换的现象。

故障检修过程：检查线路和参数设置，发现故障原因是加、减泵时间，加、减泵频率设置不当。设置参数时应仔细分析工况，使之在水量、压力的临界点上合理设置，即可避免上述情况。

实例5 一台260kW工频泵改为变频器控制后（采用西门子6SE7036变频器）。

故障现象：改造完成后，试运行时造成工频运行时的流量、水位、电量、水泵开关量都不正常的现象。

故障检修过程：经过检查分析，前三者的不正常是因为变频器的谐波干扰所致，解决办法是这些信号线都采用屏蔽线，且屏蔽层与控制板的控制地相连接。开关量不正常是因为原来信号取自接触器电压线圈，而变频时原工频继电器不能工作，先改取接触器辅助触点后恢复正常。

实例6 一台西门子6SE48系列变频器。

故障现象：西门子变频器显示“power supply failure”故障信息。

故障检修过程：变频器显示“power supply failure”故障信息的原因一般是变频器的直流控制电压的供电电源出现故障。具体原因有以下几种可能：

① 电源板故障，即电源和信号检测板有问题，这又分为两种情况。一种情况是直流电压超过限制值。正常所供给的直流电压有一定的上、下限，如 P24V 不能低于+18V，P15V 为+15V，N15V 为-15V，三者的绝对值均不能低于 13V，否则电子线路板会因无合适的直流电压而不能正常工作。这块电源板上有整流滤波等大功率环节，因此使用时间长了以后，它容易产生过热而损坏。另一种情况是开关电源的故障。针对该故障，首先用替换法检测信号检测板，若故障依旧，再检查电源板的各点电压，若电压异常，则用替换法检查电源板。

② 电容器的容量发生变化。变频器经过一段时间的运行后，其 3300μF 的电容有一定程度的老化，电容里的液体泄漏，导致变频器的储能有限。一般运行 5~8 年后才开始出现此类问题，这时需要对电容进行检测。当发现电容容量降低后，必须进行更换。在电容的更换过程中，也容易出现两个问题：一是电容和电源板的间隙较近，中间有安装孔，电容较易通过安装孔对电源板放电而引起故障；二是电容的安装螺钉容易起毛刺，如果安装不牢固，也容易造成电容放电，使变频器不能正常开机。

实例 7　一台西门子 6SE48 系列变频器。

故障现象：西门子变频器显示“inverter u”或“inverter v 或 w”故障信息。

故障检修过程：显示该故障信息，一般为该逆变模块中的一个开关管的峰值电流 I_M 大于 3 倍的额定电流，或者逆变模块的一相驱动电路有故障。这种故障发生后，既可能造成变频器的输出端短路，也可能因不正确的设定，导致电动机振动明显。检修一般分为两种情况。

1）驱动板故障。驱动板包括一个分辨率可达 0.001Hz，最大频率为 500Hz 的数字频率发生器和一个生成三相正弦波系统的脉宽调制器，这个脉宽调制器在恒定脉冲频率 8kHz 下异步运行。它产生的电压脉冲交替地导通和关断同一桥臂的两个开关功率器件。若驱动板发生故障，就不能正常地产生电压脉冲。针对此故障，可用替换法检查驱动板是否正常。

2）逆变模块故障。西门子变频器采用的逆变器是 IGBT。IGBT 的控制特点是输入阻抗高，栅极电流很小，因此其驱动功率小，只能工作在开关状态，不能工作在放大状态。它的开关频率可达到很高，但抗静电性能较差。IGBT 是否出现故障，可以用万用表的电阻档进行测量判断。具体的测量步骤如下：

① 断开变频器的电源。

② 断开所控制的电动机接线。

③ 用万用表测量输出端和 DC 连接端 A、D 的电阻值。通过改变万用表的极性测量两次，若变频器的 IGBT 完好，则应是：从 U2 到 A 为低阻值，反之为高阻值；当 IGBT 短路时，两次测量为低阻值。

实例 8　一台西门子 6SE70 系列变频器。

故障现象：西门子 6SE70 系列变频器屏幕上无显示。

故障检修过程：结合西门子 6SE70 系列变频器 X9 和继电器 K4 的相关电路，检查与继电器 K4 线圈并联的续流二极管 VD20，与 K4 线圈串接的二极管 VD16 击穿短路，进一步检测发现 N7 集成电路 L7824 损坏，N4 集成电路 UC3844CN 的 1 脚对地电阻为 500Ω（正常值应为 15kΩ）。更换同型号的二极管、N4 集成电路 UC3844CN、N7 集成电路 L7824 后，再根据 N4 集成电路 UC3844CN 各引脚的电压数据、N7 集成电路 L7824 各引脚的电压数据，测得 N4、N7 各引脚的电压均正常。恢复接线，变频器上电运行正常。

N4 集成电路 UC3844CN 各引脚的电压数据见表 7-4，N7 集成电路 L7824 各引脚的电压数据见表 7-5。

表 7-4　N4 集成电路 UC3844CN 各引脚的电压数据

引脚	1	2	3	4	5	6	7	8
电压/V	1.7	2.48	0	1.83	0	1.8	16	4.97

表 7-5　N7 集成电路 L7824 各引脚的电压数据

引脚	1	2	3
电压	27.5	0	23.5

实例 9　一台西门子 6SE48 系列变频器。

故障现象：6SE48 系列西门子变频器显示“pre-charging”故障信息。

故障检修过程：显示该故障信息的原因是变频器上电起动后，直流电压充电有一个时间上的监控，在此期间若发生不允许的情况，则预充电停止。出现这种故障时，应检修预充电元件 U1，测量预充电电阻阻值，并检查控制预充电的继电器是否能正常吸合。检修分为四种情况：

1）检查直流线部分是否短路。将电源隔离，测量 A 和 D 之间的电阻值，因有续流二极管的并入，所以需要注意万用表的极性。如果发生短路，将电容断开后，再测量 A 和 D 之间的电阻值，看是直流部分短路，还是变频器的某相故障。

2）检查整流桥 U1。将器件断开电源，手动接通交流接触器 K1，再在电源端测量 U1、V1、W1 对 A 和 D 之间的电阻值，即测量整流桥的二极管是否正常。

3）检查能耗制动。断开负载电阻检查能耗制动是否正常。

4）检查开关电源的变压器。检查变压器是否短路。

实例 10　一台西门子 6SE48 系列变频器。

故障现象：6SE48 系列西门子变频器显示能耗制动过载故障信息。

故障检修过程：显示该故障信息表示能耗制动过载，其产生的原因有再生制动电压过高，制动功率过高和振动时间过短。能耗制动器是一个附加元件。通常当负载是大惯性或位能负载时，设置有能耗制动单元，它的作用主要是在电源的开启、关断状态或加载状态时，动态地限制D、A线上的过电压。该变频器的能耗制动电阻器选用了7.5Ω/30kW的电阻。若变频器在使用多年后，由于起停次数较多，造成电阻器发热，则其阻值可能有所下降。针对此故障，检查发现变频器的能耗制动电阻器的阻值约为7.1Ω，判断为能耗制动电阻减小而导致上述故障，进而使变频器不能正常开机。改为同功率的阻值约为8Ω的电阻，变频器上电运行正常。当逆变器的IGBT部分有故障时，会造成再生反馈电流过大，进而会导致能耗制动电阻器过载故障。

实例11 一台西门子6SE70系列变频器。

故障现象：一台西门子6SE70系列变频器显示“F011”故障信息，并跳停，且变频器有焦煳味。

故障检修过程：测量发现N2第20脚的输出电压只有5.1V，1脚的输出电压为16.5V，再检查发现N2第9脚接的1kΩ电阻烧坏，N5第1脚接的100kΩ电阻变为20MΩ，3脚外接的10Ω电阻变为2MΩ，触发板A22第3脚和第4脚接的4.7kΩ电阻烧坏。更换损坏电阻后，变频器上电，N2各引脚的电压正常；恢复接线后，变频器上电运行正常。

实例12 一台西门子变频器。

故障现象：一台西门子变频器的PMU显示屏无显示。

故障检修过程：初步判断该故障为变频器开关电源故障。此变频器的开关电源采用的脉宽调制集成电路为UC2844。首先将电源板取出，与IGBT分离，以避免因电源故障造成IGBT损坏，再找到电源板输入DC560V的正、负极，上电后测量发现UC2844的脉冲输出端有断续脉冲，UC2844起振后的补充供电依靠的是变压器的一组电压反馈，以维持UC2844正常、持续的脉冲输出。测量发现开关管的集电极有一个与脉冲与驱动脉冲互为反相，证明开关管是好的。因此故障原因有可能是二次侧负载短路或反馈绕组至UC2844电源端的一路不正常。检查负载后发现有一个整流管短路，更换整流管后，变频器上电运行正常。

实例13 一台西门子6SE70系列变频器。

故障现象：一台西门子6SE70系列变频器有时工作正常，有时停机报警，PMU显示屏显示“F023”故障信息。

故障检修过程：变频器显示“F023”故障信息表示逆变器的温度超过极限温度。检查发现变频器周围的温度不高，冷却风机运转正常，也没有过载现象。首先拆下温度传感器，用万用表测量其两端的电压降，发现两个方向的电压都是0.86V左右，电压正常；为了证实温度传感器的好坏，把它装到另外一台变频器上，工作正常，判断问题出在信号处理回路中。检查所关联的回路，发现所有贴片电阻R_1、R_2、R_3的阻值都正常。再从另外一台变频器上换过一块CPU板，变频器上电运行后也没发现问题。试着把电容 C_1 换掉，发现变频器上显示正常，变频器带载运行也正常。

7.6 富士变频器维修实例

实例 1 一台富士 FVR075G7S-4EX 变频器。

故障现象：一台富士 FVR075G7S-4EX 变频器显示“OC.”过电流报警信息，并跳停。

故障检修过程：首先要排除由于参数问题而导致的故障。例如，电流限制、加速时间过短都有可能导致过电流的产生。然后判断电流检测电路是否出了问题。“OC.”过电流包括变频器加速中的过电流、减速中过电流和恒速中过电流。此故障产生的原因主要有以下几种：

1）对于短时间大电流的“OC.”故障信息，一般情况下是由于驱动板的电流检测回路出了问题。检测电流的霍尔传感器由于受温度、湿度等环境因素的影响，其工作点很容易发生漂移，从而导致显示“OC.”故障信息。若复位后继续出现故障，则产生的原因有电动机电缆过长、电缆输出漏电流过大、输出电缆接头松动和电缆短路。

2）送电显示过电流和起动显示过电流的情况是不一样的。送电显示过电流表示霍尔检测元件损坏了。简单的判断方法是将霍尔元件与检测回路分离，若送电后不再有过电流报警则说明霍尔元件损坏。另外，当电源板损坏时，也会导致一送电就显示过电流。起动显示过电流，对于采用 IPM 的变频器而言表示模块坏了，更换新的模块即可解决问题。

3）小容量（7.5G11 以下）变频器的 24V 风扇电源短路时也会显示“OC3”故障信息，此时主板上的 24V 风扇电源会损坏，主板的其他功能正常。若一上电就显示“OC3”故障信息，则可能是主板出了问题。若一按 RUN 键就显示“OC3”故障信息，则是驱动板坏了。

4）在加速过程中出现过电流现象是最常见的，其原因是加速时间太短。依据不同负载情况，相应地调整加、减速时间，就能消除此故障。

5）大功率晶体管的损坏也能显示“OC.”故障信息。造成大功率晶体管模块损坏的主要原因有：输出负载发生短路；负载过大，大电流持续出现；负载波动很大，导致浪涌电流过大。

6）大功率晶体管的驱动电路的损坏也是导致过电流报警的一个原因。富士 G7S、G9S 分别使用了 PC922、PC923 两种光耦作为驱动电路的核心部分，它们内置放大电路，线路设计简单。驱动电路损坏表现出来最常见的现象就是断相，或三相输出电压不平衡。

FVR075G7S-4EX在不接电动机运行时面板有电流显示，这时就要测试三个霍尔传感器。为确定哪一相传感器损坏，可每拆一相传感器时开一次机看是否有电流显示，以确定有故障的霍尔传感器。

实例2 一台富士变频器。

故障现象：一台富士变频器在频率调到15Hz以上时，显示“LU”欠电压故障信息，并跳停。

故障检修过程：变频器的欠电压故障是在使用中经常碰到的问题，主要是因为主电路电压太低（220V系列低于200V，380V系列低于400V）。其产生的主要应用有：整流模块某一路损坏或晶体管三路中有工作不正常的；当主电路接触器损坏，导致直流母线电压损耗在充电电阻上面时，也有可能欠电压，当电压检测电路发生故障时，也会出现欠电压问题。

首先可以检查一下输入侧电压是否有问题，然后检查电压检测电路。从整流部分向变频器输入端检查，发现电源输入端断相；由于电压表从另外两相取信号，电压表指示正常，所以没有及时发现变频器输入侧的电源断相。当输入端断相后，变频器整流输出电压下降，在低频区，因充电电容的作用还可调频，但当频率调至一定值后，整流电压下降较快，造成变频器“LU”跳闸。排除变频器输入电源侧断相故障后，变频器上电正常运行。

如果变频器经常出现“LU”欠电压报警，则可以考虑将变频器的参数初始化（H03设成1后确认），然后提高变频器的载波频率（参数F26）。若变频器出现“LU”欠电压报警且不能复位，则是电源驱动板出现了故障。

在同一电源系统的情况下，如果遇到有大的起动电流负载存在时，若电源容量一定，则电流突然间变大，而电压必然下跌，从而造成欠电压报警。其解决办法只能是增大电源容量。还有一种情况就是变频器主电源失电，但变频器的运行命令仍在，这样也会造成欠电压报警，这种情况下不是由变频器故障或电源容量不够造成的，而是由操作不当造成的。

实例3 一台富士FRN160P7-4型容量为160kW的变频器。

故障现象：变频器380V交流电输入端由低压配电所一支路馈出，经刀熔开关后由电缆供出至变频器。在运行中，变频器突然发生跳闸。

故障检修过程：检查发现变频器外围部分的输入、输出电缆及电动机均正常，变频器所配快速熔断器未断。变频器内的快速熔断器完好，说明其逆变回路无短路故障，猜测可能是变频器内进了金属异物。

首先拆下变频器，发现L1交流输入端整流模块上的3个铜母排之间有明显的短路放电痕迹，整流管阻容保护电阻的一个线头被打断，而其他部分的外观无异常。再检查L1输入端的4个整流管均完好。然后将阻容保护电阻端的控制线重新焊好。接着用万用表检查变频器主电路输入、输出端，正常；试验主控板也正常；内部控制线的连接良好。

接下来将电动机电缆拆除，空试变频器，调节电位器，发现频率可以调至设定值 50Hz。重新接好电动机电缆。当电动机起动后调节频率的同时，测量直流输出电压，发现当频率上升时直流电压由 513V 降至 440V，使欠电压保护动作。在送电后，发现变频器的冷却风扇工作异常，接触器 K73 的触点未闭合（正常情况下，K73 的触点应闭合，应保证给充电电容提供足够的充电电流）。

最后用万用表测量配电室的刀熔开关熔断器，发现其一相已熔断，但红色指示器未弹出。更换后重新上电，一切正常。变频器内部控制电路的电压由控制变压器二次侧提供。其一次电压取自 L1、L3 两相，当 L1 断相后，会造成接在二次侧的接触器和风扇欠电压，同时还会使整流模块输出电压降低，特别是当频率调升至一定程度时，随着负载的增大，电容器两端的电压下降较快，从而形成欠电压保护而跳闸。

实例 4　一台富士 FRN11P11S-4CX 变频器。

故障现象：一台富士 FRN11P11S-4CX 变频器在清扫后起动时，显示“OH2”故障信息，并跳停。

故障检修过程：变频器显示“OH2”故障信息表示为变频器外部故障。检查发现“66THR”与“CM”之间的短接片松动，并在清扫时掉下。恢复短接片后，变频器上电运行正常。变频器出厂时连接外部故障信号的端子“THR”和“CM”之间应用短接片短接。因为这台变频器没有加装外保护，所以“THR”和“CM”端仍应短接。

实例 5　一台富士 FRN11G11-4CX 变频器拖动一台 YL32S-6-7.5kW 电动机。

故障现象：一台富士 FRN11G11-4CX 变频器拖动一台 YL32S-6-7.5kW 电动机，投入运行后，跳停频繁，显示“OLU”故障信息。

故障检修过程：现场检查机械部分盘车轻松，无堵转现象；参考其使用说明书，检查变频器的参数，经检查，偏置频率原设定为 3Hz 的低频运行指令而无法起动。经测定，该电动机的堵转电流达到 50A，约为电动机额定电流的 3 倍，则变频器过载保护动作。修改变频器的参数后，将“偏置频率”恢复成出厂值，即修改偏置频率为 0Hz，再给变频器上电，则电动机起动，运行正常。

实例 6　一台富士变频器。

故障现象：一台富士变频器在减速过程中显示过电流故障信息，并跳停。

故障检修过程：首先静态测量，初步判断逆变模块正常，整流模块损坏。整流器损坏通常是由于直流负载过载、短路和元器件老化引起的。再测量 P、N 之间的反向电阻值（红表笔接 P，黑表笔接 N）为 150Ω（正常值应大于几十千欧），说明直流负载有过载现象。因已判断逆变模块正常，所以再检查滤波大电容、均压电阻也正常。检查发现制动开关元器件损坏（短路），拆下制动开关元器件后，检测 P、N 间的电阻值正常。因此判断制动开关元器件的损坏可能是变频器的减速时间设定过短，制动过程中产生较大的制动电流而造成的，而整流模块会因长期处于过载状况下工作而损坏。更换制动开关元器件和整流模块，重新设定变频器的减速时间后，变频器上电运行正常。

7.7　安川变频器维修实例

实例 1　一台安川 616P5 变频器。

故障现象：一台安川 616P5 变频器，在线停机 4 个多月后恢复运行，发现在开机后的整个运行过程中，显示输出频率仪表的数值不变化。

故障检修过程：该变频器能运行在 50Hz 的工频下且输出 380V 的电压，表明功率模块输出正常，控制电路失常。616P5 是通用型变频器，它的控制电路的核心元件是一块内含 CPU 的产生脉宽调制信号的专用大规模集成电路 L7300526A。该变频器通常处在远程传输控制中，从控制端子接受 4~20mA 的电流信号。根据通用变频器的工作原理，则该频率设定不可调的故障现象可能是由两个单元电路引起的：A-D 转换器；PWM 的调制信号。

为检测 A-D 转换电路，可采用排斥法，即首先卸掉控制端子的相关电缆，改用键盘输入频率设定值，结果显示故障现象依旧。

再采用比较法检测，即用 MODEL100 信号发生器分别从控制端子 FI-FC、FV-FC 输入 4~20mA，0~10V 模拟信号，结果显示故障现象依旧。从键盘输入的参数是通过编码扫描程序进入 CPU 系统的，通过排斥法和比较法的检测，可以确认 A-D 转换电路正常。下面先了解一下芯片 L7300526A。芯片 L7300526A 采用数字双边沿调制载波方式产生脉宽调制信号，再由该信号起动由晶体管功率模块构成的三相逆变器。载波频率等于输出频率和载波频率的乘积。对于载波倍数的每个值，芯片内部的译码器都保存一组相应的 δ 值（δ 值是一个可调的时间间隔量，用于调制脉冲边沿）。每个 δ 值都是以数字形式存储的，与它相应的脉冲调制宽度由对应数值的计数速率所确定。译码器根据载波频率和 δ 值调制，最终得出控制信号。译码器总共产生 3 个控制信号，每个输出级分配 1 个，它们彼此相差 120°相位角。616P5 的载波参数 n050 设定的载波变化区间分别是［1、2、4~6］、［8］、［7~9］。［1、2、4~6］载波频率=设定值×2.5kHz（固定）。输出频率=载波频率/载波倍数。根据 616P5 的载波参数 n050 的含义，重新核查载波设定值，结果发现显示输出的是一个非有效值“10”且不可调（616P5 载波变化区间的有效值为 1~9），由此可知输出频率仪表数值不变化的故障显然与载波倍数的 δ 有关。

载波在一个周期内有 9 个脉冲，它的两个边沿都用一个可调的时间间隔量 δ

加以调制且使 $\delta\propto\sin\theta$（θ 为未被调制时载波脉冲边沿所处的时间，称为相位角）。当 $\sin\theta$ 为正值时，该处的脉冲变宽；当 $\sin\theta$ 为负值时，该处的脉冲变窄。输出的三相脉冲边沿及周期性显然为 $\delta\propto\sin\theta$ 所调制。变频器若在基频下运行，载波调制的脉冲个数必然要足够得多。在一个周期内载波脉冲的个数越多，线电压平均值的波形越接近正弦。

综上所述，载波调制功能的正常与否直接影响功率晶体管开关频率的变化，从而影响输出电压（频率）的变化。该故障的根本原因是 L7300526A 的 CPU 系统内部的译码器 δ 调制程序异常。电磁干扰等因素都有可能造成 CPU 异常。更换 ETC615162-S3013 主控板后，变频器上电运行正常。

实例 2　安川 616C5（616P5）变频器。

故障现象：变频器有时会显示“OH1”故障信息，并跳停，导致变频器不能正常运行。

故障检修过程：首先检查变频器的散热风扇是否运转正常，再检查风扇及变频器的温度、电流传感器均正常（对于 30kW 以上的变频器而言，在变频器内部有一个散热风扇，此风扇的损坏也会导致“OH1”报警）。再检查发现位于变频器里面（模块上头）的一个三线（带有检测线）风扇损坏。更换三线风扇后，变频器上电运行正常。

实例 3　一台安川变频器。

故障现象：安川变频器显示“SC”故障。

故障检修过程：“SC”故障是安川变频器较常见的故障。IGBT 模块损坏是导致“SC”故障报警的原因之一。IGBT 模块损坏的原因有多种，首先是外部负载发生故障而导致损坏，如负载发生短路、堵转等；其次，驱动电路老化也有可能导致驱动波形失真或驱动电压波动太大而导致 IGBT 模块损坏，从而导致“SC”故障报警。此外，电动机抖动，三相电流、电压不平衡，有频率显示却无电压输出，这些现象都有可能使 IGBT 模块损坏。

判断 IGBT 模块是否损坏，最直接的方法是采用替换法。替换新 IGBT 模块后，应对驱动电路进行检查，这是因为驱动电路的损坏也容易导致“SC”故障报警。安川变频器在驱动电路的设计上，上桥使用了驱动光耦 PC923（这是专用于 IGBT 模块的带有放大电路的一款光耦），下桥的驱动电路则采用了光耦 PC929（这是一款内部带有放大电路及检测电路的光耦）。

7.8　英威腾变频器维修实例

实例 1　一台英威腾 INVT-G9-004T4 变频器。

故障现象：英威腾 INVT-G9-004T4 变频器上电后显示面板显示 H.00，面板

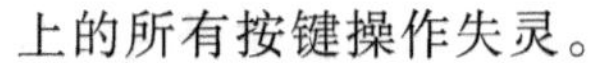

上的所有按键操作失灵。

故障检修过程：英威腾G9/P9变频器设置的保护特点是，上电检测功率逆变输出部分有故障时，即使未接收起/停信号，出现SC输出端短路故障信息，所有操作均被拒绝；上电检测到由电流检测电路来的过电流信号时，显示H.00，此时所有操作仍被拒绝；上电检测到有热报警信号时，其他大部分操作可进行，但起动操作被拒绝，CPU判断输出模块仍在高温升状态下，等待其恢复常温后，才允许起动运行。而对于模块短路故障和过电流性故障，为保障运行安全，所有操作都将被拒绝。但此保护性措施常被认为是程序进入了死循环，或是CPU外围电路出现了故障，如复位电路、晶振电路异常等。静态检查变频器的逆变功率模块，发现其损坏，再检查驱动电路，无异常。更换功率模块后，变频器上电运行正常。

实例2　一台英威腾P9/G9-55kW变频器。

故障现象：一台英威腾P9/G9-55kW变频器上电无显示。

故障检修过程：静态检查输入整流模块与输出逆变模块，它们均无损坏，再检查开关电源，发现其无输出，而且开关管3844B损坏，开关电源输入端的铜箔条及开关管漏极回路的铜箔条都已经与基板脱离，由此说明此回路承受了大电流冲击。

更换开关管与3844B后，给开关电源先输入220V直流电源，不起振，检查开关电源输出回路，无短路现象；再给开关电源先输入500V直流电源，上电后即烧坏开关电源的熔断器FU1，更换熔断器后上电，输入300V直流时，不起振。当电源的负载电路有短路故障时，开关电源往往不能起振，由此初步判断为起振后开关管回路存在短路故障。

仔细观察开关电源的电路板，该电路板为双面电路板。电源引入端子在电路板的边缘，正面为+极引线铜箔条，反面为-极引线铜箔条，检查发现电路板边缘+、-铜箔条之间有一条“黑线”，由于潮湿天气，使电路板材的绝缘值降低，引起+、-铜箔条之间跳火，电路板炭化。当电源电压低于某值时，电路板不会击穿，高于500V时便使炭化电路板击穿，烧掉熔断器。烧熔断器的原因并非起振后开关管回路有短路故障，而是由电路板炭化引起的。清除电路板边缘的炭化物并做好绝缘处理，给开关电源先输入500V直流电源时，熔断器的熔体不再熔断，但不能起振。检查3844B供电支路的整流二极管VD38（LL4148），发现已损坏，更换后，变频器上电运行正常。

实例3　一台英威腾INVT-G9-004T4变频器。

故障现象：英威腾INVT-G9-004T4变频器显示“死机”故障。

故障检修过程：检测变频器R、S、T与主直流电路P、N之间呈开路现象，拆机检查，发现模块引入的铜箔条已被电弧烧断，模块的三相电源引入端子已短路。判断故障原因为三相电源产生了异常的电压尖峰冲击，导致变频器模块内的整流电路击穿短路，而短路产生的强电弧烧断了三相电源引入的铜箔条。

检测模块的逆变部分，正常，观察模块也无鼓出、变形现象，因此采取切断模块的整流部分，另外加装三相整流桥，仍利用原模块内的三相逆变电路进行试运行的措施。为防止异常现象的发生，先切断模块逆变部分的供电，再从外部加一个500V直流电压，上电，操作面板显示H.00，所以操作全无效。

当模块损坏时，本型号变频器的上电模块短路检测功能生效，CPU拒绝所有操作，解除掉逆变部分返回的OC信号，再上电现象依旧。测量故障信号汇集处理电路U7-HC4044的4、6的过电流信号，皆为负电压，而正常时的静态电压应为+6V。接下来检测电流信号输入放大U12D的8、14脚电压，为0V，正常；U13D的14脚为-8V，有误过电流信号输出。将R_{151}焊开，断开此路的过电流故障信号，发现操作面板的所有参数设置均正常，但起/停操作无反应。

再检测模块的热报警端子电压，为3V。从电路分析，此电压的正常值应为5V左右。试将热报警输出的铜箔条切断，发现操作面板的起/停操作无反应。

最后清理三相电源的铜箔条引线，并做好清洁和绝缘处理。更换逆变模块后，检测发现驱动电路正常。恢复过电流报警信号、过热故障信号回路后，变频器上电运行正常。

7.9 丹佛斯变频器维修实例

实例1 一台丹佛斯VLT2800系列变频器。

故障现象：丹佛斯VLT2800系列变频器显示“ERR7”故障信息。

故障检修过程：丹佛斯VLT2800系列变频器显示“ERR7”故障的代码为DCLINKVOLTAGEHIGH（过电压）。若变频器的中间直流电压U_{DC}高于逆变器的过电压极限，逆变器将关断，直到U_{DC}重新降到过电压极限以下为止。若U_{DC}持续过电压一段时间，逆变器将跳闸。该时间的长短取决于变频器的设置，其设置范围是5~10s。过电压故障有以下几种：

1）输入电源电压值大于变频器的输入电压额定值，导致直流电压值高于极限值。例如，将AC380V输入额定电压为AC220V的变频器上，直接导致变频器显示过电压报警，这是非常严重的事情，有可能导致变频器严重损坏。解决方法为保证变频器的输入电压在允许的范围内。

2）负载惯性太大，运行时导致变频器内部的直流电压值偏高，大于直流电压的极限值，导致变频器过电压报警，如凸轮式负载、起重负载。解决的办法是在此类场合选择带制动功能的变频器。

3）直流电压检测电路损坏。变频器内部的直流电压检测采用的是直接降压采样方式，获得电压检测信号后再进行处理。此类故障多为降压电阻故障，可采用替换法进行判断。

4）变频器的型号不能识别。有些变频器只要上电就显示“ERR7”，这时读取变频器型号参数 P621，发现参数值为 VLT2800200～240V，说明该变频器已不能正确地读取自己的身份了。正确的应该是读取变频器本身的型号，如 VLT2875380～480V。

产生“ERR7”故障不一定表示变频器损坏，也有可能是选型和使用中出现了问题。对于出现变频器身份不能识别和电压检测损坏的情况，其主要原因是使用环境的恶劣，电路板太脏（如有些电路板上有很多的油污，甚至有水分）。

实例 2　一台丹佛斯 VLT5000 变频器。

故障现象：丹佛斯 VLT5000 变频器的整流模块故障，显示“alarm14”和“alarm37”故障信息。

故障检修过程：变频器整流模块的损坏是变频器的常见故障之一。早期生产的变频器整流模块均采用二极管，目前，大部分整流模块则采用了晶闸管。中大功率普通变频器的整流模块一般为三相半晶闸管整流，整流器件易过热，也容易导致击穿或开路，当其整流模块损坏后，变频器的直流母线电压不足，导致“alarm8”报警后整机停机。在更换整流模块时，要求在其与散热片的接触面上均匀地涂上一层传热性能良好的硅脂，再紧固安装螺钉。由于变频器对外部电源的稳定性要求较高（三相电压差±10%），整流模块的损坏常与变频器外部的电源有密切关系，所以当整流模块发生故障后，不能盲目上电，应先检查外围设备。

“alarm37”故障信息为逆变器故障，主要由 IGBT 驱动电路的电源部分出现故障引起，主要表现为 IGBT 上桥臂或下桥臂无驱动触发电压，导致变频器检测电路偏离标准值，致使 CPU 报警。

“alarm14”故障信息为接地故障，除去现场电动机或连接电动机的电缆因素外，主要由于变频器自己的电流互感器及其相关辅助电路损坏造成，其中霍尔传感器受温度、湿度等环境因素的影响，工作点产生漂移，易导致报警。

7.10　东元变频器维修实例

实例 1　一台东元 7200GA-30kW 变频器。

故障现象：东元 7200GA-30kW 变频器在运行中有随机停机现象，可能几天停机一次，也可能几个小时停机一次；在起动过程中，电容充电短接，接触器异常跳动，起动失败后操作面板不显示故障现象。

故障检修过程：将控制板拆下，将热继电器的端子短接，以防进入热保护状态不能试机，将电容充电接触器的触点检测端子短接，以防进入低电压状态下不能试机，进行全面检测，无异常。将控制板装回机器，上电试机，起动时接触器异常跳动，不能起动。拔掉12CN插头散热风扇的连线后，起动成功。仔细观察，在起动过程中显示面板的显示亮度有所降低，初步判断故障为控制电源带负载能力差。

当检测各路电源的输出空载时，输出电压为正常值。当将各路电源输出加接电阻性负载时，电压值略有降低；当+24V接入散热风扇和继电器负载后，+5V降为+4.7V，此时屏幕显示及其他操作均正常。但若使变频器进入起动状态，则出现继电器异常跳动，间接出现“直流电压低”“CPU与操作面板通信中断”等故障代码，使操作失败。测量中，当+5V降为+4.5V以下时，变频器马上会从起动状态变为待机状态。再检测各电源的负载电路，均无异常。

CPU对电源的要求比较苛刻，当电源电压低于4.7V时，它尚能勉强工作；但当电源电压低于4.5V时，它则被强制进入“待机状态”；当电源电压为4.5~4.7V时，检测电路则发出故障警报。试对U1（KA431AZ）的基准电压分压电阻之一的并联电阻R_1（5101）进行试验，其目的是改变分压值而使输出电压上升。测得输出电压略有上升，但带载能力仍差。仔细观察电路板，检测分流调整管Q1未发现异常。开关管Q2为高反压和高放大倍数的双极型晶体管，电源电路对Q1、Q2这两个管子的参数有较严格的要求。结合故障分析，分流调整管的工作点有偏移，对Q2基极电流的分流太强，导致电源带载能力差。若调整管Q1有老化现象，则放大能力会下降，因此经过分流后的I_b值不足使其饱和导通（导通电阻增大）而使电源带载能力变差；若分流支路有特性偏移现象，使分流过大，开关管得不到良好驱动，也会使电源带载能力差。试将与电压反馈光耦串接的电阻R_6（330Ω）串联47Ω电阻以减小Q1的基极电流，进而降低其对Q2的分流能力，使电源的带载能力有所增强。然后变频器上电，发现其运行正常，而且无论加载或起动操作，+5V电压均稳定。

实例2 一台东元7300PA3.7kW变频器。

故障现象：东元7300PA3.7kW变频器接通U、V、W三相有输出，但严重偏相。

故障检修过程：初步判断为驱动电路异常或模块损坏，测量发现逆变电路功率级U相内部的上臂二极管开路，一般情况下是IGBT由短路电流损坏，进而使并联的二极管受冲击同时损坏的。将逆变模块SPLi12E拆除后，逆变模块的引脚全部空着，上电准备检测六路驱动电路。一上电，变频器即跳过热故障，这时的CPU在故障状态锁定了驱动脉冲的输出。由于无触发脉冲输出，故无法检测驱动电路的好坏。必须先临时解除过热故障的锁定状态，才能检查驱动电路的好坏。

电路板上的逆变模块的两个标有T_1、T_2的端子为模块内部过热报警输出端子，其一端经一个电阻引入5V电源，一端接地。当此端子悬空时，T_1端子经上拉电阻输出高电平的模块过热信号，保护停机。将T_1、T_2的端子短接后，送电不再出现保护停机。检查U相上臂IGBT驱动电路，无触发脉冲输出，将驱动电路IC/PC923换新后，六路脉冲输出正常。某一路IGBT损坏后，相应的驱动IC也会因冲击同时造成损坏，因此必须对该损坏模块同一支路的驱动IC进行检查，不能仓促换用新模块，以免造成换上的新模块因驱动电路异常再次损坏。更换新IGBT逆变模块后，将T_1、T_2的端子短接线拆除，变频器上电运行正常。

7.11 其他变频器维修实例

实例1 一台ECO变频器。

故障现象：一台ECO变频器的R、S、T三相输入短路，PMU显示屏无显示。

故障检修过程：一拆开变频器就发现有严重的短路现象：整流模块和IGBT模块爆裂，短路造成的黑色积炭喷得到处都是，主电路的两个继电器也爆开；虽然主控板暂时没有发现问题，但驱动部分烧了好几处；另外，储能大电容的一部分也已发胀，电容板上的两颗大螺钉的接触处全部烧焦，这就是ECO变频器的通病，因为所有电流都是要经过这两颗螺钉，一旦螺钉生锈，很容易造成电容的充、放电不良，使电容发热、漏电、发胀到最后损坏器件后。为了防止再次接触不良打火，在螺钉上焊接几股粗铜线，以确保接触可靠；更换损坏器件后，变频器上电运行正常。

实例2 一台5.5kW康沃变频器。

故障现象：康沃变频器有输出，但是不能带负载运行，电动机转不动，运行频率上不去。

故障检修过程：静态检测主电路的整流与逆变电路，均正常。上电，空载测三相输出电压，也正常。再接上一台1.1kW的空载电动机，起动变频器运行，发现频率在1~2Hz附近升不上去，电动机有停顿现象，并发出异响声，但不显示过载或“OC”故障信息。

将逆变模块的550V直流供电断开，另送入直流24V低压电源，检查驱动电路和供电电路的电容等元件，都正常。再检测逆变输出上三臂驱动电路输出的正负脉冲电流，均达到一定的幅值，则判断驱动IGBT模块应该没问题；但测量下三臂驱动电路输出的正负脉冲电流时，显示模块故障信息。其原因是用万用表的直流电流档直接短接测量触发端子时，由于万用表的直流电流档的内阻较小，所以将驱动电路输出的正激励电压大为拉低，如低于10V，此电压不能正常可靠地触发IGBT，因此模块故障检测电路检测到IGBT的管压降而显示“OC”故障信息。实为测量方式引起故障，在万用表的表笔上串入十几欧姆电阻，再测量驱动电路的输出电流时，便不再显示“OC”故障信息。又检查电流互感器信号输出回路，也正常；在运行中，并无故障信号出现。

重新装机上电，带电动机试验。上电时，未听到充电接触器的吸合声。该变频器的接触器线圈为380V，取自R、S电源接线端子。检查发现接触器线圈引线端子松动造成接触不良，接触器未能吸合。起动时的较大电流在充电电阻上形成较大的电压降。主电路直流电压的急剧跌落为电压检测电路所检测，使CPU做出了降频指令。将接触器线圈重新接线后，变频器上电运行正常。

实例3　一台SJ300日立变频器。

故障现象：SJ300日立变频器显示“E30”故障信息。

故障检修过程：SJ300系列日立变频器的一种故障现象就是显示“E30”故障信息。导致显示“E30”故障信息的可能原因有以下几个方面：

1）功率模块损坏。中小功率SJ300系列变频器采用的是日本富士生产的PIM，它是将整流和逆变一体化的模块，与J300采用的IPM有区别。当然，模块的损坏会导致“E30”报警的出现。

2）在很多情况下，PIM并没有损坏，而是上桥驱动电路在检测上出现了故障，故障信号通过光耦合器传到主控板后发出报警信息，并封锁驱动电路的输出。

实例4　一台三菱E540-0.75~3.7kW变频器。

故障现象：三菱E540-0.75~3.7kW变频器显示“E6、E7”故障信息。

故障检修过程：显示“E6、E7”故障信息是三菱变频器一个比较常见的故障，其故障原因有以下几个方面：

1）集成电路1302H02损坏。这是一块集成驱动波形转换及多路检测信号于一体的集成电路（IC），并有多路信号和CPU板并联，在很多情况下，此集成电路的任何一路信号出现问题都有可能导致显示“E6、E7”故障信息。

2）信号隔离光耦损坏。在集成电路1302H02与CPU板之间有多路强、弱信号需要隔离，隔离光耦的损坏在元器件的损坏比例中还是相对较高的，因此显示“E6、E7”故障信息。这时，也要考虑是否是此类因素造成的。

3）接插件损坏或接插件接触不良。CPU板和电源板之间的连接电缆经过几次弯曲后容易出现折断、弯曲等现象。以上一些原因也都可能造成显示“E6、E7”故障信息。

首先检查集成电路1302H02，其各引脚电压与正常值对比有异常，再对外围电路进行检查，未发现异常，用替换法替换集成电路1302H02后，变频器上电运行正常。

实例5　一台ABB ACS600变频器。

故障现象：ABB ACS600变频器在运行时显示直流回路过电压故障信息，并跳停。

故障检修过程：该变频器配置有制动斩波器和制动电阻，但在调试时将电压控制器选择为ON而未使用制动斩波器和制动电阻。投入斩波器和制动电阻后，直流回路过电压跳闸更加频繁。该变频器的操作手册上对直流回路过电压原因的解释通常有两点：一是进线电压过高；二是减速时间太短。

该变频器在故障前的运行是正常的（运行5个月），且跳闸时进线电压在允许的范围之内，在同一电源的其他变频器工作正常。针对这一故障现象，对机械设备做进一步的检查，发现有一块物料卡在传送带的间隙中，清除后，变频器工作正常。

该变频器的制动斩波器上设有三档进线电压选择装置（400V、500V、690V）以适应不同的进线电压，其中该变频器的短接环实际插在690V档上，这样就造成制动斩波器和制动电阻投入工作的门槛值过高，在进线电压为400V的ACS600变频器中未起作用。将短接环移至400V档，通过减少减速时间进行试验，发现制动斩波器和制动电阻工作正常。

实例6 一台SAMIGS变频器。

故障现象：SAMIGS变频器显示“Overvolt”故障信息。

故障检修过程：该故障信息表示直流母线电压超过135%标称电压。其产生的原因大多数为电源过电压（静态或瞬时）。另外，当负荷惯性非常大和减速时间设置较小而电动机为发电状态运行时，也可导致过电压。检查电源的静态或瞬时电压正常（例如，看是否有发电负荷或有较大功率因数的调整电容器造成过电压），在工艺设备允许的条件下，延长了减速时间后，变频器上电运行正常。

实例7 一台台达变频器。

故障现象：台达变频器的输出端打火。

故障检修过程：拆开检查后发现IGBT逆变模块击穿，驱动电路的印制电路板严重损坏。先将损坏的IGBT逆变模块拆下，拆开时主要应尽量保护好印制电路板不受人为二次损坏。将驱动电路板上损坏的元器件逐一更换，以及将印制电路板上开路的线路用导线连起来（这里要注意要将烧焦的部分刮干净，以防再次打火），在六路驱动电路阻值相同、电压相同的情况下使用示波器测量波形（正常），但变频器上电就显示“OCC”故障信息（台达变频器无IGBT逆变模块开机会报警），使用灯泡将模块的P1和印制电路板连起来，其他的用导线连，再次上电启动还是显示“OCC”故障信息，并停机。判断驱动电路还有问题，逐一检查光耦，发现该驱动电路的其中一路光耦损坏，更换新的后，变频器上电运行正常。

实例8 一台松下DV707系列变频器。

故障现象：松下 DV707 系列变频器上电后无显示。

故障检修过程：松下 DV707 系列变频器经常会出现的故障就是上电后无显示。排除外部电源、显示器等因素，多数情况下是开关电源损坏。DV707 系列变频器的脉冲变压器是较易损坏的器件，由于受到高频导磁材料、带负载能力、开关电源短路过电流保护电路设计等一些因素的影响，在脉冲变压器的一次绕组侧易出现烧坏现象。脉冲变压器的骨架设计不同于一般的升/降压变压器，不易拆开，往往在拆开后也会出现导磁材料裂开，从而导致连接处的闭合磁场出现间隙，脉冲变压器不能正常工作，只能更换脉冲变压器。

此外，DV707 系列变频器开关电源的设计采用了一块型号为 MA2810 的集成块，它集成开关功率管及稳压管等元器件于一体，使得开关电源外围电路减少了，但在维修中发现 MA2810 的损坏概率还是比较高的。

针对本例的故障现象，首先检查开关电源输出端，无输出，再静态检查 MA2810 的集成电路及外围电路，未见异常。然后断开脉冲变压器一次侧的一端，检查发现一次绕组开路，更换新品后，变压器上电运行正常。

松下 DV707 系列变频器开关电源没有安装熔断器，一旦开关管损坏短路，经常会把开关电源变压器的一次绕组烧断。为了保护变压器，在电路板上应切断开关管与一次绕组的回路，在切口焊上一个熔断器（1A）或一个（0.6~1）Ω/0.25W 的电阻，这样如果开关管短路也可起到保护变压器的作用。

实例 9 一台施耐德变频器。

故障现象：施耐德变频器上电后显示“ERR7：ERREURLS”故障信息。

故障检修过程：首先停电换一块显示模块，再次上电观察，若显示“ERR7”故障信息，就可以排除显示模块与控制板接触不良的可能性，另外，需要检查一下控制板的波特率是否被更改，如果需硬件复位，则操作如下：

1）停电后，将选频开关拨到 60Hz 方位。

2）输入变频器额定电压，变频器置 RDY 后，停电。

3）再将选频开关拨到 50Hz 方位即可。

另外，可以检查风扇是否都在转，该故障信息可能是由风扇不转引起的；检查变频器和面板的版本是否兼容，检查控制电源是否过电压，检查控制卡和电源板之间的通信有无故障，通过检查以上项目就可以排除故障。

实例 10 一台阿尔法变频器。

故障现象：阿尔法变频器显示“OC”故障信息并停机。

故障检修过程：阿尔法变频器显示“OC”故障的来源有以下几个方面：

1）当逆变模块运行电流超大，达到额定电流的 3 倍以上，IGBT 的管压降上升到 7V 以上时，由驱动 IC 返回过载 OC 信号，通知 CPU，实施快速停机保护。

2）从变频器输出端的三个电流互感器（小功率机型有的采用两个）采集到

急剧上升的异常电流后，由电压比较器（或由 CPU 内部电路）输出一个 OC 信号，通知 CPU 实施快速停机保护。

阿尔法变频器因主直流回路电压检测电路损坏，使端子 8 脚的电压为 0（正常时应为 3V 左右），变频器跳欠电压故障，不能投入运行。将该端子人为送入 +5V电压后，变频器上电即显示“OC”故障。经实验证明，该电压低于 2.5V 时显示欠电压故障代码，电压高于 3.8V 时显示“OC”故障，由此发现直流回路电压过高或直流检测电路异常，这也是变频器显示“OC”的一个原因。在检修或进行应急处理时，将接线排 CN1 的 8 脚取 5V 电压，用分压电阻固定一个 3V 电压，则变频器能方便检修或应急运行。

参考文献

［1］ 蔡杏山. 图解变频器使用与电路检修［M］. 北京：机械工业出版社，2013.

［2］ 张燕宾. 变频器应用教程［M］. 北京：机械工业出版社，2011.

［3］ 刘美俊. 变频器应用与维修问答［M］. 北京：电子工业出版社，2009.

［4］ 仲明振，等. 低压变频器应用手册［M］. 北京：机械工业出版社，2009.

［5］ 龚仲华. 变频器从原理到完全应用［M］. 北京：人民邮电出版社，2009.

［6］ 杜增辉，刘利剑，苏卫东. 数控机床故障维修技术与实例［M］. 北京：机械工业出版社，2009.

［7］ 周志敏，纪爱华. 变频器维修入门与故障检修238例［M］. 北京：电子工业出版社，2013.